普通高等教育"十二五"规划教材

大学化学实验教程Ⅰ

无机化学与分析化学实验

李巧玲　主　编
李延斌　景红霞　段红珍　副主编

·北京·

本书根据大学化学实验的教学基本要求，结合多年实验教学改革成果编撰而成。本着“加强基本操作训练、加强基础实验、注重培养学生的思维能力和创新精神，培养化学、化工、材料领域的复合型应用技术人才”的原则，把无机化学实验和分析化学实验结合起来。

全书共6章：第1章介绍无机化学与分析化学实验的目的、方法、成绩评定等；第2章介绍实验室安全规则、废物的处理、实验室常用仪器及基本操作、实验数据的表达与处理等；第3章无机化学实验（基础训练）部分，共14个实验；第4章分析化学实验（基础训练）部分，共17个实验，每个实验包括目的、原理、用品、步骤、思考题等内容；第5章共19个实验，包括综合实验、设计性实验和研究性实验；第6章是附录。本书在编写时博采众长，注重对学生创新精神和科研能力的培养，同时关注化学学科发展的前沿领域。

本书可作为化学、化工、材料、生物以及环境工程等相关专业实验课教材，也可作为从事同领域科学研究人员的实用参考书。

图书在版编目（CIP）数据

大学化学实验教程Ⅰ．无机化学与分析化学实验/李巧玲主编．—北京：化学工业出版社，2012.1
普通高等教育“十二五”规划教材
ISBN 978-7-122-12750-1

Ⅰ．大…　Ⅱ．李…　Ⅲ．①无机化学-化学实验-高等学校-教材②分析化学-化学实验-高等学校-教材
Ⅳ．①O61-33②O652.1

中国版本图书馆CIP数据核字（2011）第227834号

责任编辑：刘俊之　　文字编辑：刘志茹
责任校对：战河红　　装帧设计：刘丽华

出版发行：化学工业出版社（北京市东城区青年湖南街13号　邮政编码100011）
印　　装：三河市延风印装厂
787mm×1092mm　1/16　印张12　字数298千字　　2012年2月北京第1版第1次印刷

购书咨询：010-64518888（传真：010-64519686）　售后服务：010-64518899
网　　址：http://www.cip.com.cn
凡购买本书，如有缺损质量问题，本社销售中心负责调换。

定　　价：24.00元

版权所有　违者必究

本书编委会

主　编： 李巧玲

副主编： 李延斌　景红霞　段红珍

编　委： 吴晓青　贾素云　张学俊

高建峰　焦晨旭　武志刚

徐春燕　宋江峰

主　审： 高艳阳

前言

当代化学学科的发展突飞猛进，学科之间的交叉与渗透，研究领域的拓宽与应用周期的缩短，都要求高校培养出的大学生具有较强的动手、动脑的综合素质及与这个时代相适应的创新精神和应变能力。

化学实验教育既是传授知识与技能、训练科学思维、提高创新能力、全面实施化学素质教育的有效形式，又是建立与发展化学理论的“基石”与“试金石”。近几十年的化学发展，尽管其理论起了十分重要的作用，但还是可以说“没有实验就没有化学”。随着知识快速更新、科学技术交叉发展，实验与理论已发展到并重的地步。有必要进行改革，强化以提高学生创新精神和实践能力为主的新体系与新内容。

中北大学化学系基础化学课程组的教师们，总结了多年教学改革的经验，在综合分析了大学化学实验教育在化学、化工、材料等专业学生培养计划中的作用后，本着学生掌握知识循序渐进的原则，将实验内容按“无机化学基础训练部分”、“分析化学基础训练部分”和“综合、研究性实验部分”三个教学单元进行重组与编排，剔除重复内容，增加了在生活、生产中的实际应用性实验和热点领域的研究性实验，突出了对学生“三基”（基本理论、基本操作及基本技能）能力培养与训练的特点，使选材更贴近科研与生产实践，并力求体现“绿色”化学的教育思想。

全书分为六章，以无机化合物的制备与物质的组成、含量和特性分析为主。全书由李巧玲任主编，李延斌、景红霞、段红珍任副主编；研究生李洪刚也参加了部分内容、资料的收集与编写工作，全书由李巧玲教授统稿。高艳阳教授担任全书的主审工作，对书稿提出了宝贵的意见与建议，特此致谢。

本书的出版，是中北大学化学系基础化学实验室全体教师多年教学工作的积淀，尤其是教学改革的经验总结，是集体劳动汗水与心血的结晶。在此向全体参与实验教学与改革工作的教师以及支持该项工作的各级领导和广大师生表示深切的谢意。

由于水平有限，经验不足，本书难免存在不足之处，敬请读者指正。

编者

2011 年 11 月

目录

第1章

绪　论

1.1 学生实验守则

（1）学生必须在规定时间内参加实验，不得迟到，迟到10分钟以内给予批评教育，10分钟以上者，取消本次实验资格。累计三次迟到者，记“实验成绩不及格”，不能参加该课程考试。

（2）学生在进行实验之前，必须作好预习，熟悉实验指导书规定的实验内容；进入实验室后，要听从指导教师的指挥，严格按照各种仪器设备操作规程、使用方法和注意事项进行实验。要特别注意易燃易爆物、有毒有害、腐蚀性等危险特性的化学品和贵重仪器的保管和使用，严防事故发生。

（3）在实验过程中要集中精力、认真操作、仔细观察、做好记录，以达到巩固理论、培养独立分析和解决问题的能力。

（4）在实验中若发现仪器设备有损坏或异常现象时，应立即关闭仪器设备电源，停止操作，保持现场，并马上将详细情况向指导教师报告，待查明原因并作出妥善处理后，方可继续进行实验。

（5）实验完毕后，要关闭实验室内的电源和水源，要把实验用的工具、器材等整理好，当面向主管人员交代清楚，要取得主管教师同意后，方可离开实验室。

（6）要爱护实验室的一切财物。凡与本次实验无关的仪器设备和物品，一律不准动用，更不准在实验期间利用仪器设备和物品做与本次实验无关的事情。

（7）实验室的一切物品，未经主管人员同意，不得擅自搬动或带出实验室。如有违者，除退还所带物品外，根据情节给予批评或处分。

（8）如有特殊原因未能按时参加实验者，经教师同意后可以补做。无故不参加者，以旷课论处。

（9）因病、事假而耽误1/4以上实验课的同学，必须在课程考试之前补做，否则不能参加该课程的考试。

（10）实验室要保持清洁卫生，不得高声喧哗和打闹，不准吸烟，不准随地吐痰。实验完毕后，值日学生要协助搞好实验室卫生。

（11）在实验室进行实验的学生，必须遵守本规则，否则实验教师有权停止其参加实验。对损坏的仪器设备，要按规定予以赔偿。

1.2 大学化学实验课程的目的

随着世界科学技术的飞速发展，现代化学的发展已进入到理论与实践并重的阶段。在我国高等教育进入大众化教育的背景下，在全面推进通识和素质教育的形势下，大学化学实验作为高等理工科院校化工、材料、环境、生物等工程专业的主要基础课程，是培养学生动手和创新能力的重要课程。本书将实验内容按“无机化学基础训练部分”、“分析化学基础训练部分”和“综合、研究性实验部分”三个教学单元进行重组与编排，增加了在生活、生产中的实际应用性实验和热点领域的研究性实验，按照基本化学原理、化合物制备、合成、结构、性能的基本关系和化学实验技能培养重新组织实验课教学。

本课程以包含基本原理、基本方法和基本技术的化学实验作为素质教育的媒体，通过实验教学过程达到以下目的：

以基本知识→基础训练实验部分→综合、设计与研究性实验三个层次的实验教学，模拟化学知识的产生与发展为化学理论的基本过程，培养学生以化学实验为工具获取新知识的能力。经过严格的实验训练后，使学生具有一定的分析和解决较复杂问题的实践能力、收集和处理化学信息的能力、文字表达实验结果的能力，培养学生的科学精神、创新意识和创新能力以及团结协作的精神。

1.3 大学化学实验课程的要求

为了达到上面提出的课程目的，规范实验教学过程，学生应在以下环节严格要求自己。

1.3.1 实验前的预习

弄清实验目的和原理、仪器结构、使用方法和注意事项、药品或试剂的等级、物化性质（熔点、沸点、折射率、密度、毒性与安全等数据）。实验装置、实验步骤要做到心中有数，避免边做边翻书的“照方抓药”式实验。实验前认真地写出预习报告。预习报告应简明扼要，但切忌照抄书本。实验过程或步骤可以用框图或箭头等符号表示（参照实验报告格式例1～例3）。

1.3.2 学习方法

本教材的基本实验是在教学过程中经多年使用较为成熟的，因而容易做出结果。但不要认为生产或科研中的实际问题都可以如此顺利地解决，应当多问几个为什么。对于性质和表征实验，要搞清楚化合物的性质和相关的表征手段，这些手段基于什么理论和原理，以及表征方法的使用条件和局限性。对于综合、设计和研究性实验，重在培养创新和开拓以及综合应用化学理论和实践知识的能力，对这部分实验，首先要明确需要解决的问题；然后根据所学的知识（必要时应当查阅文献资料）和实验室能提供的条件选定实验方法，并深入研究这些方法的原理、仪器、实验条件和影响因素，以此作为设计方案的依据；最后写成预习报告并和指导教师讨论、修改、定稿后即可实施。本书所选的题目较为简单，目的是给学生在“知识”和“应用”之间架设一座“能力”的桥梁。

1.3.3 实验过程与记录

为培养学生严谨的科学研究精神，在需要等待的时间内不能做其他事情，要养成专心致志的观察实验现象的良好习惯。善于观察、勤于思考、正确判断是能力的体现。实验过程中要准确记录并妥善保存原始数据，不能随意记在纸片上，更不能涂改。对可疑数据，如确知原因，可用铅笔轻轻圈去，否则宜用统计学方法判断取舍，必要时应补做实验核实，这是科学精神与态度的具体体现。实验结束后，请指导教师签字，留作撰写实验报告的依据。

1.3.4 实验报告

实验报告不仅是概括与总结实验过程的文献性资料，而且是学生以实验为工具，获取化学知识实际过程的模拟，因而同样是实验课程的基本训练内容。实验报告从一定角度反映了一个学生的学习态度、实际水平与能力。实验报告的格式与要求，在不同的学习阶段略有不同，但基本应包括：实验目的、实验简明原理、实验仪器（厂家、型号、测量精度）、药品（纯度等级）、实验装置（画图表示）、原始数据记录表（附在报告后）、实验现象与观测数据。实验结果（包括数据处理）用列表或作图形式表达并讨论。

处理实验数据时，宜用列表法、作图法，具有普遍意义的图形还可以回归成经验公式，得出的结果应尽可能地与文献数据进行比较。通过这种形式培养学生科学的思维模式，提高学生的文献查阅能力和文字表达能力。

对实验结果进行讨论是实验报告的重要组成部分，往往也是最精彩的部分。包括实验者的心得体会（是指经提炼后学术性的体会，并非感性的表达），做好实验的关键所在，实验结果的可靠程度与合理性评价，实验现象的分析和解释等，提出实验的改进意见，或提出另一种比实验更好的路线等。注重培养学生思考和分析问题的习惯，尤其是培养发散性思维和收敛思维模式，为具有真正的创新性思维打下基础。

实验结束后，应严格地根据实验记录，对实验现象作出解释，写出有关反应，或根据实验数据进行处理和计算，作出相应的结论，并对实验中的问题进行讨论，独立完成实验报告，及时交指导教师审阅。

书写实验报告应字迹端正，简单扼要，整齐清洁。实验报告写得潦草者应重写。

实验报告包括六部分内容：

一、实验目的。

二、实验步骤。尽量采用表格、框图、符号等形式，清晰、明了地表示。

三、实验现象和数据记录。表达实验现象要正确、全面，数据记录要规范、完整。

四、数据处理。获得实验数据后，进行数据处理是一个重要环节。

五、实验结果的讨论。对实验结果的可靠程度与合理性进行评价，并解释所观察到的实验现象。

六、问题讨论。针对本实验中遇到的疑难问题，提出自己的见解或收获，也可对实验方法、检测手段、合成路线、实验内容等提出自己的意见，从而训练创新思维和创新能力。

下面举出三种不同类型实验报告的格式，供同学们参考。

例 1

氯化钠的提纯

班级　　　　姓名　　　　日期

一、实验目的

二、提纯步骤

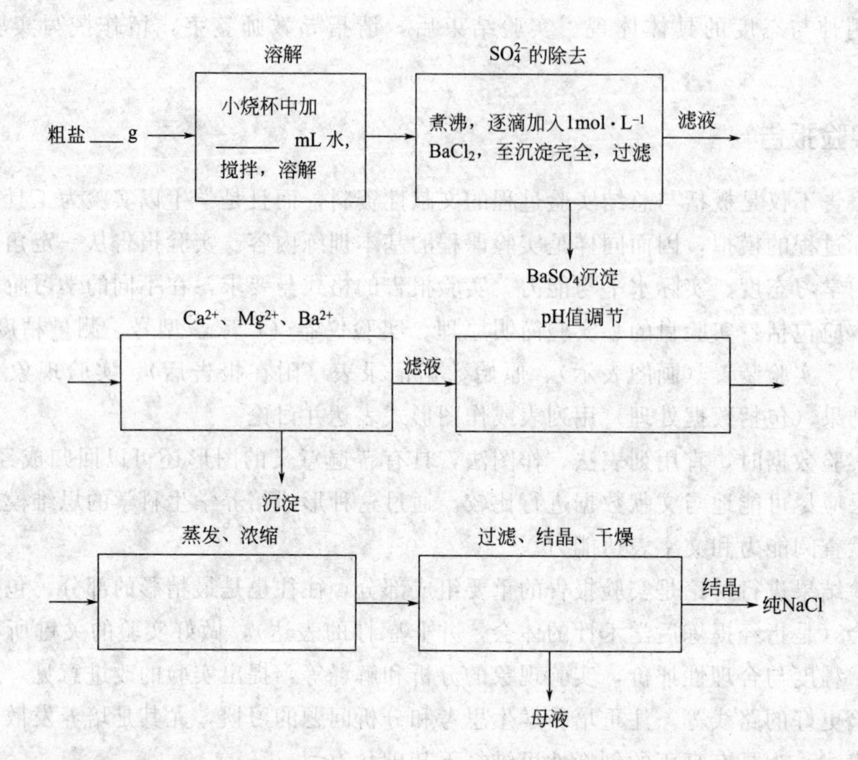

纯 NaCl 结晶质量________g

纯 NaCl 产率＝

三、产品纯度检验

检验方法	现象(粗盐溶液)	现象(精盐溶液)
加 $BaCl_2$ 溶液		
加$(NH_4)_2C_2O_4$ 溶液		
加 NaOH＋镁试剂		

离子方程式

$$Ba^{2+} + \quad ═══$$

$$C_2O_4^{2-} + \quad ═══$$

$$OH^- + Mg^{2+} ═══$$

四、讨论

根据产率、纯度和本人在操作中遇到的问题简单谈谈实验后的体会。

例 2

电 离 平 衡

班级　　　　　姓名　　　　　日期

一、实验目的

二、实验内容

1. 同离子效应

（1）步骤　2mL 0.1mol·L^{-1}氨水＋酚酞＋NH_4Ac（固）

现象

解释

（2）步骤

现象

解释

2. 盐类的水解和影响盐类水解的因素

（1）0.1mol·L^{-1} NaCl　　　实验 pH 值＝　　计算 pH 值＝

0.1mol·L^{-1} NaAc　　　实验 pH 值＝　　计算 pH 值＝

0.1mol·L^{-1} NH_4Cl　　　实验 pH 值＝　　计算 pH 值＝

（2）温度对水解的影响。

步骤　2mL 1mol·L^{-1} NaAc＋酚酞$\xrightarrow{\triangle}$

现象

解释

（3）溶液酸度对水解的影响

步骤

现象

方程式和解释

3. 能水解的盐类间的相互反应

（1）现象

方程式

（2）现象

方程式

（3）现象

方程式

4. 缓冲溶液的配制及其 pH 值的测定

编号	溶 液 配 方	pH 计算值	pH 测定值
1	25mL 1mol·L^{-1}氨水＋25mL 0.1mol·L^{-1} NH_4Cl		
2	25mL 0.1mol·L^{-1} HAc＋25mL 1mol·L^{-1} NaAc		
3	25mL 1mol·L^{-1} HAc＋25mL 1mol·L^{-1} NaAc		
4	25mL 1mol·L^{-1} HAc＋25mL 0.1mol·L^{-1} NaAc		

5. 缓冲溶液的缓冲性能

编号 4 溶液中	pH 计算值	pH 测定值
(1)加入 10 滴 0.1mol·L^{-1} HCl		
(2)再加入 20 滴 0.1mol·L^{-1} NaOH		

三、结论

例 3

台秤与分析天平

年　　月　　日

一、实验目的

（1）熟悉天平结构，熟练天平使用技巧；

（2）学会直接法和减量法称量试样；

（3）学会正确使用称量瓶。

二、实验步骤

（1）天平外观检查

取下天平罩→检查天平状态→插上电源→调分析天平的零点。

（2）直接称量法练习

用台秤粗称两锥形瓶和一个装有样品的称量瓶→用分析天平准确称出它们的质量，记录其质量 W_0 与 W_1。

（3）减量法称量练习

从称量瓶中轻叩出 0.20～0.25g 的固体试样（称准到 0.0002g）于锥形瓶 1 中，再称出称量瓶质量 W_2；取下称量瓶再向锥形瓶 2 中倾出 0.20～0.25g 的量，再称出称量瓶质量。两次称量之差，即是倾在锥形瓶中的样品质量。

三、数据记录与处理

记录内容 \ 次数	Ⅰ	Ⅱ
(称量瓶＋样品)质量 W_1	17.5549	17.3331
倾出样品后质量 W_2	17.3331	17.1308
W_1-W_2	0.2218	0.2023

记录内容 \ 次数	Ⅰ	Ⅱ
(锥形瓶＋样品)质量 W_3	20.4818	21.8844
空锥形瓶质量 W_0	20.2602	21.6818
W_3-W_0	0.2216	0.2026
绝对差值	−0.0002	+0.0003

四、结果讨论

第2章

化学实验室基本知识

2.1 实验室安全知识

2.1.1 实验室安全规则

实验室安全包括人身安全及实验室、仪器、设备的安全。进行化学实验，经常要使用有毒药品、易燃易爆的气体和溶剂以及有腐蚀性的浓盐酸、浓硫酸等。若这些药品使用不当，则可能会发生中毒、烧伤等各种事故。除此之外，由于玻璃仪器、电器设备等的违规操作，也会造成人身伤害及仪器设备的损坏。为此，必须树立安全第一的思想，严格遵守实验室安全规则，高度重视安全操作，预防这些事故的发生。

(1) 实验室内严禁吸烟、饮食和嘻闹喧哗，切勿以实验用容器代替水杯、餐具使用，勿让试剂入口，实验结束后要细心洗手。

(2) 水、电、气使用完毕要及时关闭。

(3) 剧毒品和危险品要有专人管理，使用时要特别小心，必须记录用量。不可乱扔、乱倒，要进行回收或特殊处理。

(4) 使用浓酸、浓碱及其他有强烈腐蚀性的试剂时应避免溅落在皮肤、衣服或书本上。挥发性的有毒或有强烈腐蚀性的液体和气体的使用，应在通风柜或密封良好的条件下进行。

(5) 使用高压气体钢瓶时，要严格按操作规程进行操作。

(6) 使用可燃性有机试剂时，要远离火焰及其他热源，尽可能在通风柜中进行。用后要塞紧瓶塞，置阴凉处存放。低沸点、低熔点的有机溶剂不要在明火下直接加热，而应在水浴或电热套中加热。

(7) 估计可能发生危险的实验，在操作时应使用防护眼镜、面罩、手套等防护用具。

(8) 使用大型或较为贵重仪器前，要认真阅读仪器操作规程，经教师讲解后再动手操作。不要随意拨弄仪器，以免损坏或发生其他事故。

(9) 事故的处理和急救：发生事故应立即采取适当措施并报告教师。

实验中发生事故后的紧急处置和应急处理办法：

① 酸或碱产生腐伤时，应先用大量水冲洗，再用饱和碳酸氢钠溶液或2%的硼酸溶液洗涤，最后用蒸馏水冲洗。

② 烫伤勿用水冲洗，在灼伤处抹上黄色苦味酸溶液、高锰酸钾溶液或凡士林、烫伤膏、

红花油均可。严重者应尽快去医院进行医治。

③ 创伤，用药棉擦净伤口，搽上龙胆紫药水，再用纱布包扎，若伤口较大应立即去医院治疗。

④ 吸入刺激性或有毒气体，如 Br_2 蒸气、Cl_2 气、HCl 气等，可吸入少量酒精和乙醚的混合蒸气使之解毒，吸入 H_2S 气体感到不舒服时，应立即到室外呼吸新鲜空气。

⑤ 实验过程中万一发生火灾，不要惊慌，应尽快切断电源或燃气源。用石棉布或湿抹布熄灭（盖住）火焰。密度小于水的有机溶剂着火时，不可用水浇，以防止火势蔓延。电器着火时，不可用水冲，以防触电，应使用干冰或干粉灭火器。着火范围较大时，应立即用灭火器灭火，必要时拨打火警呼叫电话 119。

2.1.2 消防知识

当实验室不慎起火时，首先要冷静。由于物质燃烧需要空气和一定的温度，所以灭火的首要原则是降温或将燃烧的物质与空气隔绝。化学实验室常用的灭火措施如下。

(1) 小火用湿布、石棉布覆盖燃烧物即可灭火，大火可用泡沫灭火器灭火。对活泼金属 Na、K、Mg、Al 等引起的着火，应用干燥的细沙覆盖灭火。有机溶剂着火，切勿用水灭火，而应用二氧化碳灭火器、沙子和干粉等灭火。

(2) 在加热时着火，立即停止加热，切断电源，把一切易燃易爆物移至远处。

(3) 电器设备着火，先切断电源，再用四氯化碳灭火器灭火，也可用干粉灭火器或二氧化碳灭火器灭火。有关灭火器常识见表 2-1。

表 2-1 常用灭火器种类及其适用范围

名称	适用范围
泡沫灭火器	用于一般失火及油类着火。此种灭火器是由 $Al_2(SO_4)_3$ 和 $NaHCO_3$ 溶液作用产生大量的 $Al(OH)_3$ 及 CO_2 泡沫，泡沫把燃烧物质覆盖与空气隔绝而灭火。因为泡沫能导电，所以不能用于扑灭电器设备着火
四氯化碳灭火	用于电器设备及汽油、丙酮等着火。此种灭火器内装液态 CCl_4。CCl_4 沸点低，相点密度大，不会被引燃，所以把 CCl_4 喷射到燃烧物的表面，CCl_4 液体迅速汽化，覆盖在燃烧物上而灭火
1211 灭火器	用于油类、有机溶剂、精密仪器、高压电气设备。此种灭火器内装 CF_2ClBr 液化气，灭火效果好
二氧化碳灭火器	用于电器设备失火及忌水的物质着火。内装液态 CO_2
干粉灭火器	用于油类、电器设备、可燃气体及遇水燃烧等物质的着火。内装 $NaHCO_3$ 等物质以及适量的润滑剂和防潮剂，此种灭火器喷出的粉末能覆盖在燃烧物上，组成阻止燃烧的隔离层，同时它受热分解出 CO_2，能起中断燃烧的作用，因此灭火速度快

(4) 当衣服上着火时，切勿慌张跑动，应赶快脱下衣服或用石棉布覆盖着火处，或在地上卧倒打滚，起到灭火的作用。

(5) 及时报火警。另外一些有机化合物如过氧化物、干燥的重氮盐、硝酸酯、多硝基化合物等，具有爆炸性，必须严格按照操作规程进行实验，以防爆炸。

大量溢水也是验室中时有发生的事故，所以应注意水槽的清洁，废纸、玻璃等物应扔入废物缸中，保持下水道畅通。有机实验冷凝管的冷却水不宜开得过大，万一水压高时，橡皮管弹开会引起溢水事故。

2.1.3 三废处理

在化学实验中会产生各种有毒的废气、废液和废渣，常称之为“三废”。“三废”不仅污染环境、造成公害，而且其中的贵重和有用的成分没能回收，在经济上也是损失。因此，在学习期间就应进行三废处理以及减少污染的教育，树立环境保护和绿色化学的实验观念。

有毒废气的排放：当做产生有毒气体的实验时，应在通风橱中进行。应尽量安装气体吸收装置来吸收这些气体，然后进行处理。例如，卤化氢、二氧化硫等酸性气体须用氢氧化钠吸收后排放，碱性气体用酸溶液吸收后排放，CO 可点燃转化为 CO_2 气体后排放。

废酸和废碱溶液经过中和处理，使 pH 值在 6～8 之间，并用大量水稀释后方可排放。

含镉废液：加入消石灰等碱性试剂，使所含的金属离子形成氢氧化物沉淀而除去。

在含六价铬的化合物中加入硫酸亚铁、亚硫酸钠，使其变成三价铬后，再加入 NaOH 和 Na_2CO_3 等碱性试剂，调 pH 值在 6～8 之间时，使三价铬形成氢氧化铬沉淀除去。

含氰化物的废液：方法一为氯碱法，即将废液调节成碱性后，通入氯气或次氯酸钠，使氰化物分解成二氧化碳和氮气而除去；方法二为铁蓝法，将含有氰化物的废液中加入硫酸亚铁，使其变成氰化亚铁沉淀除去。

含汞及其化合物：有较多的方法。方法一为离子交换法，此法处理效率高，但成本也较高，所以少量含汞废液的处理不适宜用此方法；方法二为化学沉淀法，通常用来处理少量含汞的废液，即在含汞废液中加入 Na_2S，使其生成难溶的 HgS 沉淀而除去。

铅盐及重金属废液处理：其方法是在废液中加入 Na_2S 或 NaOH 溶液，使铅盐及重金属离子转化为难溶的硫化物或氢氧化物而除去。

含砷及其化合物：在废液中鼓入空气的同时加入硫酸亚铁，然后用氧氧化钠来调 pH 值至 9。这时砷化合物就和氢氧化铁与难溶性的亚砷酸钠或砷酸钠产生共沉淀，经过滤除去。另外，还可用硫化物沉淀法，即在废液中加入 H_2S 或 Na_2S，使其生成硫化砷沉淀而除去。

有毒的废渣应深埋在指定的地点，因有毒的废渣可能溶解于地下水，会混入饮水中，所以不能未经过处理就深埋。有回收价值的废渣应该回收利用。

2.2 实验室常用玻璃仪器

常用玻璃仪器简表见表 2-2。

表 2-2　常用玻璃器皿及其用途简表

仪器名称	规格	用途及注意事项
烧杯　锥形瓶(磨口)	以容积(单位:mL)表示，一般有 50、100、150、200、400、500、1000、2000 等规格	加热时烧杯应置于石棉网上，使受热均匀，所盛反应液体一般不能超过烧杯容积的 2/3
试管　离心试管	普通试管是以管外径×长度(单位:mm)表示。一般有 12×150、15×100、30×200 等规格。离心试管以容积(单位:mL)表示。一般有 5、10、15 等规格	1. 防止振荡或受热时液体溅出 2. 加热后不能骤冷，以防炸裂 3. 反应液体一般不能超过试管容积的 1/2，加热时不能超过 1/3 4. 离心试管不能用火直接加热 5. 普通试管可直接加热，加热时应用试管夹夹持

续表

仪器名称	规格	用途及注意事项
量筒　量杯	以所能量度的最大容积(单位:mL)表示。如量筒:250、100、50、25、10,量杯:100、50、25、10	不能量取热的液体,不能加热,不可用作反应容器
吸量管　移液管	以容积(单位:mL)表示。有1、2、5、10、25、50等规格	1. 吸量管管口上标示"吹出"或"快"字样者,使用时末端的溶液应吹出 2. 使用前应先用少量待吸液体淋洗三次 3. 要垂直放出溶液 4. 移液管底部要与接收容器内壁接触,每次放完溶液后要停留相同时间后再移开,并以蒸馏水冲洗接触点
容量瓶	以容积(单位:mL)表示。有25、50、100、250、1000、2000等规格	1. 不能加热,不能量热的液体 2. 要磨口瓶塞配套使用,不能互换 3. 使用前要弃分摇匀
(a)碱式滴定管 (b)酸式滴定管	以容积(单位:mL)表示。常用酸式、碱式滴定管的容积为50mL	1. 量取溶液时应先排除滴定管尖端部分的气泡 2. 不能加热以及量取热的液体,酸、碱滴定管不能互换使用 3. 用待装溶液(少量)淋洗三次
漏斗	以口径和漏斗颈长短表示。如6cm(长颈)、4cm(短颈)	1. 不能用火加热。 2. 过滤时滤纸应低于上沿2～3mm,滤纸与内壁间不能有气泡
(a)布氏漏斗 (b)吸滤瓶	吸滤瓶以容积(单位:mL)表示。布氏漏斗或玻璃砂芯漏斗以容积(单位:mL)或口径(单位:mm)表示	1. 不能用火加热 2. 抽气过滤。过滤时,先倒入少许溶剂或水,使滤纸在负压下与底部贴紧后再倒入待滤物
蒸发皿	以口径(单位:mm)或容积(单位:mL)表示	1. 能耐高温,但不能骤冷 2. 蒸发溶液时一般放在石棉网上,也可直接用火加热 3. 材质有瓷质、石英或金属
泥三角　坩埚	泥三角有大小之分,用铁丝弯成,套上瓷管。坩埚以容积(单位:mL)表示	1. 依试样性质选用不同材料的坩埚,材质有瓷质、石英、铁、铂、镍等 2. 瓷坩埚加热后不能骤冷 3. 泥三角铁丝断裂的不能再使用

续表

仪器名称	规格	用途及注意事项
干燥器	以外径(单位:mm)表示	1. 不得放入过热物体。温度较高物体放入后,在短时间内应把干燥器盖打开一两次,以免器内造成负压 2. 用侧推法开启或关闭干燥器。打开时,盖子应朝上,防止边口的凡士林油中粘入尘土
研钵	以口径(单位:mm)表示	1. 视固体性质选用不同材质的研钵,材质有瓷、玻璃、玛瑙等 2. 不能用火加热 3. 不能研磨易爆物质
简易水浴锅	一般用400mL烧杯制作	烧杯不能烧干
滴管	由尖嘴玻璃管与橡皮乳头构成	1. 滴液时保持垂直,避免倾斜,尤忌倒立 2. 管尖不可接触试管壁和其他物体,以免沾污
分液漏斗	以容积(单位:mL)表示	1. 不能加热,玻璃活塞不能互换 2. 用于分离和滴加 3. 当充分摇动后要马上放出逸出的蒸气,防止冲开塞子
点滴板		1. 不能加热 2. 材质有透明玻璃和瓷质
称量瓶 (a) (b)	分扁形(a)和高形(b),以外径×高表示。如25mm×400mm、50mm×30mm	1. 不能直接用火加热 2. 盖与瓶配套,不能互换 3. 要求准确称取一定量的固体样品时用
洗瓶	规格:多为500mL	1. 用于盛装蒸馏水或去离子水,洗涤沉淀和容器时用 2. 不能盛装自来水

许多仪器已有标准磨口仪器出售。标准磨口仪器是具有标准内磨口和外磨口的玻璃仪器。使用时根据实验的需要选择合适的容量和合适的口径。相同编号的磨口仪器,它们的口

径是统一的，连接是紧密的，使用时可以互换，用少量的仪器可以组装多种不同的实验装置。注意：仪器使用前首先将内外口擦洗干净，再涂少许凡士林，然后口与口相对转动，使口与口之间形成一层薄薄的油层，再固定好，以提高严密度和防粘连。常用标准磨口玻璃仪器口径编号见表 2-3。

表 2-3 标准磨口玻璃仪器口径

编号	10	12	14	19	24	29	34
口径(大端)/mm	10.0	12.5	14.5	18.5	24	29.2	34.5

2.3 试剂规格与存放

2.3.1 化学试剂的规格

化学试剂的规格是以其所含杂质的多少来划分的，一般可分为四级，其规格和适用范围见表 2-4。

表 2-4 试剂规格和适用范围

等级	名称	英文名称	符号	适用范围	标签颜色
一级品	优级纯(保证试剂)	Guaranteed Reagent	G. R.	纯度很高,适用于精密分析工作和科学研究	绿色
二级品	分析纯(分析试剂)	Analytical Reagent	A. R.	纯度仅次于一级品,适用于多数分析工作和科学研究工作	红色
三级品	化学纯	Chemically Pure	C. P.	纯度较二级品差些,适用于一般分析工作	蓝色
四级品	实验试剂医用	Laboratorial Reagent	L. R.	纯度较低,适用作实验辅助试剂	棕色或其他颜色

此外还有光谱纯试剂、基准试剂、色谱纯试剂等。

光谱纯试剂（符号 S. P.）的杂质含量用光谱分析法已测不出，或者杂质的含量低于某一限度，这种试剂主要用来作为光谱分析中的标准物质。

基准试剂的纯度相当或高于保证试剂，常用来作容量分析的基准物，或直接配制标准溶液。

在分析工作中，选择试剂的纯度除了要与所用方法相当外，其他如实验用的水、操作器皿也要与之相适应。若试剂都选用 G. R. 级的，则不宜使用普通的蒸馏水或去离子水，而应用两次蒸馏制得的重蒸馏水。所用器皿的质地也要求较高，使用过程中不应有物质溶解到溶液中，以免影响测定的准确度。

各种级别的试剂及工业品因纯度不同价格相差很大。工业品和保证试剂之间的价格可相差数十倍。所以选用试剂时，要注意节约原则，不要盲目追求纯度高，应根据工作具体要求取用。

例如，配制大量洗液使用的 $K_2Cr_2O_4$、浓 H_2SO_4，制备气体时大量使用的 HCl 以及冷却浴所使用的各种盐类等都可以选用工业品。

2.3.2 取用试剂时的注意事项

① 取用试剂时应注意保持清洁，瓶塞不许任意旋转；取用后应立即盖好密封，以防被

其他物质沾污或变质。

② 固体试剂应用洁净、干燥的小勺取用。取用强碱性试剂后的小勺应立即洗净，以免腐蚀。

③ 用吸管吸取试剂溶液时，决不能用未经洗净的同一吸管插入不同的试剂瓶中取用。

④ 所有盛装试剂的瓶上都应贴有明显的标签，并写明试剂的名称、纯度、浓度和配制日期，标签外面可涂蜡或用透明胶带等保护。没有标签的试剂在未查明前，不能随便使用。

2.3.3 化学试剂的存放

试剂的保管在实验室中也是一项十分重要的工作。有的试剂因保管不好而变质失效，这不仅是一种浪费，而且还会使分析工作失败，甚至会引起事故。一般的化学试剂应保存在通风良好、干净、干燥的房子里，防止水分、灰尘和其他物质沾污。同时，根据试剂性质应有不同的保管方法。

固体试剂一般存放在易于取用的广口瓶内，液体试剂则存放在细口的试剂瓶中。一些用量小而使用频繁的试剂，如指示剂、定性分析试剂等可盛装在滴瓶中。

对于易燃、易爆、强腐蚀性、强氧化剂及剧毒品的存放应特别加以注意，一般需要分类单独存放，如强氧化剂要与易燃、可燃物分开隔离存放。

① 容易侵蚀玻璃而影响试剂纯度的，如氢氟酸，含氟盐（氟化钾、氟化钠、氟化铵），苛性碱（氢氧化钾、氢氧化钠）等，应保存在塑料瓶或涂有石蜡的玻璃瓶中。

② 见光会逐渐分解的试剂，如过氧化氢（双氧水）、硝酸银、焦性没食子酸、高锰酸钾、草酸、铋酸钠等，与空气接触易逐步被氧化的试剂，如氯化亚锡、硫酸亚铁、亚硫酸钠等，以及易挥发的试剂如溴、氨水及乙醇等，应置于阴暗处保存。

③ 吸水性强的试剂，如无水碳酸盐、苛性钠、过氧化钠等应严格密封（应该蜡封）。

④ 相互易作用的试剂，如挥发性的酸与氨、氧化剂与还原剂，应分开存放。易燃的试剂如乙醇、乙醚、苯、丙酮与易爆炸的试剂如高氯酸、过氧化氢、硝基化合物，应分开贮存在阴凉通风，不受阳光直接照射的地方，更要远离明火。闪点在$-4℃$以下的液体（如石油醚、苯、乙酸乙酯、丙酮、乙醚等）理想的存放温度为$-4\sim4℃$；闪点在25℃以下的（如甲苯、乙醇、丁酮、吡啶等）存放温度不得超过30℃。

⑤ 剧毒试剂如氰化钾、氰化钠、氢氟酸、二氯化汞、三氧化二砷（砒霜）等，应特别妥善保管，经一定手续取用，以免发生事故。

2.4 试纸与滤纸

2.4.1 用试纸检验溶液的酸碱性

常用pH试纸检验溶液的酸碱性。将小块试纸放在干燥清洁的点滴板上，再用玻璃棒蘸取待测的溶液，滴在试纸上，观察试纸的颜色变化（不能将试纸投入溶液中检验），将试纸呈现的颜色与标准色板颜色对比，可以知道溶液的pH值（用过的试纸不能倒入水槽内）。有时由于待测液浓度过大，试纸颜色变化不明显，应适当稀释后再比较。pH试纸分为两类：一类是广泛pH试纸，用来粗略地检验溶液pH值，其变色范围为1～14；另一类是精密pH试纸，精密试纸的种类很多，可用于比较精确地检验溶液的pH值变化。而精密pH试纸可以根据不同的需求选用。广泛pH试纸变化为1个pH单位，而精密pH试纸的单位变化为小于 1 个 pH 单位。

2.4.2 用试纸检验气体

pH 试纸或石蕊试纸也常用于检验反应所产生气体的酸碱性。用蒸馏水润湿试纸并黏附在干净玻璃棒的尖端，将试纸放在试管口的上方（不能接触试管），观察试纸颜色的变化。不同的试纸检验的气体不同，用淀粉-KI 试纸来检验 Cl_2，此试纸是用淀粉和 KI 溶液浸泡在碎滤纸上，晾干使用。当 Cl_2 遇到试纸，将试纸上 I^- 氧化为 I_2，I_2 当即与试纸上的淀粉作用，使试纸变蓝。

用 $Pb(Ac)_2$ 试纸来检验 H_2S 气体，H_2S 气体遇到试纸后，生成黑色沉淀而使试纸呈黑褐色。此试纸是用 $Pb(Ac)_2$ 溶液浸泡滤纸后晾干使用。用 $KMnO_4$ 试纸来检验 SO_2 气体。

2.4.3 滤纸

化学实验室中常用的有定量分析滤纸和定性分析滤纸两种，按过滤速度和分离性能的不同，又分为快速、中速和慢速三种。在实验过程中，应当根据沉淀的性质和数量，合理地选用滤纸。

我国国家标准《化学分析滤纸》（GB/T 1914—2007）对定量滤纸和定性滤纸产品的分类、型号、技术指标和测试方法等都有明确的规定。滤纸按质量分为 A 等、B 等、C 等，A 等滤纸的主要技术指标列于表 2-5。

表 2-5 定量和定性分析滤纸 A 等产品的主要技术指标及规格

指标名称		快速	中速	慢速
过滤速度/s		≤35	≤70	≤140
型号	定性滤纸	101	102	103
	定量滤纸	201	202	203
分离性能（沉淀物）		氢氧化铁	碳酸锌	硫酸钡（热）
湿耐破度/mmH_2O		≥130	≥150	≥200
灰分	定性滤纸	≤0.13%		
	定量滤纸	≤0.009%		
铁含量（定性滤纸）		≤0.003%		
质量/$g \cdot m^{-2}$		80.0±4.0		
圆形纸直径/cm		5.5、7、9、11、12.5、15、18、23、27		
方形纸尺寸/cm		60×60、30×30		

（1）过滤速度指将滤纸折成圆锥形，将滤纸完全浸湿，取 15mL 水进行过滤，开始滤出 3mL 不计时，然后用秒表计量滤出 6mL 水所需要的时间。

（2）定量是指规定面积内滤纸的质量，这是造纸工业术语。

定量滤纸又称为无灰滤纸。以直径 12.5cm 定量滤纸为例，每张滤纸的质量约 1g，在灼烧后其灰分的质量不超过 0.1mg（小于或等于常量分析天平的感量），在重量分析法中可以忽略不计。滤纸外形有圆形和方形两种。常用的圆形滤纸有 ϕ7cm、ϕ9cm、ϕ11cm 等规格，滤纸盒上贴有滤速标签。方形滤纸都是定性滤纸，有 60cm×60cm、30cm×30cm 等规格。

2.5 实验室常用溶剂——纯水

水是许多物质，尤其是许多无机化合物的良好溶剂。许多无机反应都是在水溶液中进行的。我们所说的物质的许多性质、反应也都是在水溶液中才具备的。

天然淡水因含有许多杂质，一般在科学实验中及工业生产中较少应用。经初步处理后的自来水，除含有较多的可溶性杂质外，是比较纯净的，在化学实验中常用作粗洗仪器用水、实验冷却用水、水浴用水及无机制备前期用水等。自来水再经进一步处理后所得的纯水，在实验中常用做溶剂用水、精密仪器用水、分析用水及无机制备的后期用水。因制备方法不同，常见的纯水有蒸馏水、电渗析水、去离子水和高纯水。

2.5.1 蒸馏水

将自来水（或天然水）蒸发成水蒸气，再通过冷凝器将水蒸气冷凝下来，所得到的水就叫蒸馏水。由于可溶性盐不挥发而留在剩余的水中，所以蒸馏水就纯净得多。一般水的纯度可用电阻率（或电导率）的大小来衡量，电阻率越高或电导率越低（电阻与电导互为倒数），说明水纯度越高。蒸馏水在室温的电阻率可达 $10^5\Omega\cdot cm$，而自来水一般约为 $3\times10^5\Omega\cdot cm$。蒸馏水中的少量杂质，主要来自于冷凝装置的锈蚀及可溶性气体的溶解。在某些实验或分析中，往往要求更高纯度的水。这时可在蒸馏水中加入少量高锰酸钾和氢氧化钡，再次进行蒸馏，这样可以除去水中极微量的有机杂质、无机杂质以及挥发性的酸性氧化物（如 CO_2），这种水称为重蒸水（二次蒸馏水），电阻率可达约 $10^6\Omega\cdot cm$。保存重蒸水应该用塑料容器而不能用玻璃容器，以免玻璃中所含钠盐及其他杂质会慢慢溶于水而使水的纯度降低。

2.5.2 电渗析水

所用设备称为电渗析器，主要由电极（阴阳极）、隔板（上面交替铺设阴、阳离子交换膜）和进出水口等部分组成。通电后，在电场作用下，水中的阴、阳离子分别通过阴、阳离子交换膜，迁移到隔壁室并被阻留在那里。用此方法除去阴、阳离子的水称为电渗析水（淡水），而阴、阳离子进入的水称为浓水，其杂质更多。电渗析水的纯度一般低于蒸馏水。

2.5.3 去离子水

自来水经过离子交换树脂处理后，叫离子交换水。因为溶于水的杂质离子被去掉，所以又称为去离子水。

离子交换树脂是一种人工合成的高分子化合物，其主要组成部分是交联成网状的立体的高分子骨架，另一部分是连在其骨架上的许多可以被交换的活性基团。树脂的骨架特别稳定，它不受酸、碱、有机溶剂和一般弱氧化剂的作用。当它与水接触时，能吸附并交换溶解在水中的阳离子和阴离子。根据能交换的离子种类不同，离子交换树脂可分为阳离子交换树脂和阴离子交换树脂两大类。每种树脂都有型号不同的几种类型，它们的性能略有区别，可根据用途来选择所需树脂。

阳离子交换树脂含有酸性的活性基团，如磺酸基—SO_3H、羧基—COOH 和酚羟基—OH酸性。基团上的 H^+ 可以和水溶液中的其他阳离子进行交换（称为 H 型）。因为磺酸是强酸，所以含磺酸基的树脂又称为强酸性阳离子交换树脂，可用 R—SO_3H 表示，其中 R

代表树脂中网状骨架部分。R—COOH 和 R—OH 均为弱酸性阳离子交换树脂。

阴离子交换树脂含有碱性的活性基团，如含有季铵基—$N(CH_3)_3$的强碱性阴离子交换树脂 R—$N(CH_3)_3^+OH^-$，含有叔氨基—$N(CH_3)_2$、仲氨基—$NH(CH_3)$、氨基—NH_2 的弱碱性阴离子交换树脂。R—$NH(CH_3)_2^+OH^-$、R—$NH_2(CH_3)^+OH^-$、R—$NH_3^+OH^-$，它们所含的 OH^- 均可与水溶液中的其他阴离子进行交换（称为 OH 型)。

制备去离子水时，通常都使用强酸性阳离子交换树脂和强碱性阴离子交换树脂，并预先将它们分别处理成 H 型和 OH 型。交换过程通常是在离子交换柱中进行的。自来水先经过阳离子树脂交换柱，水中的阳离子（Na^+、Ca^{2+}、Mg^{2+}等）与树脂上的 H^+进行交换：

$$R—SO_3^-H^+ + Na^+ \rightleftharpoons RSO_3^-Na^+ + H^+$$

$$2R—SO_3^-H^+ + Ca^{2+} \rightleftharpoons (RSO_3^-)_2Ca^+ + 2H^+$$

$$2R—SO_3^-H^+ + Mg^{2+} \rightleftharpoons (RSO_3^-)_2Mg^{2+} + 2H^+$$

交换后，树脂变成“钠型”、“钙型”或“镁型”，水具有了弱酸性。然后再将水通过阴离子树脂交换柱，水中的杂质阴离子（Cl^-、SO_4^{2-}、HCO_3^- 等）与树脂上的 OH^- 进行交换：

$$RN(CH_3)_3^+OH^- + Cl^- \rightleftharpoons RN(CH_3)_3^+Cl^- + OH^-$$

$$2RN(CH_3)_3^+OH^- + SO_4^{2-} \rightleftharpoons [RN(CH_3)_3^+]_2SO_4^{2-} + 2OH^-$$

交换后，树脂变成“氯型”等，交换下来的 OH^- 和 H^+ 中和，从而将水中的可溶性离子全部去掉。交换后水质的纯度高低与所用树脂量的多少以及流经树脂时水的流速等因素有关。一般树脂量越多，流速越慢，得到的水的纯度就越高。

必须指出，上述离子交换过程是可逆的。交换反应主要向哪个方向进行，与水中两种离子（如 H^+与 Na^+，OH^-与 Cl^-）的浓度有关。当水中杂质离子较多，而树脂上的活性基团上的离子都是 H^+或 OH^-时，则水中的杂质离子被交换占主导地位；但如果水中杂质离子减少而树脂上活性基团又大量被杂质离子占领时，则水中的 H^+或 OH^-反而会把杂质离子从树脂上交换下来。由于交换反应的这种可逆性，所以只用阳离子交换柱和阴离子交换柱串联起来处理后的水，仍然会含有少量的杂质离子。为了提高水质，可使水再通过一个由阴、阳离子交换树脂均匀混合的“混合柱”，其作用相当于串联了很多个阳离子交换柱与阴离子交换柱，而且在交换柱层的任何部位的水都是中性的，从而减少了逆反应的可能性。树脂使用一定时间后，活性基团上的 H^+、OH^-分别被水中的阳、阴离子所交换，从而失去了原先的交换能力，我们称之为“失效”。利用交换反应的可逆性使树脂重新复原，恢复其交换能力，这个过程称之为“洗脱”或“再生”。阳离子交换树脂的再生是加入适当浓度的酸（一般用 5%～10%的盐酸)，其反应为：

$$RSO_3^-Na^+ + H^+ \rightleftharpoons RSO_3^-H^+ + Na^+$$

阴离子交换树脂的再生是加入适当浓度的碱（一般用 5%的 NaOH)，其反应式为：

$$RN(CN_3)_3^+Cl^- + OH^- \rightleftharpoons RN(CH_3)_3^+OH^- + Cl^-$$

经再生后的树脂可以重新使用。混合离子交换树脂用饱和食盐水充分浸泡，由于密度不同的原因，阴离子树脂浮在上面，阳离子树脂沉到下面。从而将其分离，然后再分别进行再生。

2.6 仪器的洗涤与干燥

2.6.1 玻璃仪器的洗涤

在实验前后，都必须将所用玻璃仪器洗干净。因为用不干净的仪器进行实验时，仪器上的杂质和污物将会对实验产生影响，使实验得不到正确的结果，严重时可导致实验失败。实验后要及时清洗仪器，不清洁的仪器长期放置后，会使以后的洗涤工作更加困难。

玻璃仪器清洗干净的标准是用水冲洗后，仪器内壁能均匀地被水润湿而不粘附水珠。如果仍有水珠粘附内壁，则说明仪器还未洗净，需要进一步进行清洗。

洗涤仪器的方法很多，一般应根据实验的要求、污物的性质和沾污的程度和形状来选择合适的洗涤方法。

一般来说，污物主要有灰尘和其他不溶性物质、可溶性物质、有机物及油污等。针对这些情况，可以分别用下列方法洗涤。

2.6.1.1 一般洗涤

如烧杯、试管、量筒、漏斗等仪器，一般先用自来水洗刷仪器上的灰尘和易溶物，再选用粗细、大小、长短等不同型号的毛刷，蘸取洗衣粉或各种合成洗涤剂，转动毛刷刷洗仪器的内壁。洗涤试管时要注意避免试管刷底部的铁丝将试管捅破。用清洁剂洗后再用自来水冲洗。洗涤仪器时应该一个一个地洗，不要同时抓多个仪器一起洗，这样很容易将仪器碰坏或摔坏。

一般用自来水洗净的仪器，往往还残留着一些 Ca^{2+}、Mg^{2+}、Cl^- 等，如果实验中不允许这些离子存在，就要再用蒸馏水漂洗几次。用蒸馏水洗涤仪器的方法应采用“少量多次”法，为此常使用洗瓶。挤压洗瓶使其喷出一股细蒸馏水流，均匀地喷射在仪器内壁上并不断转动仪器，再将水倒掉。如此重复几次即可。这样既提高了效率，又可节约蒸馏水。

2.6.1.2 铬酸洗液的洗涤

对一些形状特殊的容积精确的容量仪器，如滴定管、移液管、容量瓶等，不宜用毛刷蘸洗涤剂洗，常用洗液洗涤。

铬酸洗液可按下述方法配制：称取 $K_2Cr_2O_7$ 固体 25g，溶于 50mL 蒸馏水中，冷却后向溶液中慢慢加入 450mL 浓 H_2SO_4（注意安全），边加边搅拌。注意切勿将 $K_2Cr_2O_7$ 溶液加到浓 H_2SO_4 中。冷却后贮存在试剂瓶中备用。

铬酸洗液呈暗红色，具有强酸性、强腐蚀性和强氧化性，对具有还原性的污物如有机物、油污的去污能力特别强。装洗液的瓶子应盖好盖子，以防吸潮。洗液在洗涤仪器后应保留，多次使用后当颜色变绿时 Cr(Ⅳ) 变为 Cr(Ⅲ)，就丧失了去污能力，不能继续使用。

用洗液洗涤仪器的一般步骤如下：仪器先用水洗并尽量把仪器中的残留水倒净，避免浪费和稀释洗液。向仪器中加入少许洗液，倾斜仪器并使其慢慢转动，使仪器的内壁全部被洗液润湿，重复 2～3 次即可。如果能用洗液把仪器浸泡一段时间，或者用热的洗液洗，则洗涤效果更佳。用完的洗液应倒回洗液瓶。仪器用洗液洗过后再用自来水冲洗，最后用蒸馏水淋洗几次。使用洗液时应注意安全，不要溅在皮肤、衣物上。

废洗液可通过下述方法再生：先将废洗液在 110～130℃不断搅拌下进行浓缩，除去水分后，冷却至室温，以每升浓缩液加入 10g $KMnO_4$ 的比例，缓缓加入 $KMnO_4$ 粉末，边加边搅拌，直至溶液呈深褐色或微紫色为止，然后加热至有 SO_2 出现，停止加热。稍冷后用玻璃砂芯漏斗过滤，除去沉淀，滤液冷却后析出红色 CrO_3 沉淀。在含有 CrO_3 沉淀的溶液中再加入适量浓 H_2SO_4，使其溶解即成洗液，可继续使用。少量的废洗液可加入废碱液或石灰，使其生成 $Cr(OH)_3$ 沉淀，将此废渣埋于地下（指定地点），以防止铬的污染。

2.6.1.3 特殊污垢的洗涤

一些仪器上常常有不溶于水的污垢，尤其是原来未清洗而长期放置后的仪器。这时就需要视污垢的性质选用合适的试剂，使其经化学作用而除去。几种常见污垢的处理方法见表 2-6。

表 2-6　常见污垢的处理方法

污　　垢	处 理 方 法
碱土金属的碳酸盐、$Fe(OH)_3$、一些氧化剂如 MnO_2 等	用稀 HCl 处理，MnO_2 需要用 $6mol \cdot L^{-1}$ 的 HCl
沉积的金属如银、铜	用 HNO_3 处理
沉积的难溶性银盐	用 $Na_2S_2O_3$ 洗涤，Ag_2S 则用热、浓 HNO_3 处理
黏附的硫黄	用煮沸的石灰水处理 $3Ca(OH)_2+12S \longrightarrow 2CaS_5+CaS_2O_3+3H_2O$
高锰酸钾污垢	草酸溶液(黏附在手上也用此法)
残留的 Na_2SO_4、$NaHSO_4$ 固体	用沸水使其溶解后趁热倒掉
沾有碘迹	可用 KI 溶液浸泡，或用温热的稀 NaOH、$Na_2S_2O_3$ 溶液处理
瓷研钵内的污迹	用少量食盐在研钵内研磨后倒掉，再用水洗
有机反应残留的胶状或焦油状有机物	视情况用低规格或回收的有机溶剂(如乙醇、丙酮、苯、乙醚等浸泡)，及 NaOH、浓 HNO_3 煮沸处理
一般油污及有机物	用含 $KMnO_4$ 的 NaOH 溶液处理
被有机试剂染色的比色皿	可用体积比为 1∶2 的盐酸-酒精液处理

除了上述清洗方法外，现在还有先进的超声波清洗器。只要把用过的仪器，放在配有合适洗涤剂的溶液中，接通电源，利用声波的能量和振动，就可将仪器清洗干净，既省时又方便。常用洗涤剂的配制见 6.18 节。

2.6.2 仪器的干燥

有些仪器洗涤干净后就可用来做实验，但有些无机化学实验，特别是需要在无水条件下进行的有机化学实验所用的玻璃仪器，常常需要干燥后才能使用。常用的干燥方法如下。

(1) 晾干

将洗净的仪器倒立放置在适当的仪器架上，让其在空气中自然干燥，倒置可以防止灰尘落入，但要注意放稳仪器。

(2) 烘干

将洗净的仪器放入电热恒温干燥箱内加热烘干。恒温干燥箱（简称烘箱）是实验室常用的仪器（见图 2-1），常用来干燥玻璃仪器或烘干无腐蚀性、热稳定性比较好的药品，但挥发性易燃品或刚用酒精、丙酮淋洗过的仪器切勿放入烘箱内，以免发生爆炸。烘箱带有自动控温装置。使用方法如下：接上电源，先开启加热开关后，再将控温钮由“0”位顺时针旋至一定程度，这时红色指示灯亮，烘箱处于升温状态。当温度升至所需温度（由烘箱顶上的温度计观察），将控温钮按逆时针方向缓缓回旋，红色指示灯灭，绿色指示灯亮，表明烘箱已处于该温度下的恒温状态，此时电加热丝已停止工作。过一段时间，由于散热等原因烘箱里面温度变低后，它又自动切换到加热状态。这样交替地不断通电、断电，就可以保持恒定温度。一般烘箱最高使用温度可达 200℃，常用温度为 100～120℃。

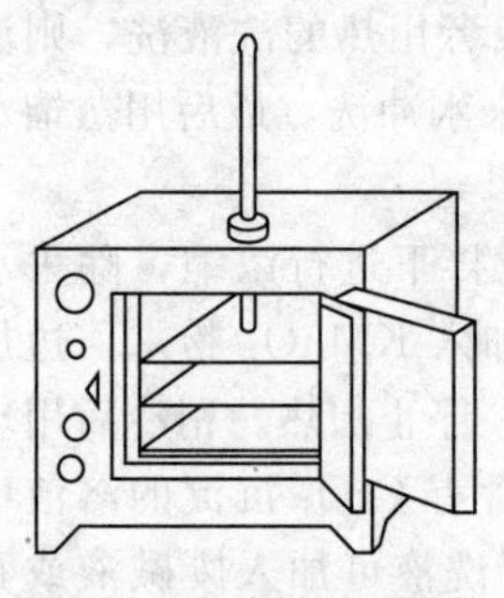

图 2-1　电热恒温干燥箱

玻璃仪器干燥时，应先洗净并将水尽量倒干，放置时应注意平放或使仪器口朝上，加热一刻钟左右即可干燥，带塞的瓶子应打开瓶塞，如果能将仪器放在托盘里则更好。一般最好让烘箱降至常温后再取出仪器，如果热时就要取出仪器，应注意用干布垫手，防止烫伤。热玻璃仪器不能碰水，以防炸裂。热仪器自然冷却时，器壁上常会凝上水珠，不易干燥，这可以用吹风机吹冷风助冷而避免。烘干的药品一般取出后应放在干燥器里保存，以免在空气中又吸收水分。

(3) 吹干

用热或冷的空气流将玻璃仪器吹干，所用仪器是电吹风机或“玻璃仪器气流干燥器”。用吹风机吹干时，一般先用热风吹玻璃仪器的内壁，待干后再吹冷风使其冷却。如果先用易挥发的溶剂如乙醇、乙醚、丙酮等淋洗一下仪器，将淋洗液倒净，然后用吹风机用冷风→热风→冷风的顺序吹，则会干得更快。另一种方法是将洗净的仪器直接放在气流烘干器里进行干燥。

(4) 烤干

用煤气灯小心烤干。一些常用的烧杯、蒸发皿等可置于石棉网上用小火烤干，烤干前应先擦干仪器外壁的水珠。试管烤干时，应使试管口向下倾斜，以免水珠倒流炸裂试管（见图2-2），烤干时应先从试管底部开始，慢慢移向管口，不见水珠后再将管口朝上，把水汽赶尽。还应注意的是，一般带有刻度的计量仪器，如移液管、容量瓶、滴定管等不能用加热的方法干燥，以免热胀冷缩影响这些仪器的精密度。玻璃磨口仪器和带有活塞的仪器洗净后放置时，应该在磨口处和活塞处（如酸式滴定管、分液漏斗等）垫上小纸片，以防止长期放置后粘上，不易打开。

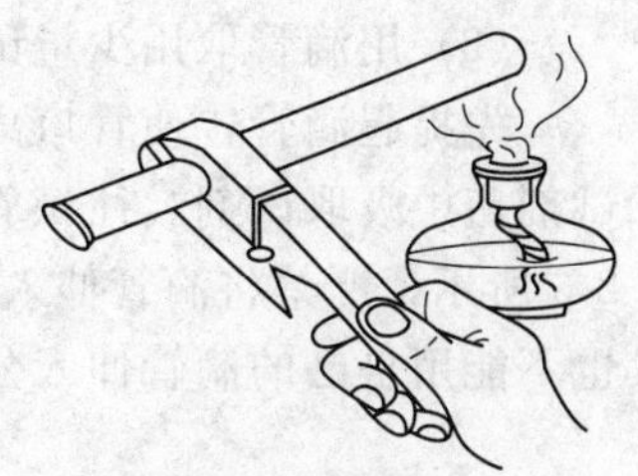

图2-2　烤干试管

2.6.3　干燥器的使用

有些易吸水潮解的固体或灼烧后的基准物等应放在干燥器内，防止吸收空气中的水分。干燥器是一种有磨口盖子的厚质玻璃器皿，磨口上涂有一层薄薄的凡士林，防止水汽进入，并能很好地密合。干燥器的底部装有干燥剂（变色硅胶、无水氯化钙等），中间放置一块干净的带七孔瓷板，用来盛放被干燥物品。打开干燥器时，应左手按住干燥器，右手按住盖的圆顶，向左前方开盖子，如图2-3（a）所示。温度很高的物体（如灼烧过恒重的坩埚等）放入干燥器时，不能将盖子完全盖严，应该留一条很小的缝隙，待冷后再盖严，否则易被内部热空气冲开盖子打碎，或者由于冷却后的负压使盖子难以打开。搬动干燥器时，应用两手的拇指同时按住盖子，以防盖子因滑落而打碎，如图2-3（b）所示。

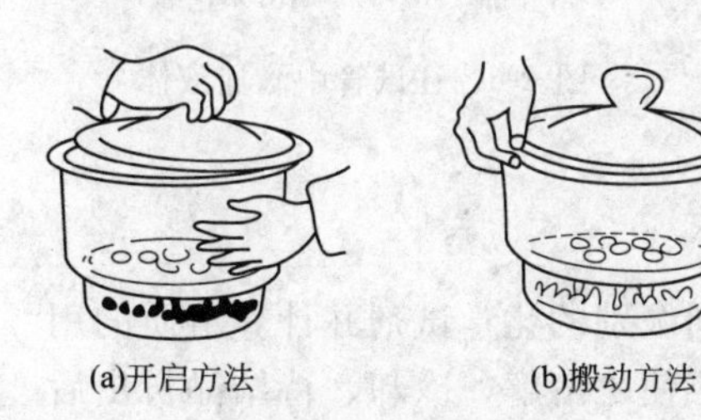

(a)开启方法　　(b)搬动方法

图2-3　干燥器的使用

2.7　试剂的配制和取用

2.7.1　固体试剂的取用

取用固体试剂一般多用牛角匙（还有用不锈钢药匙、塑料匙等）。牛角匙两端为大小两个匙，取用固体量大时用大匙，取用量小时用小匙。牛角匙使用时必须干净且专匙专用。要称一定量固体试剂时，可将试剂放到纸上、表面皿等干燥、洁净的玻璃容器或者称量瓶内，根据要求在天平（托盘天平、1/100g 天平或分析天平）上称量。称量具有腐蚀性或易潮解的试剂时，不能放在纸上，应放在表面皿等玻璃容器内。颗粒较大的固体应在研钵中研碎，研钵中所盛固体量不得超过容积的 1/3。

2.7.2 液体试剂的取用

（1）从细口试剂瓶中取用试剂的方法

取下瓶塞，左手拿住容器（如试管、量筒等），右手握住试剂瓶（试剂瓶的标签应向着手心），倒出所需量的试剂，如图 2-4 所示。倒完后应将瓶口在容器内壁上靠一下（特别注意处理好“最后一滴试液”），再使瓶子竖直，以避免液滴沿试剂瓶外壁流下。将液体试剂倒入烧杯时，亦可用右手握试剂瓶，左手拿玻璃棒，使玻璃棒的下端斜靠在烧杯中，将瓶口靠在玻璃棒上，使液体沿着玻璃棒往下流，如图 2-5 所示。

（2）用滴管取用少量试剂的方法

先提起滴管，使管口离开液面，用手指捏紧滴管上部的橡皮头排去空气，再把滴管伸入试剂瓶中吸取试剂。往试管中滴加试剂时，只能把滴管尖头放在试管口的上方滴加，如图 2-6 所示，严禁将滴管伸入试管内。一个滴瓶上的滴管不能用来移取其他试剂瓶中的试剂，也不能用自己的滴管伸入公用试剂瓶中去吸取试剂，以免污染试剂。

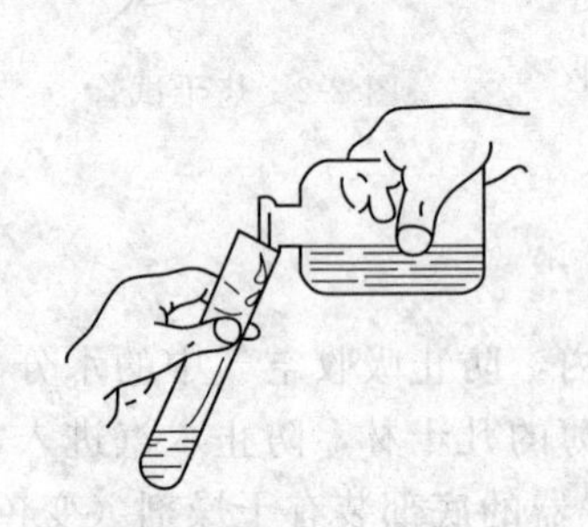

图 2-4　往试管中倒入试剂

图 2-5　往烧杯中倒入试剂

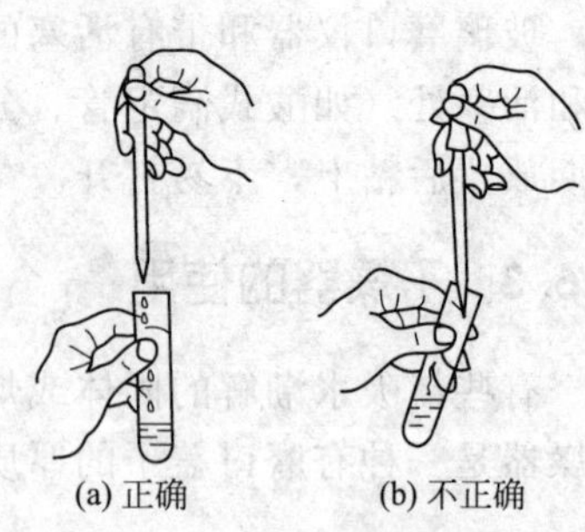

(a) 正确　(b) 不正确

图 2-6　往试管中滴加液体

2.7.3 试剂的配制

根据配制试剂纯度和浓度的要求，配制溶液时，选不同级别的化学试剂并计算溶质的用量。配制饱和溶液时，所用溶质的量应稍多于计算量，加热使之溶解、冷却、待结晶析出后再用，这样可保证溶液饱和。

配制溶液如有较大的溶解热发生，该操作一定要在烧杯或敞口容器中进行。溶液配制过程中，加热和搅拌可加速溶解，但搅拌不宜太剧烈，不能使搅拌棒触及烧杯壁。

配制易水解的盐溶液时，必须把试剂先溶解在相应的酸溶液［如 $SnCl_2$、$SbCl_3$、$Bi(NO_3)_3$ 等］或碱溶液（如 Na_2S 等）中以抑制水解。对于易氧化的低价金属盐类［如 $FeSO_4$、$SnCl_2$、$Hg_2(NO_3)_2$ 等］，不仅需要酸化溶液，而且应在该酸液中加入相应的纯金属，防止低价金属离子的氧化。

2.8 加热与冷却

有些化学反应特别是一些有机化学反应，往往需要在较高温度下才能进行，许多化学实验的基本操作，如溶解、蒸发、灼烧、蒸馏、回流等过程也都需要加热。相反，一些放热反应，如果不及时除去反应中所放出的热，就会使反应难以控制：有些反应的中间体在室温下不稳定，反应必须在低温下才能进行；此外，结晶等操作也需要降低温度，以减少物质的溶解度，这些过程又都需要冷却。所以，加热和冷却是化学实验中经常遇到的。

2.8.1　加热装置

加热装置常使用酒精灯、酒精喷灯或电加热器等。

(1) 酒精灯

酒精灯结构如图 2-7 所示。先检查灯芯是否需要修整（灯芯不齐或烧焦时）或更换（灯芯太短时），再看看灯壶是否需要添加酒精（加入的酒精量是灯壶容积的 1/2～2/3，不可多加。注意，酒精灯燃着时不能添加酒精）。点燃酒精灯需用火柴，切勿用已点燃的酒精灯直接去点燃别的酒精灯。熄灭灯焰时，切勿用口去吹，可将灯罩盖上，火焰即灭；对于玻璃做的灯罩，还应再提起灯罩，待灯口稍冷时，再盖上灯罩，这样可以防止灯口破裂。长时间加热时，最好预先用湿布将灯身包裹，以免灯内酒精受热大量挥发而发生危险。不用时，必须将灯罩盖好，以免酒精挥发。

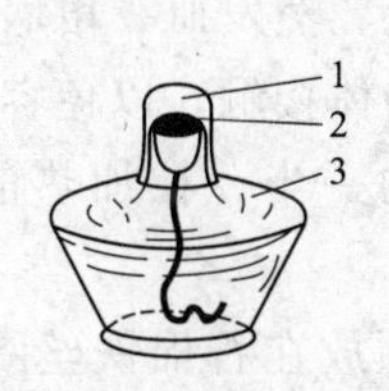

图 2-7　酒精灯构造

1—灯帽；2—灯芯；3—灯壶

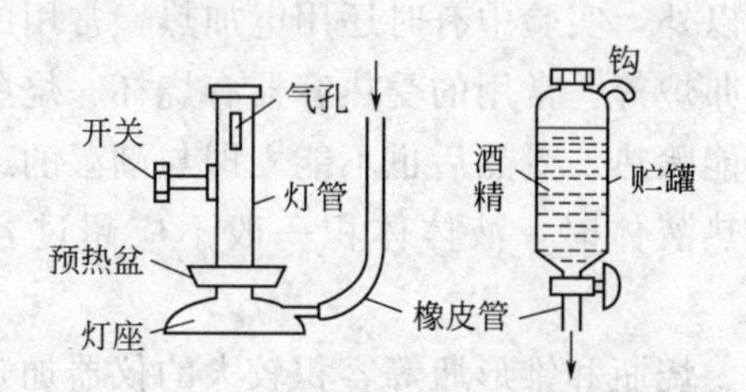

图 2-8　挂式酒精喷灯的结构

(2) 酒精喷灯

常用的酒精喷灯有挂式（见图 2-8）及座式两种。挂式喷灯的酒精贮存在悬挂于高处的贮罐内，而座式喷灯的酒精则贮存在灯座内。

使用前，先在预热盆中注入酒精，然后点燃盆中的酒精，以加热铜质灯管。待盆中酒精将近燃完，灯管温度足够高时，开启开关（逆时针转），这时由于酒精在灯管内汽化，并与来自气孔的空气混合，如果用火点燃管口气体，即可形成高温的火焰。调节开关阀门可以控制火焰的大小。用毕后，旋紧开关，即可使灯焰熄灭。

应当指出：在开启开关，点燃管口气体以前，必须充分灼热灯管，否则酒精不能全部汽化，而会有液态酒精由管口喷出，可能形成“火雨”（尤其是挂式喷灯），甚至引起火灾。

挂式喷灯使用前应先开启酒精贮罐开关，不使用时，必须将贮罐的开关关好，以免酒精漏失，甚至发生事故。

(3) 电加热器

根据需要，实验室还常用电炉（见图 2-9）、电加热套（见图 2-10）、管式炉（见图 2-11）和马弗炉（见图 2-12）等多种电器进行加热。管式炉和马弗炉一般都可以加热到 1000℃以上，并适宜某一温度下长时间恒温。

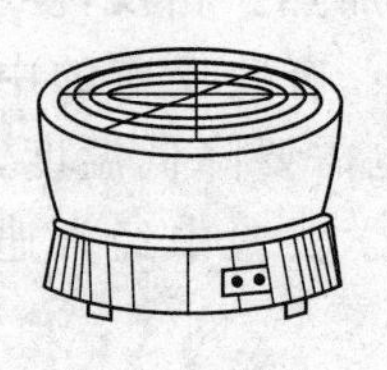
图 2-9 电炉

图 2-10 电加热套

图 2-11 管式炉

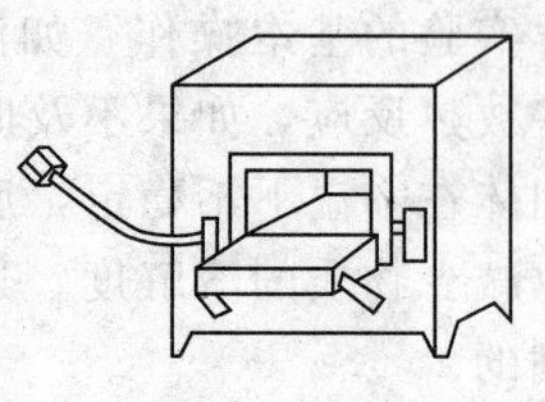
图 2-12 马弗炉

2.8.2 加热操作

某些仪器的干燥、溶液的蒸发和某些化学反应的进行等都需要加热。加热常用煤气灯、酒精喷灯，有时用酒精灯加热，使用时应注意灯中酒精不得超过灯容积的2/3，以免点燃时受热膨胀而溢出，不能用另一个燃着的酒精灯去点燃，熄灭时要用灯罩盖上，不能用嘴吹熄。

当被加热的物质要求受热均匀，而温度又要高于100℃时，可使用砂浴。它是一个盛有均匀细砂的铁制器皿，用煤气灯加热，被加热的器皿的下部埋置在砂中。若要测量温度，可将温度计插入砂中。

除此以外，实验中有时还用电加热，常用的电加热装置有电炉、电加热套、恒温箱、管式炉及马弗炉等。常用的受热容器有烧杯、烧瓶、锥形瓶、蒸发皿、坩埚、试管等。这些仪器一般不能骤热，受热后也不能立即与潮湿的或过冷的物体接触，以免容器由于骤热骤冷而破裂。加热液体时，液体体积一般不应超过容器容积的一半。在加热前必须将容器外壁擦干。

烧杯、烧瓶和锥形瓶等容积较大的仪器加热时，必须放在石棉铁丝网（或铁丝网）上，否则容易因受热不匀而破裂。

蒸发皿、坩埚灼热时，应放在泥三角（见图2-13）上。若需移动则必须用坩埚钳夹取。

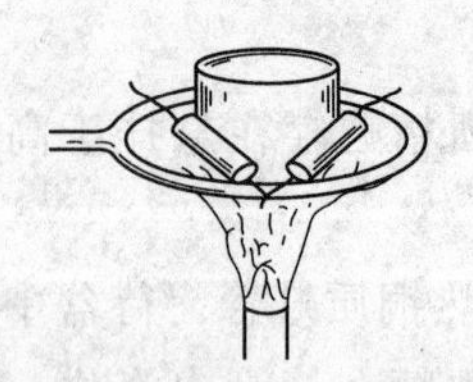
图 2-13 泥三角加热

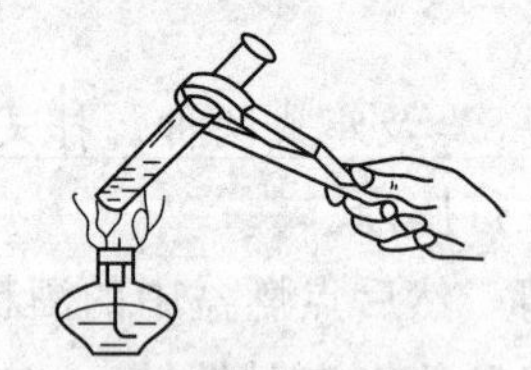
图 2-14 试管加热

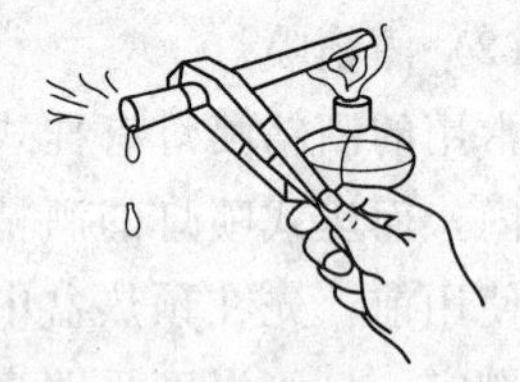
图 2-15 固体加热

在火焰上加热试管时，应使用试管夹夹住试管的中上部，试管与桌面成60°的倾斜，管口不能对着有人的地方（见图2-14）。如果加热液体，应先加热液体的中上部，慢慢移动试管，热及下部，然后不时上下移动或摇荡试管，务必使各部分液体受热均匀，以免管内液体因受热不匀而骤然溅出。

如果加热潮湿的或加热后有水产生的固体时，应将试管口稍微向下倾斜，管口略低于底部（见图2-15），以免在试管口冷凝的水流向灼热的管底而使试管破裂。

如果要在一定范围的温度下进行较长时间的加热，则可使用水浴锅简称水浴（见图2-16）、蒸汽浴（见图2-17）或砂浴等。水浴或蒸汽浴是具有可彼此分离的同心圆环盖的铁制水锅（也可用烧杯代替）。砂浴是盛有细砂的铁盘。应当指出：若离心试管的管底玻璃较薄，则不宜直接加热，而应在热水浴中加热。

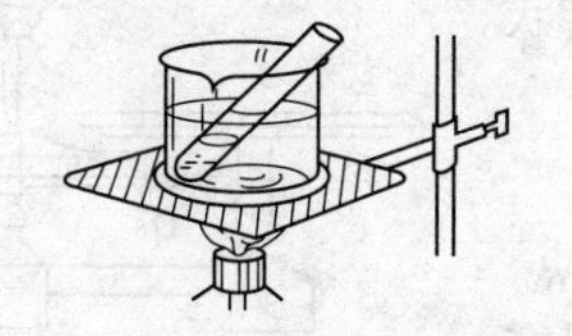
图 2-16　烧杯代替水浴加热

图 2-17　蒸汽浴加热

2.8.3 冷却方法

某些化学反应需要在低温条件下进行，另外一些反应需要传递出产生的热量；有的制备操作像结晶、液态物质的凝固等也需要低温冷却。可根据所要求的温度条件选择不同的冷却剂（制冷剂）。

用水冷却是一种最简便的方法。水冷却可将被制冷物的温度降到接近室温，被制冷物浸在冷水或在流动的冷水中冷却（如回流冷凝器）。

冰或冰水冷却，可得到 0℃的温度。

冰-无机盐冷却剂，可达到的温度为 0～－40℃。制作冰盐冷却剂时，要把盐研细后再与粉碎的冰混合，这样制冷的效果好。冰与盐按不同的比例混合，能得到不同的制冷温度。如 $CaCl_2 \cdot 6H_2O$ 与冰按 1∶1、1.25∶1、1.5∶1、5∶1 混合，分别达到的最低温度为－29℃、－40℃、－49℃、－54℃。干冰-有机溶剂冷却剂，可获得－70℃以下的低温。干冰与冰一样，不能与被制冷容器口器壁有效接触，所以常与凝固点低的有机溶剂（作为热的传导体）一起使用，如丙酮、乙醇、正丁烷、异戊烷等。

利用低沸点的液态气体，可获得更低的温度。如液态氮（一般放在铜质、不锈钢或铝合金的杜瓦瓶中）可达到－195.8℃，而液态氦可达到－268.9℃的低温。使用液态氧、氢时应特别注意安全操作。液态氧不要与有机物接触，防止燃烧事故发生；液态氢汽化放出的氢气必须谨慎地燃烧掉或排放到高空，避免爆炸事故；液态氨有强烈的刺激作用，应在通风柜中使用。

使用液态气体时，为了防止低温冻伤事故发生，必须戴皮（或棉）手套和防护眼镜。一般低温冷浴也不要用手直接触摸制冷剂（可戴橡皮手套）。

应当注意，测量－38℃以下的低温时，不能使用水银温度计（Hg 的凝固点为－38.87℃），应使用低温酒精温度计等。

此外，使用低温冷浴时，为防止外界热量的传入，冷浴外壁应使用隔热材料包裹覆盖。

2.9 称量仪器及其使用

化学实验室中最常用的称量仪器是天平。天平的种类很多，根据天平的平衡原理，可分为杠杆式天平和电磁力式天平等；根据天平的使用目的，可分为分析天平和其他专用天平；根据天平的分度值大小，分析天平又可分为常量（0.1mg）、半微量（0.01mg）、微量（0.001mg）等。通常应根据测试精度的要求和实验室的条件来合理地选用天平。

2.9.1 台式天平

台式天平（见图 2-18）又称托盘天平，用于粗略的称量，能准确至 0.1g。台式天平的横梁架在台天平底座上，横梁左右有两个盘子。在横梁中部的上面有指针，根据指针 A 在刻度盘B摆动的情况，可以看出台式天平的平衡状态。使用台天平称量时，可按下列步骤进行。

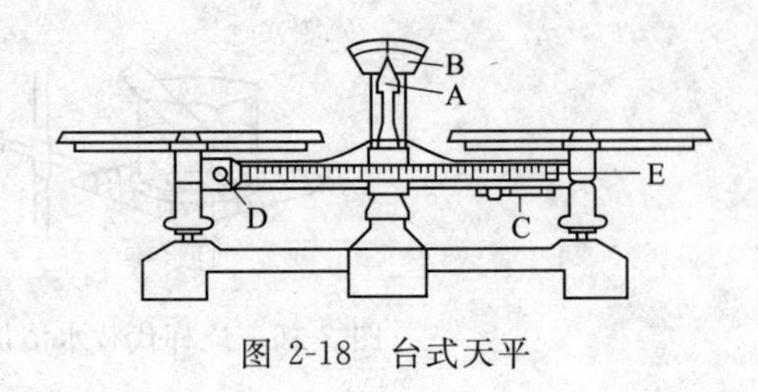

图 2-18　台式天平

（1）零点调整

使用台式天平前需把游码D放在刻度尺的零点。托盘中未放物体时，如指针不在刻度零点，可用零点调节螺丝C调节。

（2）称量

称量物不能直接放在天平盘上称量（避免天平盘受腐蚀），应放在已知质量的纸或表面皿上，而潮湿的或腐蚀性的药品则应放在玻璃容器内。台式天平不能称热的物质。称量时，称量物放在左盘，砝码放在右盘。添加砝码时应从小到大。在添加刻度标尺E以内的质量时（如10g或5g），可移动标尺上的游码，直至指针指示的位置与零点相符（偏差不超过1格），记下砝码质量，此即称量物的质量。

（3）复原

称量完毕应把砝码放回盒内，把游标尺的游码移到刻度“0”处，将台式天平及台面清理干净。

2.9.2 分析天平

分析天平是定量分析中主要的仪器之一，称量又是定量分析中的一个重要的基本操作，因此必须了解分析天平的结构及其正确的使用方法。

常用的分析天平有半机械加码电光天平、全机械加码电光天平和单盘电光天平等。上述这些天平在构造和使用方法上虽有些不同，但它们的设计都依据杠杆原理（见图2-19）。

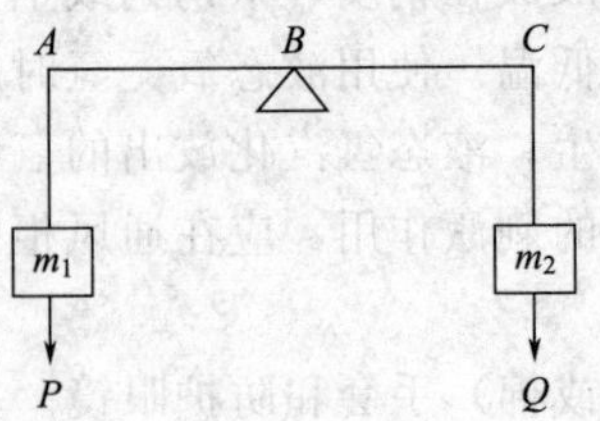

图 2-19　杠杆原理示意图

杠杆 ABC 代表等臂的天平梁，B 为支点，P 与 Q 分别代表被称量物体（质量 m_1）和砝码（质量 m_2）施加于 ABC 向下的作用力。当杠杆达到平衡时，根据杠杆原理，支点两边的力矩应相等。即

$$P \times AB = Q \times BC$$

对于等臂天平 $AB = BC$，所以 $P = Q$，设重力加速度为 g，$m_1 g = m_2 g$，所以，$m_1 = m_2$，即砝码的质量与被称量物的质量相等。此时，被测物的质量便可由砝码的质量表示，这就是天平称量的基本原理。分析天平的种类很多，下面介绍几种常用的分析天平。

2.9.2.1　空气阻尼天平

空气阻尼天平的结构由以下几部分组成。见图2-20。

（1）天平横梁及玛瑙刀

天平的主要部件是天平横梁，它是由铝合金材料制成的。横梁上装有三个棱形的玛瑙刀，其中一个装在横梁的中间，刀口向下，称为中刀或支点刀；另两个等距离地分别安装在横梁两端，刀口向上，称为边刀或承重刀，三个刀口的棱边完全平行，并处于同一水平面上。

玛瑙刀口锋利平滑。当天平启动时，三个刀口分别由玛瑙平板支承，可以很灵敏地摆动。若刀口出现缺损或经长期使用磨钝后，天平摆动阻力增加，灵敏度下降。因此要特别注意保护玛瑙刀口，天平关闭时横梁被托叶架起，使刀口不与平板接触，托叶就是一种保护

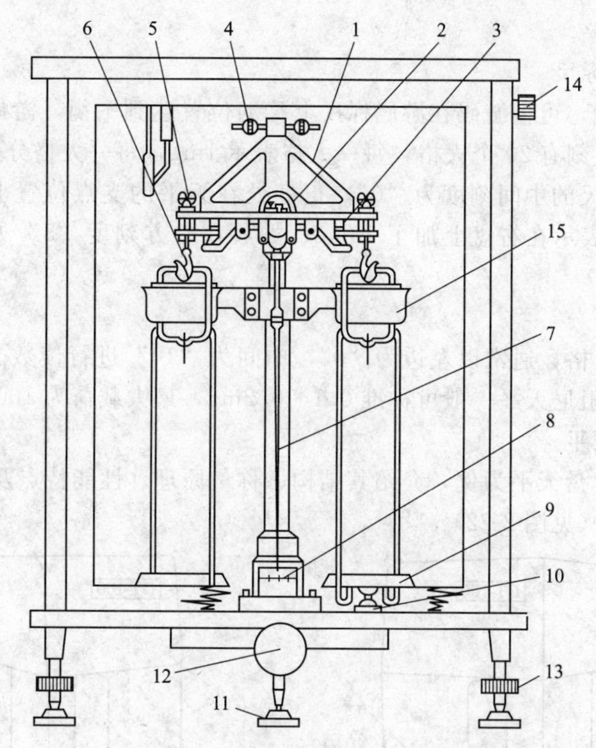

图 2-20　空气阻尼天平的结构

1—横梁；2—支点刀口；3—支力销；4—平衡螺丝；5—吊耳；
6—体架；7—指针；8—读数标牌；9—秤盘；10—盘托；11—垫脚；
12—开关；13—水平调节螺丝；14—游码钩操纵杆；15—阻尼器

装置。

(2) 空气阻尼器

在两个秤盘上方，装有空气阻尼器，此阻尼器由铝材制成的圆筒形套盒组成，外盒固定在天平支柱上，内盒比外盒略小，内盒悬挂在吊耳钩上，两盒间隙均匀，不发生摩擦。当启动天平时，内盒能自由地上、下移动，由于盒内空气阻力作用，使天平横梁能较快地停止摆动而达到平衡，更方便观察指针读数。

(3) 砝码

每台天平都附有一盒配套的砝码（见图 2-21），1g 以上的砝码用铜合金或不锈钢制成，1g 以下的砝码用铝合金制成片状，俗称片码。砝码按一定的顺序放在砝码盒的固定位置上，砝码的质量通常有 5g、2g、2*g、1g 和 5g、2g、1g、1*g 两种组合，从大到小排列，如前一种砝码按 50g、20g、20*g、10g、5g、2g、2*g、1g 顺序排列，1g 以下砝码的顺序也一样，称量时欲加 10mg 以上的质量，可在秤盘上加砝码或片码。系列砝码中，两个面值相同的砝码，其中一个带有星号（*）的标志，是因为面值虽然相同，但其质量不一定绝对相等，所以用星号标记以示区别。如果是用两次质量之差来计算出所称物体的质量时，应使用同一砝码

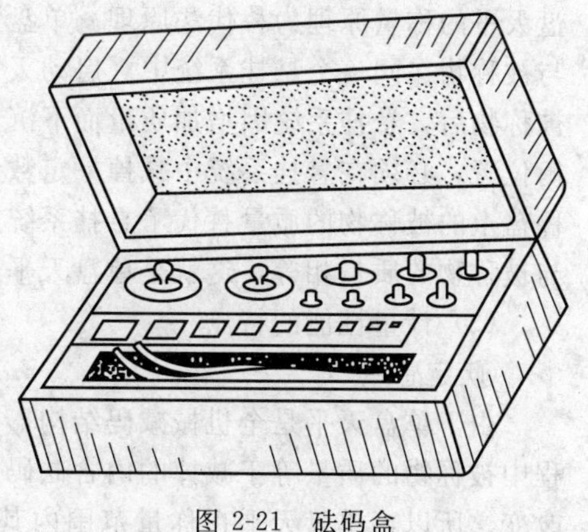

图 2-21　砝码盒

进行称量，以减少误差。

（4）游码与游码标尺

10mg 以下的质量，可借游码在游码标尺上移动位置达到平衡，游码由铝丝制成，质量为 10mg。游码标尺上刻有 20 个大格，每一大格表示 1mg，每一大格分五等份，每一小格相当于 0.2mg。游码标尺的中间刻度为“0”，正好处在天平的支点位置上，如将游码放在右方刻度“10”处，则表示在右盘上加了 10mg；如放在左方刻度“5”处，则表示在右盘上减少了 5mg。

（5）指针标牌

指针标牌上分 20 格，通常以左边为“0”，中间为“10”进行读数。一般要求指针的读数在 9～11 间。空气阻尼天平一般可称准 0.1～0.2mg，最大载荷为 100g 或 200g。

2.9.2.2　单盘天平

以 DT-100A 型单盘天平为例，介绍其结构、称量原理、性能特点及使用方法。

（1）结构与外形（见图 2-22）

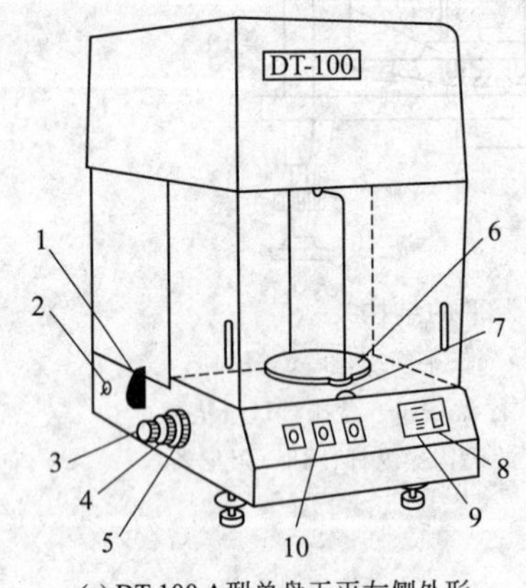

(a) DT-100 A型单盘天平左侧外形

1—停动手钮；2—电源开关；3— 0.1～0.9g减码手轮；
4—1～9g减码手轮；5—10～90g减码手轮；6—秤盘；
7—圆水准器；8—微读数字窗口；9—投影屏；
10—减码数字窗口

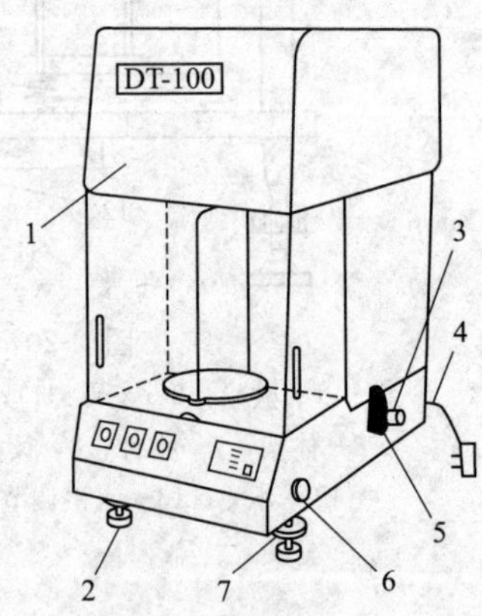

(b) DT-100 A型单盘天平右侧外形

1—顶罩；2—减震脚垫；3—零调手钮；
4— 外接电源线；5—停动手钮；6—微读手钮；
7—调整脚螺丝

图 2-22　DT-100A 型单盘天平侧面图

（2）称量原理

DT-100A 型单盘天平为不等臂横梁，光学投影显示，机械式单盘天平（见图 2-23）。单盘天平的称量原理为替代法原理。单盘天平的横梁只有一个支点刀，一个承重刀，内含砝码与被称物在同一个悬挂系统中。启动天平后，横梁稳定地平衡在某一个位置，当秤盘上放置被称物后，悬挂系统因增加质量而下沉，横梁改变了原有的平衡位置，为保持横梁的原有平衡位置，必须在悬挂系统中减掉一定数量的内含砝码，直到横梁回到原有的平衡位置。放在秤盘上的被称物的质量替代了悬挂系统中减掉的内砝码的质量，那么减掉的内含砝码的质量与被称物的质量相等，这就是单盘天平称量的原理。

（3）计量性能的特点

① 定感量

由于单盘天平是全机械减码结构，被称物与内含砝码在同一个悬挂系统中，在称量全过程中被称物的质量等于减掉的内含砝码的质量，悬挂系统的总质量不随被称物质量的大小而改变。所以，单盘天平在称量范围内其感量（或灵敏度）是恒定的，不随负荷的大小而改

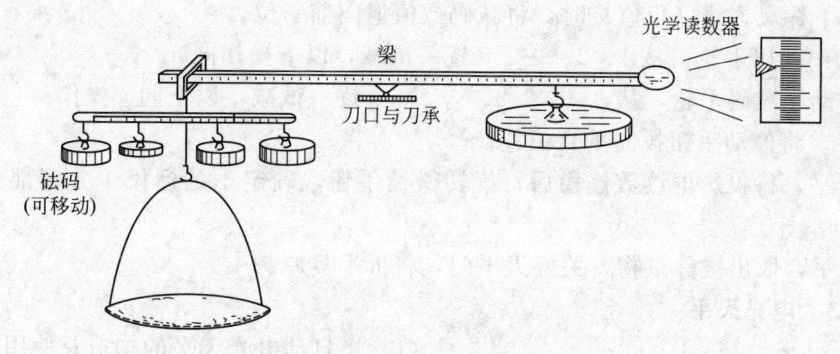

图 2-23　单盘天平结构称量原理示意图

变。这是单盘天平计量性能的优越性。

② 没有不等臂性误差

不等臂性误差是指双盘天平的两个承重力对支点力的距离不可能调整到绝对相等所产生的称量误差，也称为“误差”。由于单盘天平的砝码和被称物在同一个悬挂系统中，作用在横梁上的同一个承重力上，被称物与内含砝码对支点是同一个力臂，所以单盘天平没有不等臂性误差，保证了称量结果的正确性，是单盘天平计量性能的优点。

③ 称量精度高

单盘天平的感量（或灵敏度）不随称量大小而改变，是恒定的，没有不等臂造成的恒量误差，内含砝码的组合误差不超出 0.5mg，所以单盘天平比双盘天平的称量精度高。

④ 停稳时间短

单盘天平从启动到停稳只需 15s 左右，双盘天平则需 40s 左右，单盘天平的称量速度比双盘天平要快得多。

⑤ 使用操作简便，称量效率高

DT-100 A 型单盘天平所有操作手钮都在天平底板的两侧，操作简便省力；同时还具有“半开”机构，可在半开状态下减码，不必返开，关天平，提高称量效率。

(4) 操作方法

① 检查天平的水平状态。气泡在水准仪圆圈内则天平已处水平状态，若否，则调节调平螺丝，使气泡处于圆圈内即可。

② 检查天平盘及天平箱卫生。

③ 检查减码数字窗口，应全部处于“0”状态，若否，调节至 0 位。

④ 将电源转换开关向上拨，接通电源。注意：电源转换开关共三挡，上拨为一般工作电源接通，指示灯要待停动手钮全开时才亮；中挡为关闭电源；下挡为检修时用，此时灯常亮。

⑤ 校正零点。将停动手钮轻轻拨向前方（此方位相对天平而言，操作时应十分注意不可用大力，拨到位即可，以免损坏天平部件），将天平全开，转动零调手钮使影屏标尺“00”刻线位于投影屏刻线正中。

⑥ 关天平，将被称物放置在天平盘中央。

⑦ 半开天平。轻轻将停动手钮向后拨（切记、到位即可），投影屏出现＋10～15 刻度(10～30 都正常，超过 30 则天平有故障，需处理)。

⑧ 减码，同时观察投影屏。

a. 首先转动大减码手轮，从 10、20、…、90 逐一试减，当减到某一数据、投影屏出现“00”以下标尺刻线（负值）时，将减码数值退向前一位。

b. 转动中减码手轮，从1、2、…、9逐一试减，以下操作同a。

c. 后转动小减码手轮，从0.1、0.2、…、0.9逐一试减，以下同a操作。

d. 天平。将停动手钮拨向垂直位置。

e. 开天平，待投影屏读数停稳后，旋转微读手钮，确定不足标尺1分度部分所表示的质量。

f. 关天平，取出被称量物，关好天平门，将天平复原。

2.9.2.3 电光天平

(1) 半自动电光天平的构造及使用

① 构造

半自动电光天平的构造见图2-24，它由横梁、立柱、悬挂系统、读数系统、操作系统及天平箱构成。

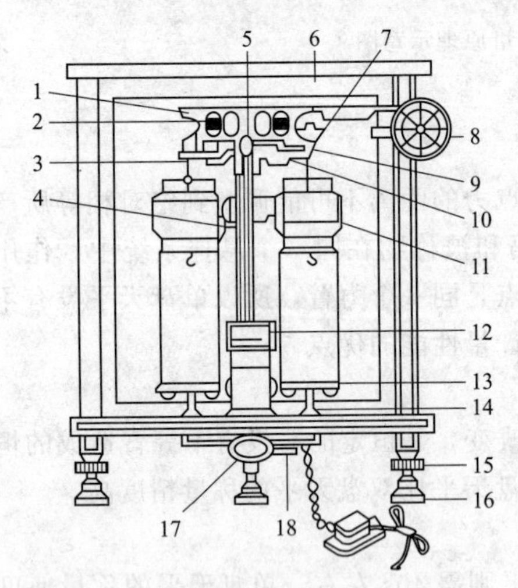

图2-24 半自动电光天平构造

1—横梁；2—平衡螺丝；3—吊耳；4—指针；5—支刀点；6—框罩；7—圈码；8—指数盘；9—支柱；10—托叶；11—阻尼器；12—投影屏；13—天平盘；14—托盘；15—螺旋脚；16—垫脚；17—升降旋钮；18—调屏拉杆

横梁又称天平梁，是天平的主要部件，一般由铜或铝合金制成。梁上有三个三棱形的玛瑙刀，中间一个刀口向下，称支点刀，两端等距离处各有一个刀口向上的刀，称承重刀，三个刀口的锋利程度决定天平的灵敏度，因此应十分注意保护刀口。横梁两边各有一个平衡螺丝，用于调节天平的零点。梁的正中下方有一细长的指针，指针下端固定着一透明的微缩标尺。称量时，通过光学读数系统可以从微缩标尺上读出10mg以下的质量。

立柱是天平梁的支柱，立柱上方嵌有玛瑙平板。天平工作时玛瑙平板与支点刀接触，天平关闭时装载立柱上的托叶上升，托起天平梁，使刀口与玛瑙平板脱开保护刀口。立柱后方有一水准仪，能指示天平的水平状态，调节天平箱下方螺旋脚的高度，可使天平达到水平。

悬挂系统包括吊耳、空气阻尼器及天平盘三个部分。天平工作时，两个承重刀上各挂着一个吊耳，吊耳上嵌着玛瑙平板与承重刀口接触，天平关闭时则脱开。吊耳下各挂着一个天平盘，分别用于盛放被称量物和砝码。吊耳下还分别装有由两个相互套合而又互不接触的铝合金圆筒组成的空气阻尼器，阻尼器的内筒挂在吊耳下面，外筒固定在立柱上。当天平工作时，由于空气的阻尼作用，可使天平梁较快地静止下来。

半自动电光天平的机械加码装置可以添加10～990mg的质量。旋动内、外层圈码指示盘，与左边刻线对准的读数就是所加的圈码的质量（见图2-26）。此外，还配有光学读数系统（见图2-25），只要旋开升降旋钮使天平处于工作状态，天平后方灯座中的小灯即亮，灯光经过准直，将缩微标尺刻度投影在投影屏（见图2-27）上，这时可以从投影屏上读出0.1～10mg的质量。

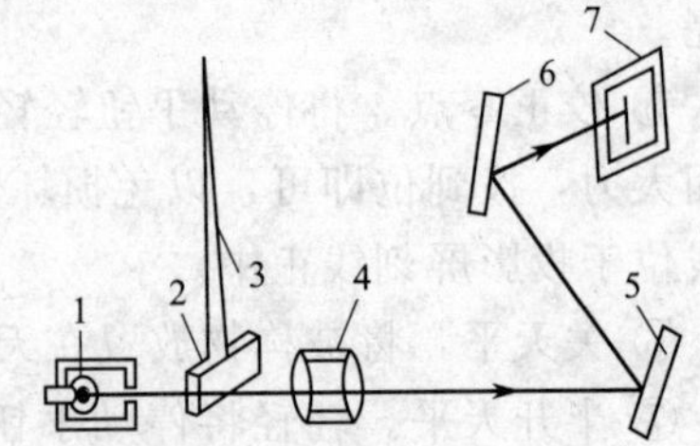

图2-25 光学读数装置示意图

1—光源；2—缩微标尺；3—指针；4—透镜；5,6—反射镜；7—投影屏

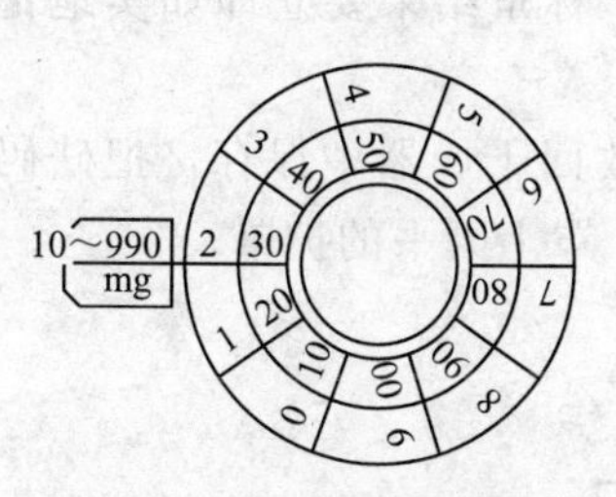

图 2-26　圈码指示盘

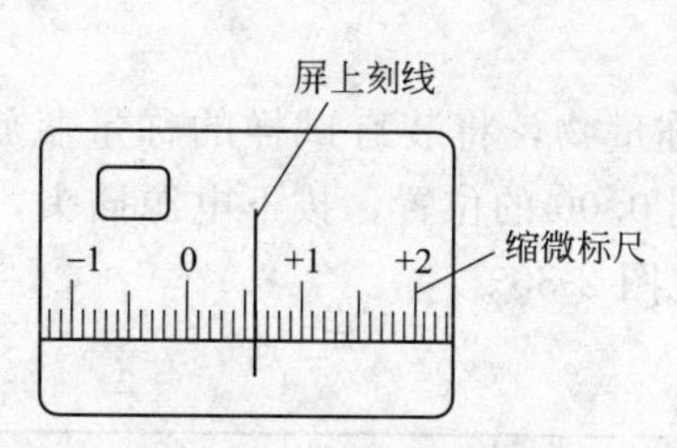

图 2-27　投影屏及缩微标尺

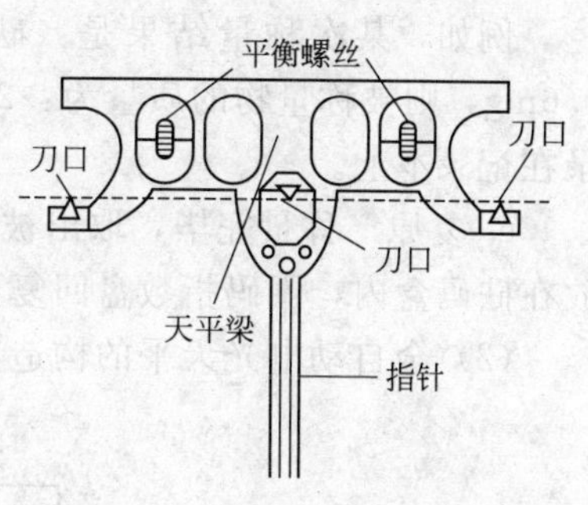

图 2-28　天平梁的结构

天平的操作系统除机械加码装置外还有升降枢，在天平台下正中，连接托梁架、盘托和光源。开启升降枢时，托梁即降下，梁上的三个刀口与相应的玛瑙平板接触（见图 2-28），盘托下降，吊耳和天平盘自由摆动，天平进入工作状态，同时也接通了光源，在屏幕上看到标尺的投影。停止称量时，关闭升降枢，则天平梁与盘被托住，刀口与玛瑙平板脱离，天平进入休止状态，光源切断，光屏变黑。

为防止有害气体和尘埃的侵蚀以及气流对称量的影响，天平安放在一个三方装有玻璃门的框罩（即天平箱）内，取放被称量物或砝码时，应开侧门，天平的正门只在调节和维修时才使用。此外，每台天平都附有一盒配套的砝码。为了便于称量，砝码的大小有一定的组合形式，通常以 5、2、2*、1、1* 组合，并按固定的顺序放在砝码盒中，质量相同的砝码其质量仍有微小差别，故其面上打有标记以示区别。圈码和砝码如图 2-29 所示。

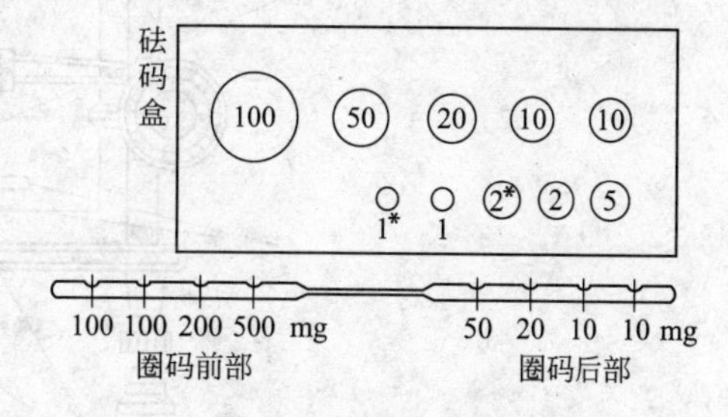

图 2-29　圈码和砝码

② 称量步骤

a. 检查　称量前要检查天平是否处于正常状态，如天平是否水平，吊耳和圈码有无脱落，圈码指数盘是否指示在 0.00 的位置，天平盘上是否有异物，箱内是否清洁等。

b. 调节零点　天平不载重时的平衡点为零点。调节天平零点时先接通电源，缓慢开启升降旋钮，当天平指针静止后，观察投影屏上的刻线与缩微标尺上的 0.0mg 刻度是否重合。如未重合，可调节位于升降旋钮下面的调屏拉杆，移动投影屏的位置，使二者重合，即调好零点。如已将调屏拉杆调到尽头仍不能重合，则需关闭天平后再调节梁上的平衡螺丝（初学者应在教师指导下进行）。

c. 称量　打开天平侧门，把在台秤上称过的被称量物放在左盘中央，在右盘和承码杆上按粗称的质量加上砝码和圈码（即环码），关好天平门，慢慢开启升降旋钮，根据指针或缩微标尺偏转的方向（指针偏转方向与缩微标尺相反），决定加减砝码和圈码。如指针向左偏转（标尺向右偏转），则表示砝码比物体重，应立即关闭升降旋钮，减少砝码或圈码后再称量。如指针向右偏转，且缩微标尺上 10.0mg 的刻线已超过投影屏上的刻线，则表示砝码比物体轻，应关闭升降旋钮，增加砝码或圈码。这样反复调整，直到开启升降旋钮时，投影屏上刻线与缩微标尺上的刻度重合在 0.0～10.0mg 为止。

d. 读数　当缩微标尺稳定后，即可依次读出砝码、圈码及投影屏刻线与标尺重合处的数值，其中一大格为 1mg，一小格为 0.1mg，若刻线在两小格之间，则按四舍五入的原则取舍。读取投影屏上的读数后立即关闭升降旋钮。

被称量物质量＝砝码质量＋圈码质量＋投影屏上的读数

例如，某次称量结果是：砝码质量为 25g，圈码质量为 230mg，投影屏上的读数为 0.6mg，则被称量物的质量为：25＋0.230＋0.0006＝25.2306g，称量结果要立即如实地记录在记录本上。

e. 复原　称量完毕，取出被称量物，将装有试样的称量瓶放回干燥器中保存，把砝码放在砝码盒内，圈码指数盘回复到 0.00 的位置，拔下电源插头，罩上天平的护罩。

(2) 全自动电光天平的构造见图 2-30。

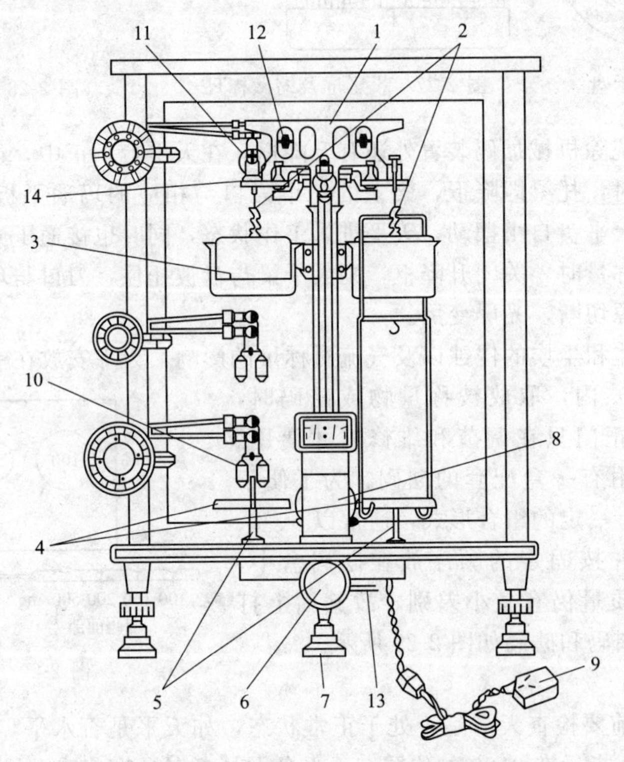

图 2-30　全自动电光天平构造图

1—横梁；2—挂钩；3—阻尼器；4—秤盘；5—托盘；6—开关旋钮；
7—避震垫脚；8—光学、投影装置；9—变压器；10—克砝码；
11—圈形毫克砝码；12—平衡螺母；13—微调杆；14—大托翼

(3) 全自动与半自动电光天平的主要区别(见表 2-7)

表 2-7　全自动与半自动电光天平的主要区别

区别点	部件及操作	半自动电光天平	全自动电光天平
(1)	1g 以上的砝码	用镊子夹取	旋转指数盘加码
(2)	指数盘	(10～990mg)内圈小,外圈大	(10～990mg)外圈小,内圈大(1～9g)、(10～199g)
(3)	加物、码位置	左物右码	左码右物
(4)	投影屏上标尺刻度	0～10mg	＋10～－10mg

(4) 电光天平质量的检查

衡量天平的质量主要有三个指标：灵敏度、变动性和偏差。

① 天平的灵敏度

灵敏度通常是指在天平的一个盘上增加 1mg 质量时引起指针偏转的程度，以分刻度格/

mg 表示。当刀口质量一定时，天平梁的质量大，则灵敏度低；天平臂长，则灵敏度高；支点与横梁重心的距离短，则灵敏度高。一台天平的臂长和横梁的质量是固定的，所以通常是采用日变支点与重心的距离（即调节重心螺丝的位置）来调节灵敏度。天平载重时两臂微向下垂，重心降低，故载重时通常灵敏度有所减小。灵敏度又常用感量来表示，感量为灵敏度的倒数，用 mg/格表示。

灵敏度的测定：调好天平零点，在左盘上放一校正过的 10mg 片码，开启升降旋钮，标尺应移至 9.8～10.2 分刻度 mg 范围，如不符合要求应调节灵敏度。

② 变动性

天平称量前后，几次零点变化的最大差值（mg）称为天平的变动性，一般在 0.2mg 以内。检查方法：称量前连续测定三次零点，称量结束后再测三次零点，六次数据中的最大值减去最小值的差，就是变动性。如测得称量前零点均为 0.0mg，称量后零点为 0.0mg、−0.1mg，则变动性为：0.0g−(−0.1g)＝0.1mg。

③ 偏差

偏差是指天平两臂长不等所引起的系统称量误差，分析天平要求偏差小于 0.4mg。

检查方法：调好零点，用两个经检定表面恒为相等质量的砝码，分别放在天平的两个盘上，开启升降旋钮，记下投影屏上的读数 P_1，然后把两盘上的砝码对换，再读数 P_2，偏差即为 P_1 与 P_2 平均值的绝对值，在实验中，如果使用同一台天平称量，这种偏差可以相互抵消。

（5）电光天平常见故障的排除（表 2-8）

表 2-8　电光天平常见故障排除

故障	原因	排除方法
零件位置不正产生摩擦	天平不水平	检查水准泡，调至水平
空气筒周围间隙不等	有无棉毛纤维物阻滞现象	将阻尼架上的滚花螺钉旋松，然后把阻尼筒调整，再紧固滚花螺钉
吊耳脱落或偏侧	1. 多是由于开、关天平太快引起的 2. 如吊耳安放不稳，左右偏侧，也会引起脱落	1. 将吊耳轻轻地重新放上，就可使用 2. 可用尖嘴钳，将横托架末端的小支柱下部的螺丝放松，将小支柱向左或向右移动，再拧紧螺丝后，进行试验，直至不再偏侧为止。若吊耳前后跳动，可用拨棍插入小支柱上部孔中转动，调节至小支柱的高度相同为止
盘托高低不适当	盘托过高，关闭天平时，秤盘向上抬起，有时引起吊耳脱落；盘托过低，关闭天平后，秤盘仍自由摆动	可取下秤盘，取出盘托，调节盘托下面杆上螺丝的位置以改变盘托高度至合适
指针跳动	当横梁被托起时，如支点刀的刀口与刀垫间前后距离不等，则开启天平时，会产生指针跳动	可把横托架左臂前的螺丝放松，然后用手捻调节小支柱的高度，直至指针不再跳动
天平摆动受阻	1. 盘托卡住不能下降 2. 内外阻尼器相碰或有轻微摩擦	1. 取下秤盘，取出盘托，用干布或干纸擦净后，涂上机油，再行安装、使用 2. 检查天平是否处于水平状态；根据“左一右二”的原则，看内阻尼器是否错放；从天平顶部观察内外阻尼器四周的空隙，如大小不匀，应取下秤盘及吊耳，将内阻尼器转 180°再试用 3. 如上述调节无效，可小心地旋松固定外阻尼器的螺丝，从天平顶部观察，以内阻尼器为标准，移动外阻尼器的位置，直至内外阻尼器不再摩擦，拧紧螺丝

续表

故　障	原　因	排 除 方 法
指数盘失灵	1. 固定指数盘的螺丝松动 2. 挂砝码的挂钩起落失灵 3. 指数盘读数与加上的砝码不相符	1. 先对好的读数位置，把螺丝拧紧 2. 取下指数盘后面的外罩，滴上机油 3. 可松开偏心轮的螺丝，旋转以改变偏心轮的位置后，再将螺丝拧紧
投影屏上显示的标尺刻度模糊	标尺在投影屏的位置偏上、偏下或超出投影屏或标尺位置不对	可旋动投影屏旁的螺丝调节反射镜的位置，使标尺恰好落在投影屏上
小电珠不亮	1. 是否停电或熔丝烧断 2. 线头脱落 3. 天平底板上的接触分开 4. 灯泡和变压器损坏	1. 检查电源或熔丝 2. 再检查天平上所有的焊接点，是否有线头脱落现象 3. 检查天平底板上的接触点(正常情况：天平关闭时，两接触点分开，电路不通；当天平开启时，两接触点相碰，电路接通) 4. 可检查灯泡和变压器是否损坏
全自动天平的加码梗阻轧不灵活	加码梗阻轧缺少润滑油	可将木框外的加码罩小心拆下，在活动部分略加些钟表油，使其自然起落后将罩壳装上
全自动天平的大托翼不落	大托翼后面的支架弹簧的两边弯角变形	将其整形

2.9.3 电子天平

(1) 称量原理及特点

电子天平是目前最新一代的天平，有顶部承载式（吊挂单盘）和底部承载式（上皿式）两种。它是根据电磁力补偿工作原理，使物体在重力场中实现力的平衡；或通过电磁力矩的调节，使物体在重力场中实现力矩的平衡，整个称量过程均由微处理器进行计算和调控。当秤盘上加载后，即接通了补偿线圈的电流，计算器就开始计算冲击脉冲，达到平衡后，显示屏上即自动显示出载荷的质量值。

电子天平的特点：通过操作者触摸按键可自动调零、自动校准、扣除皮重、数字显示、输出打印等，同时其质量轻，体积小，操作十分简便，称量速度也很快。

(2) 构造

电子天平型号有多种，现以北京赛多利斯仪器系统有限公司生产的 BS210S 电子天平为例，其构造如图 2-31 所示。

(3) 操作步骤

① 检查天平　称量前要检查天平是否处于正常状态，如天平是否水平、箱内是否清洁等。

② 水平　调整地脚螺栓，使水平仪内空气泡位于圆环中央。

③ 开机　先接通电源，按下［ON/OFF］键，直至全屏自检。

④ 预热　至少预热 30min（参考仪器说明书），否则天平不能达到所需的工作温度。

⑤ 校正　首次使用天平必须进行校正，按校正键［CAL］，天平将显示所需校正砝码的质量（如 100g），放上 100g 标准砝码直至出现 100.0g，校正结束，取下标准砝码。

⑥ 零点显示（0.0000g）　稳定后即可进行称量。

⑦ 称量　天平不载重时的平衡点为零点，观察液晶屏上的读数是否为 0.0mg，如不是，即按下除皮键［TARE］，除皮清零。打开天平侧门，把试样放在盘中央，关闭天平侧门即

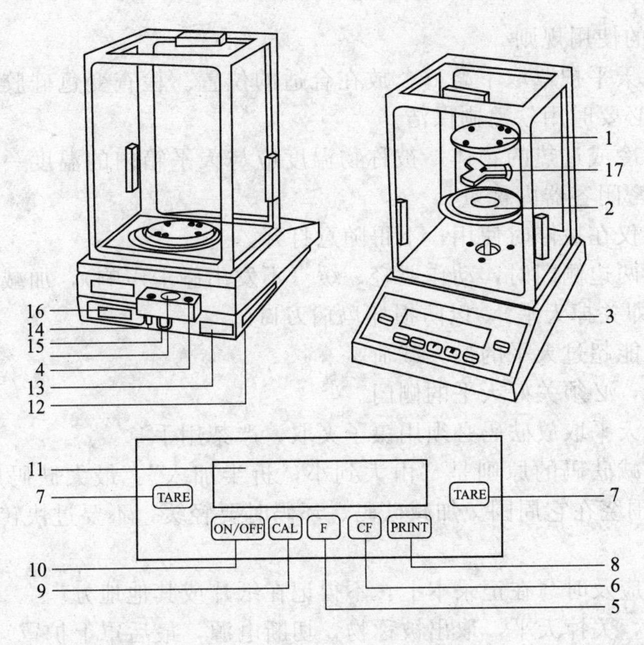

图 2-31　BS210S 电子天平

1—秤盘；2—屏蔽环；3—地脚螺栓；4—水平仪；5—功能键；6—CF 清除键；7—除皮键；8—打印键；9—调校键；10—开关键；11—显示器；12—CMC 标签；13—具有 CE 标记的型号牌；14—菜单-去联锁开关；15—电源接口；16—数据接口；17—秤盘支架

可读数。

⑧ 关机　按下［ON/OFF］键，断开电源。若天平在短期内还要使用，应将开关键关至待机状态，使天平保持保温状态，可延长天平使用寿命。

(4) 电子天平常见故障的排除(见表 2-9)

表 2-9　电子天平常见故障排除

故　障	原　因	排除方法
显示器上无任何显示	1. 无工作电压 2. 未接变压器	1. 检查供电线路及仪器 2. 接好变压器
调整校正之后显示器无显示	1. 放置天平的表面不稳定 2. 未达到内校稳定	1. 确保放置天平的场所稳定 2. 防止震动对天平支撑面的影响 3. 关闭防风罩
显示器显示“H”	超载	为天平卸载
显示器显示“L”或“Err54”	未装秤盘或底盘	依据电子天平的结构和类型装上秤盘或底盘
称量结果不断改变	1. 震动太大,天平暴露在无防风措施的环境中 2. 防风罩未完全关闭 3. 在秤盘与天平壳体间有杂物 4. 下部称量开孔封闭盖板被打开 5. 被测物质量不稳定(易吸潮或蒸发) 6. 被测物带静电荷	1. 通过“电子天平工作菜单”采取相应措施 2. 完全关闭防风罩 3. 清除杂物 4. 关闭下部称量开孔 5. 被测物质放在密闭容器内称量 6. 设法释放静电荷后再称
称量结果明显错误	1. 天平未经调校 2. 称量前未清零	1. 调校天平 2. 称量前清零

（5）分析天平的使用规则

① 称量前先将天平护罩取下叠好，放在合适的位置。检查变色硅胶是否有效，天平是否处于水平状态，必要时用软毛刷保洁。

② 不能称量过冷或过热的物体，被称物温度应与天平箱内的温度一致，有腐蚀性或易吸湿的试样应放在密闭容器内称量。

③ 天平的上门仅在检修时使用，不得随意打开。

④ 开、关天平两边侧门时，动作要轻、缓（不发出碰击声响），加减砝码及取放物体时应将天平梁托起（即关掉天平），以防损坏玛瑙刀口。

⑤ 天平载重不能超过天平的最大载荷。

⑥ 精确读数前，必须关好天平的侧门。

⑦ 半自动电光天平取放砝码必须用镊子夹取，严禁用手拿。

⑧ 电光天平加减砝码的原则是“由大到小，折半加入”。最大砝码应放在秤盘的中央处，添加时，依次围绕在它周围。加减砝码、环码时要轻缓，不要过快转动环码指数盘，避免环码跳落或变位。

⑨ 称量的数据应及时写在记录本上，不得记在纸片或其他地方。

⑩ 称量完毕后，关掉天平，取出被称物，切断电源，最后罩上护罩。

2.9.4 称量方法

使用分析天平的称量方法有：直接称量法（简称直接法）、固定质量称量法和递减称量法（简称过量法或差减法）。

（1）直接法

用于直接称量烧杯等容器的质量。其方法是：将在台式天平上粗称过的干净烧杯用纸带（或戴干净细纱手套）捏住，放在台式天平左盘中央，然后在右盘上加砝码，开启天平，看投影标尺的漂移，判断加减砝码，关掉天平后加环码（由大到小，先转动指数盘外围，再转内圈），开启天平，再看投影标尺的漂移，如此反复操作直到平衡点在投影标尺刻度内稳定为止，记录数据。

容器的质量＝砝码质量＋环码质量＋投影标尺上数据

（2）固定质量称量法

用于称取不易吸湿、在空气中稳定的试样，如金属、矿石、合金等。称量时先称出放试样的空器皿质量，然后在另一盘中加上固定质量的砝码，再用食指轻弹药勺柄，使试样慢慢抖入已知质量的器皿中，再进行一次称量（见图 2-32），直至平衡点为止。

注意：若不慎多加了试样，只能用药勺取出多余量，但是取出后的试样不能再放回试剂瓶中或称量瓶中。

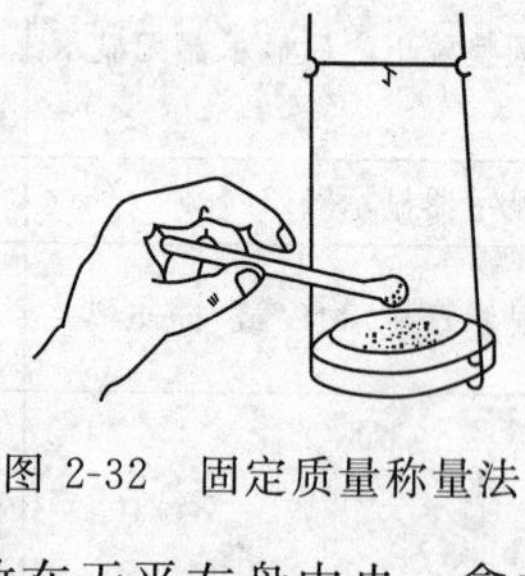

图 2-32 固定质量称量法

（3）差减称量法（减量法）

用于称取易吸湿、易氧化、易与二氧化碳反应的物质。其方法是：用一干净纸带套住装试样的称量瓶，手持纸带两头将称量瓶放在天平左盘中央，拿去纸带，称重。称量完毕后，再用纸带套住称量瓶取出，放在接收试样的容器上方，用一干净纸片包着称量瓶盖上的顶。打开瓶盖，将称量瓶倾斜（瓶底略高于瓶口），轻轻敲动瓶口的上方，使试样落到容器中（见图 2-33），注意不要让试样撒落到容器外。当试样量接近要求时，将称量瓶缓慢竖起，用瓶盖敲动瓶口，使粘在瓶口的试样落入称量瓶或容器中，盖好瓶盖，再次称量。两次质量之差即是取出试样的质量。如此继续操作可称取多份试样。

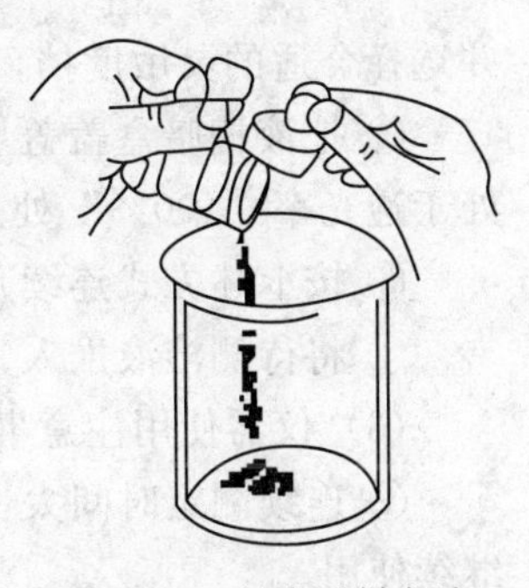
图 2-33　敲击试样方法

(4) 液体样品的称量

液体样品的准确称量比较麻烦。根据不同样品的性质有多种称量方法，主要的称量方法有以下三种。

① 性质比较稳定、不易挥发的样品可装在干燥的小滴瓶中用减量法称取，应预先粗测每滴样品的大致质量。

② 较易挥发的样品可用增量法称量，如称取浓 HCl 试样时，可先在 100mL 具塞锥形瓶中加 20mL 水，准确称量后，加入适量的试样，立即盖上瓶塞，再进行准确称量，然后即可进行测定（例如，用 NaOH 标准溶液滴定 HCl 溶液）。

③ 易挥发或与水作用强烈的样品采取特殊的方法进行称量，如冰乙酸样品可用小称量瓶准确称量，然后连瓶一起放入已盛有适量水的具塞锥形瓶中，摇开称量瓶盖，样品与水混匀后进行测定。发烟硫酸及浓硝酸样品一般采用直径约 10mm、带毛细管的安瓿球称取。已准确称量的安瓿球经火焰微热后，毛细管尖插入样品，球泡冷却后可吸入 1～2mL 样品，然后用火焰封住管尖再准确称量。将安瓿球放入盛有适量水的具塞锥形瓶中，摇碎支瓶球，样品与水混合并冷却后即可进行测定。

2.10 常见电子仪器的用法

2.10.1 721 型分光光度计的使用

721 型分光光度计是上海第三分析仪器厂生产的一种固定狭缝、单光束仪器，其各部件组装成一体。它主要用于波长范围为 360～800nm 的光吸收测量，且适宜于高浓度吸光物质的示差分析。

(1) 仪器的外形结构

仪器的外形结构见图 2-34。

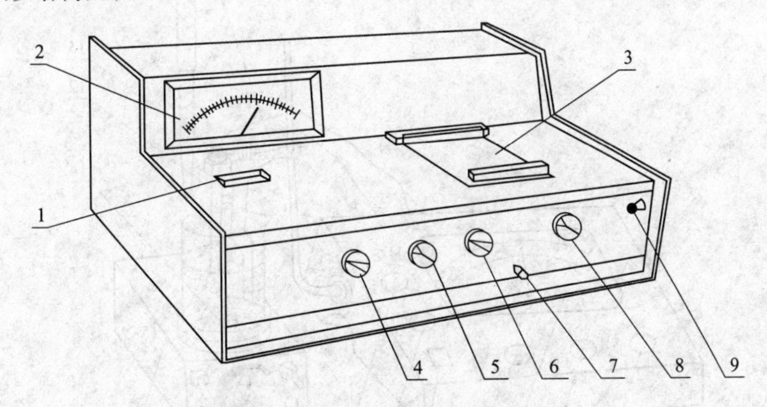

图 2-34　721 型分光光度计

1—波长读数盘；2—电表；3—液槽暗盒盖；4—波长调节旋钮；5—“0” 透光率调节旋钮；6—“100%” 透光率调节旋钮；7—液槽架拉杆；8—灵敏度选择旋钮；9—电源开关

(2) 721 型分光光度计的使用方法

① 将仪器电源开关（见图 2-34）接通，开启液槽暗盒盖 3，调节“0”旋钮，使电表指针处于读数盘透光率“0”处；调整旋钮 4 使波长读数盘 1 的刻线对准选用单色光的波长，

并选择合适的灵敏度挡，再用调“0”旋钮复校电表透光率“0”位。

② 把液槽暗盒盖盖上，将参比溶液推入光路，顺时针旋转“100%”旋钮，使电表指针处于透光率“100%”处。

③ 按上述方式连续几次调整透光率“0”及“100%”，直到不变，即可进行测量工作。

④ 将待测溶液推入光路，读取吸光度。

(3) 仪器使用注意事项

① 连续测定时间太长，光电管会疲劳，造成吸光度读数漂移。此时应将仪器稍歇，再继续使用。

② 使用参比溶液调节透光度为100%时，应先将光量调节器调至最小，然后合上液槽暗盒盖（即开启光门），再慢慢开大光量。

③ 仪器灵敏度挡的选择原则：当参比溶液进入光路时，应能用光量调节器调至透光率为100%。各挡的灵敏度范围是：第一挡×1倍；第二挡×10倍；第三挡×100倍；第四挡×200倍；第五挡×400倍。一般选择在第一挡。

2.10.2 酸度计的使用

酸度计实质就是一个电位计，既可测量电池的电动势，也可直接利用对 H^+ 有选择性响应的玻璃电极或复合电极，直接测 pH 值。实验室常用的酸度计有 pHS-2C 和 pHS-3C 型等。它们的原理相同，仅结构上有差别。现分别以 pHS-2C 和 pHS-3C 型为例，说明酸度计的使用方法。其他型号酸度计使用，可查阅有关说明书。

2.10.2.1 pHS-2C 型酸度计的使用

(1) 仪器的外形结构

pHS-2C 型酸度计外形结构与测试装置见图 2-35。

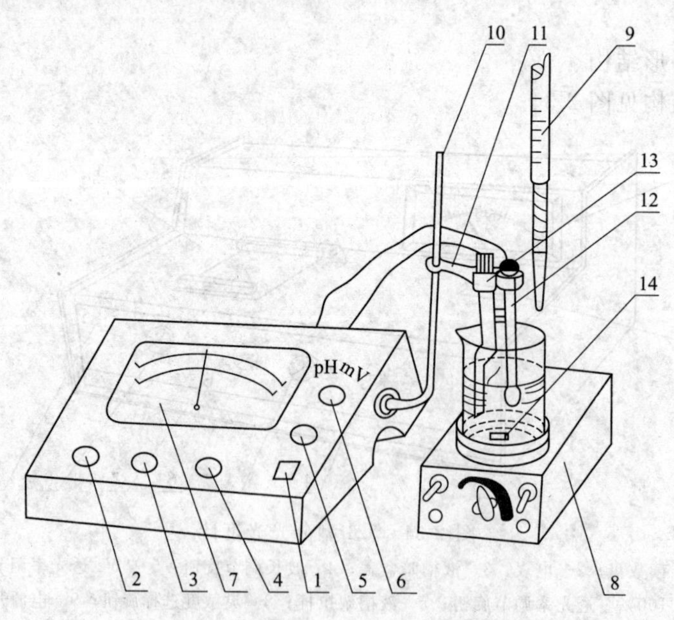

图 2-35 pHS-2C 型酸度计测试装置

1—读数开关；2—温度补偿器；3—斜率补偿；4—定位调节；5—分挡范围；6—选择旋钮；7—指示表头；8—磁力搅拌器；9—滴定管；10—电极架；11—电极夹；12—玻璃电极；13—甘汞电极；14—搅拌磁子

（2）pH 值的测定方法

① 电极和仪器安装。玻璃电极在使用前，应先在蒸馏水中浸泡数小时（最好一昼夜），以稳定其不对称电位。暂时不用，应将其玻璃泡部分浸入水中，电极插头上绝缘部分切忌与污物接触，以免影响转换系数。甘汞电极内部的小玻璃管的下口，必须被氯化钾溶液所浸没；弯管内不可有气泡将 KCl 溶液隔开，电极下端为一毛细孔的陶瓷塞片，测量时允许有少量氯化钾溶液流出，但不允许有被测溶液流入，使用时注意保持足够的液位差。暂时不用时不得与玻璃电极同时浸在蒸馏水中。

将准备好的玻璃电极与甘汞电极，分别架在仪器的电极架上，并注意玻璃电极切勿与硬物碰撞，其位置应比甘汞电极略高；然后将二支电极的插头引线分别插入其插孔，或通过转换器与仪器测量插孔相连。开启开关，预热 10～20min 后，即可开始工作。

② 标定

a. 将选择旋钮置于“pH”挡；

b. 将二支电极及温度计，用蒸馏水冲洗，并蘸干，放入装有 pH＝6.86 的缓冲溶液中；

c. 将斜率补偿调到 100%（即顺时针旋到底），将分挡开关拨到“6”，调节定位调节旋钮，使仪器显示读数与该缓冲溶液（pH＝6.86）pH 一致；

d. 用蒸馏水冲洗电极，蘸干，再放入 pH＝4.00（或 pH＝9.81）的缓冲溶液中，开动搅拌器，将斜率补偿旋钮旋到 pH＝4.00（或 pH＝9.81）。

注：经标定的仪器定位调节旋钮及斜率调节旋钮不应再动。

标定的缓冲溶液第一次应用 pH＝6.86 的，第二次应接近被测溶液的值，如被测的溶液为酸性，缓冲溶液应选 pH＝4.00 的缓冲溶液；如被测溶液为碱性，则选 pH＝9.81 的缓冲溶液，一般情况下，在 24h 内仪器不需标定。

③ 测量。用蒸馏水清洗电极，用滤纸吸干，放入测量液中，由表头上读数。

2.10.2.2　pHS-3C 型精密 pH 计的使用

（1）概述

pHS-3C 型精密 pH 计是一台精密数字显示 pH 计，它采用 3 位半十进制 LED 数字显示。该仪器适用于大专院校、研究院所、工矿企业的化验室取样测定水溶液的 pH 值和电位（mV）值。此外，还可配上离子选择性电极，测出该电极的电极电位。

（2）仪器结构

① 仪器外形结构见图 2-36。

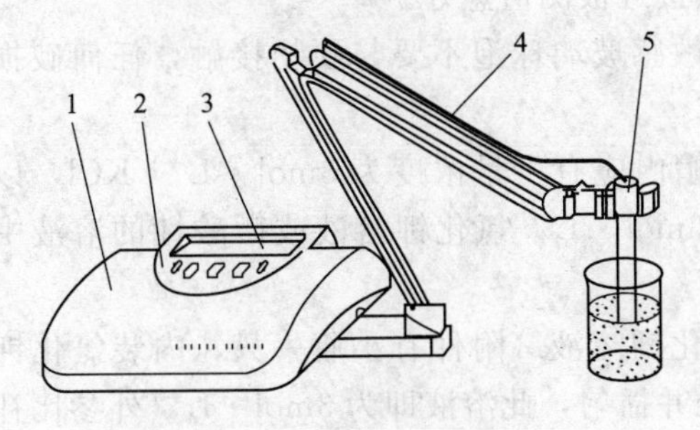

图 2-36　仪器外形结构

1—机箱；2—键盘；3—显示屏；4—多功能电极；5—电极架

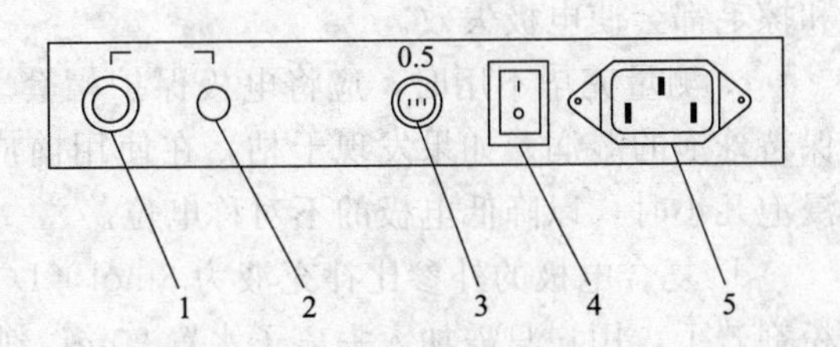

图 2-37　仪器后面板

1—测量电极插座；2—参比电极接口；3—熔丝；4—电源开关；5—电源插座

② 仪器后面板见图 2-37。

③ 仪器键盘说明

a. “pH/mV”键，此键为 pH 值、mV 选择键，按一次进入“pH”测量状态；再按一次进入“mV”测量状态。

b. “定位”键，此键为定位选择键，按此键上部“△”为调节定位数值上升；按此键下部“▽”为调节定位数值下降。

c. “斜率”键，此键为斜率选择键，按此键上部“△”为调节斜率数值上升；按此键下部“▽”为调节斜率数值下降。

d. “温度”键，此键为温度选择键，按此键上部“△”为调节温度数值上升；按此键下部“▽”为调节温度数值下降。

e. “确认”键，此键为确认键，按此键为确认上一步操作。此键的另外一种功能是如果仪器因操作不当出现不正常现象时，可按住此键，然后将电源开关打开，使仪器恢复初始状态。

(3) 仪器附件（雷磁 E-201-C 型 pH 复合电极）

① 用途。雷磁 E-201-C 型 pH 复合电极（见图 2-38）是玻璃电极和参比电极组合在一起的塑壳可充式复合电极，是 pH 值测量元件，用于测量水溶液的 pH 值（氢离子活度），它广泛应用于环境监测、轻工业、医药工业、染料工业、大专院校和科研机构中需要检测水溶液 pH 值的场合。其测量范围为 0～14pH。测量温度为 0～60℃。响应时间为≤2min。

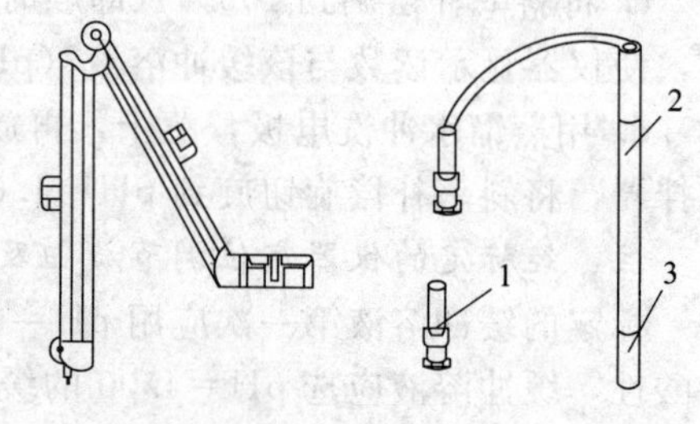

图 2-38 雷磁 E-201-C 型 pH 复合电极
1—Q9 短路插；2—E-201-C 型 pH 复合电极；3—电极保护套

② 特点

a. 碰撞不破，电极的易碎部分的塑料栅保护，测量时可作搅拌棒用。

b. 电极为可充式：电极上端有充液小孔，配有小橡皮塞，在测量时应把小橡皮塞取下。

c. 抗干扰性能强：电极为全屏蔽式，防止测量时外电场干扰。

d. 本电极下端配有电极保护帽，取下帽后，可以立即使用。

③ 使用维护及注意事项

a. 电极在测量前必须用已知 pH 值的标准缓冲溶液进行定位和斜率校准，为取得正确的结果，用于定位的已知标准缓冲溶液的 pH 值愈接近被测值愈好。

b. 取下保护帽后要注意，在塑料保护栅内的敏感玻璃球泡不要与硬物接触，任何破损和擦毛都会使电极失效。

c. 测量完毕不用时，应将电极保护帽套上，帽内应有少量浓度为 $3mol \cdot L^{-1}$ KCl，以保持球泡的湿润。如果发现干枯，在使用前应在 $3mol \cdot L^{-1}$ 氯化钾溶液或微酸性的溶液中浸泡几小时，以降低电极的不对称电位。

d. 复合电极的外参比补充液为 $3mol \cdot L^{-1}$ 氯化钾溶液（附件有小瓶一只，内装氯化钾粉剂若干，用户只需加入去离子水置 20mL 刻度处并摇匀，此溶液即为 $3mol \cdot L^{-1}$ 外参比补充液），补充液可以从上端小孔加入。

e. 电极的引出端（插头），必须保持清洁和干燥，绝对防止输出端短路，否则将导致测量结果失准或失效。

f. 电极应与高输入阻抗（≥1012Ω）的 pH 计或 mV 计配套，能使电极保持良好的特性。

g. 电极避免长期浸在蒸馏水、蛋白质、酸性氟化物溶液中，并防止和有机硅油脂接触。

h. 经长期使用后，如发现电极的百分理论斜率略有降低，则可把电极下端浸泡在 4% HF（氢氟酸）中 3～5s，用蒸馏水洗净，然后在 0.1mol·L^{-1} HCl 溶液中浸泡几小时，用去离子水冲洗干净，使之复新。

注：氢氟酸对人体有害，建议在通风条件好的环境下进行以上操作。

i. 被测溶液中含有易污染敏感球泡或堵塞液接界的物质，会使电极钝化，其现象是百分理论斜率低、响应时间长、读数不稳定。为此，则应根据污染物质的性质，以适当溶液清洗，使之复新。

注：选用清洗剂时，如能溶解聚碳酸酯的清洗液，如四氯化碳、三氯乙烯、四氢呋喃等，则可能把聚碳酸酯溶解后，沾污敏感玻璃球泡表面，而使电极失效，请慎用！

（4）操作步骤

① 开机前的准备

a. 将多功能电极架插入多功能电极架插座中。

b. 将 pH 复合电极安装在电极架上。

c. 将 pH 复合电极下端的电极保护套拔下，并且拉下电极下端的橡皮套，使其露出下端小孔。

d. 用蒸馏水清洗电极。

pHS-3C 操作流程图见图 2-39。

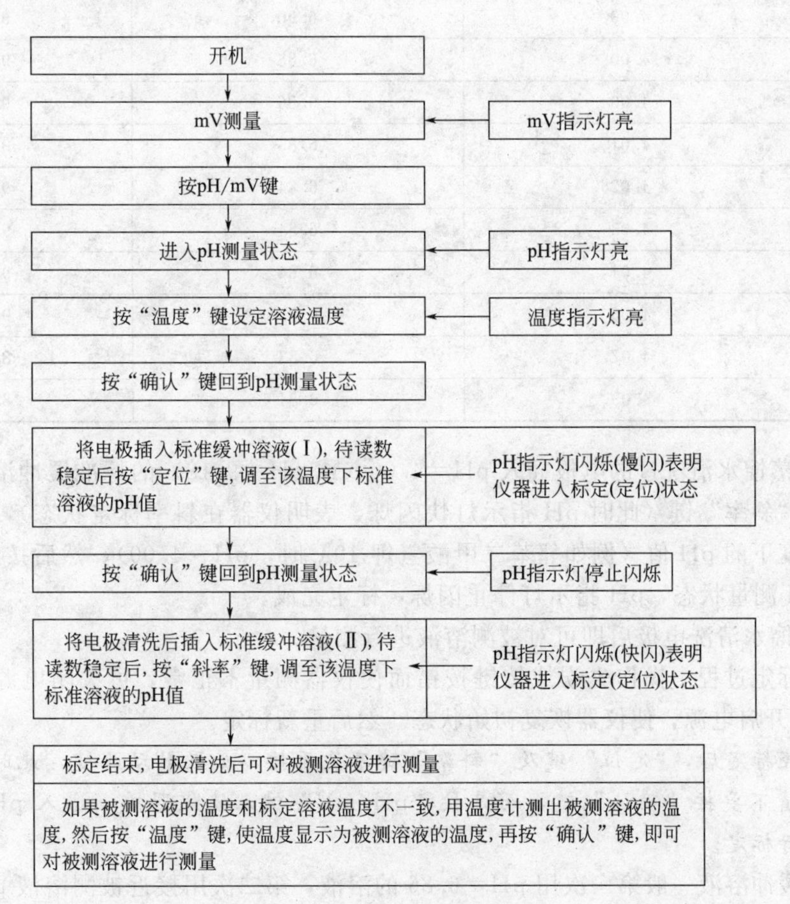

图 2-39　pHS-3C 操作流程图

② 标定

仪器使用前首先要标定。一般情况下仪器在连续使用时，每天要标定一次。

a. 在测量电极插座处拔掉 Q9 短路插头。

b. 在测量电极插座处插入复合电极。

c. 如不用复合电极，则在测量电极插座处插入玻璃电极插头，参比电极接入参比电极接口处。

d. 打开电源开关，按“pH/mV”按钮，使仪器进入 pH 测量状态。

e. 按“温度”按钮，使显示为溶液温度值（此时温度指示灯亮），然后按“确认”键，仪器确定溶液温度后回到 pH 测量状态。

f. 把用蒸馏水清洗过的电极插入 pH＝6.86 的标准缓冲溶液中，待读数稳定后按“定位”键（此时 pH 指示灯慢闪烁，表明仪器在定位标定状态），使读数为该溶液当时温度下的 pH 值（例如混合磷酸盐 10℃时，pH＝6.92），然后按“确认”键，仪器进入 pH 测量状态，pH 指示灯停止闪烁。标准缓冲溶液的 pH 值与温度关系对照表见表 2-10。

表 2-10　缓冲溶液的 pH 值与温度关系对照表

温度/℃	0.05mol·kg^{-1}邻苯二甲酸氢钾	0.025mol·kg^{-1}混合物磷酸盐	0.01mol·kg^{-1}四硼酸钠
5	4.00	6.95	9.39
10	4.00	6.92	9.33
15	4.00	6.90	9.28
20	4.00	6.88	9.23
25	4.00	6.86	9.18
30	4.01	6.85	9.14
35	4.02	6.84	9.11
40	4.03	6.84	9.07
45	4.04	6.84	9.04
50	4.06	6.83	9.03
55	4.07	6.83	8.99
60	4.09	6.84	8.97

g. 把用蒸馏水清洗过的电极插入 pH＝4.00（或 pH＝9.18）的标准缓冲溶液中，待读数稳定后按“斜率”键（此时 pH 指示灯快闪烁，表明仪器在斜率标定状态），使读数为该溶液当时温度下的 pH 值（例如邻苯二甲酸氢钾 10℃时，pH＝4.00），然后按“确认”键，仪器进入 pH 测量状态，pH 指示灯停止闪烁，标定完成。

h. 用蒸馏水清洗电极后即可对被测溶液进行测量。

如果在标定过程中操作失误或按键按错而使仪器测量不正常，可关闭电源，然后按住“确认”键再开启电源，使仪器恢复初始状态。然后重新标定。

注意：经标定后，“定位”键及“斜率”键不能再按，如果触动此键，此时仪器 pH 指示灯闪烁，请不要按“确认”键，而是按“pH/mV”键，使仪器重新进入 pH 测量即可，而无须再进行标定。

标定的缓冲溶液一般第一次用 pH＝6.86 的溶液，第二次用接近被测溶液 pH 值的缓冲液，如被测溶液为酸性时，缓冲溶液应选 pH＝4.00；如被测溶液为碱性时，则选 pH＝

9.18 的缓冲溶液。

一般情况下，在 24h 内仪器不需再标定。

③ 测量 pH 值

经标定过的仪器，即可用来测量被测溶液，被测溶液与标定溶液温度是否相同，所引起的测量步骤也有所不同。具体操作步骤如下。

a. 被测溶液与定位溶液温度相同时，测量步骤如下：用蒸馏水清洗电极头部，再用被测溶液清洗一次：把电极浸入被测溶液中，用玻璃棒搅拌溶液，使溶液均匀，在显示屏上读出溶液的 pH 值。

b. 被测溶液和定位溶液温度不同时，测量步骤如下：用蒸馏水清洗电极头部，再用被测溶液清洗一次；用温度计测出被测溶液的温度值；按"温度"键，使仪器显示为被测溶液温度值，然后按"确认"键；把电极插入被测溶液内，用玻璃棒搅拌溶液，使溶液均匀后读出该溶液的 pH 值。

④ 测量电极电位（mV 值）

a. 把离子选择性电极（或金属电极）和参比电极夹在电极架上；

b. 用蒸馏水清洗电极头部，再用被测溶液清洗一次；

c. 把离子电极的插头插入测量电极插座处；

d. 把参比电极接入仪器后部的参比电极接口处；

e. 把两种电极插在被测溶液内，将溶液搅拌均匀后，即可在显示屏上读出该离子选择电极的电极电位（mV 值），还可自动显示电极极性；

f. 如果被测信号超出仪器的测量范围，或测量端开路时，显示屏会不亮，作超载报警；

g. 使用金属电极测量电极电位时，用带夹子的 Q9 插头，Q9 插头接入测量电极插座处，夹子与金属电极导线相接；或用电极转换器，电极转换器的一头接测量电极插座处，金属电极与转换器接续器相连接。参比电极接入参比电极接口处。

(5) 缓冲溶液的配制方法（见图 2-40）

① pH4.00 溶液：称邻苯二甲酸氢钾（G.R.）10.12g，溶解于 1000mL 高纯去离子水中。

② pH6.86 溶液：称磷酸二氢钾（G.R.）3.387g、磷酸氢二钠（G.R.）3.533g，溶解于 1000mL 高纯去离子水中。

③ pH9.18 溶液：称四硼酸钠（G.R.）3.80g，溶解于 1000mL 高纯去离子水中。

注意：配制②、③溶液所用的水，应预先煮沸 15～30min，除去溶解的二氧化碳。在冷却过程中应避免与空气接触，以防止二氧化碳的污染。

(6) 电极使用与维护的注意事项

① 电极在测量前必须用已知 pH 值的标准缓冲溶液进行定位校准，其 pH 值愈接近被测溶液 pH 值愈好。

② 取下电极护套后，应避免电极的敏感玻璃泡与硬物接触，因为任何破损或擦毛都能使电极失效。

③ 测量结束，及时将电极保护套套上，电极套内应放少量外参比补充液，以保持电极球泡的湿润，切忌浸泡在蒸馏水中。

复合电极的外参比补充液为 $3mol \cdot L^{-1}$ 氯化钾溶液，补充液可以从电极上端小孔加入，复合电极不使用时，拉上橡皮套，防止补充液干涸。

④ 电极的引出端必须保持清洁干燥，绝对防止输出两端短路，否则将导致测量失准或

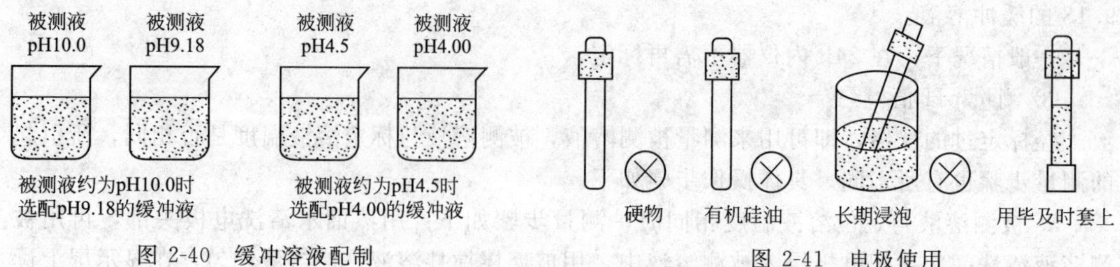

图 2-40 缓冲溶液配制　　　图 2-41 电极使用

失效。

⑤ 电极应与输入阻抗较高的 pH 计（$\geqslant 10^{12}\Omega$）配套，以使其保持良好的特性。

⑥ 电极应避免长期浸在蒸馏水、蛋白质溶液和酸性氟化物溶液中。

⑦ 电极避免与有机硅油接触。

⑧ 电极经长期使用后，如发现斜率略有降低，则可把电极下端浸泡在4%HF（氢氟酸）中3～5s，用蒸馏水洗净，然后在0.1mol·L^{-1}盐酸溶液中浸泡，使之复新。

⑨ 被测溶液中如含有易污染敏感球泡或堵塞液接界的物质而使电极钝化，会出现斜率降低，显示读数不准现象。如发生该现象，则应根据污染物质的性质，用适当溶液清洗，使电极复新（见图 2-41）。

注意：1. 选用清洗剂时，不能用四氯化碳、三氯乙烯、四氢呋喃等能溶解聚碳酸酯的清洗液，因为电极外壳是用聚碳酸酯制成的，其溶解后极易污染敏感玻璃球泡，从而使电极失效。也不能用复合电极去测上述溶液。

2. pH 复合电极的使用，最容易出现的问题是外参比电极的液接界处，液接界处的堵塞是产生误差的主要原因。

(7) 污染物质和清洗剂参考

① 污染物：无机金属氧化物、有机油脂类物质、树脂高分子物质、蛋白质血球沉淀物、颜料类物质。

② 清洗剂：低于1mol·L^{-1}稀酸、稀洗涤剂（弱碱性）、酒精、丙酮、乙醚、5%胃蛋白酶+0.1mol·L^{-1} HCl溶液、稀漂白液、过氧化氢。

2.10.3 电导率仪的使用

DDS-11A 型电导率仪是实验室用电导率测量仪表。它除能测定一般液体的电导率外，还能测量高纯水电导率。信号输出为0～10mA，可接自动电子电位差计进行连续记录。

(1) 结构

仪器的元件全部安装在面板上，电路元件集中地安装在一块印刷版上，印刷版固定在面板的反面。仪器的外形如图 2-42 所示。

(2) 使用方法

① 打开电源开关前，观察表针是否指零，如不指零，可调整表头上的螺丝，使表针指零。

② 将校正、测量开关放在“校正”位置。

③ 插接电源线，打开电源开关，并预热数分钟（待指针完全稳定为止），调节“校正”调节器，使电表指至满度。

④ 当使用1～8量程测量电导率低于300μS·cm^{-1}的液体时，选用“低周”，这时将K_3指向“低周”即可。当使用9～12量程测量电导率在300～10^5μS·cm^{-1}范围内的液体时，

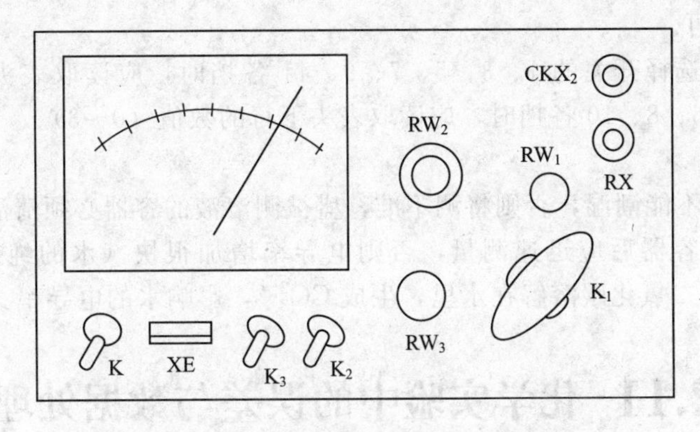

图 2-42　DDS-11A 型电导率仪的外形

K—电源开关；K_1—量程选择开关；K_2—校正、测量开关；

K_3—高周、低周开关；RW_1—电容补偿调节器；RW_2—电极常数调节器；

RW_3—校正调节器；XE—氖泡；RX—电极插口；CKX_2—10mV 输出插口

则将 K_3 指向“高周”。

⑤ 将量程选择开关 K_1 指到所需要的测量范围，如预先不知被测液电导率的大小，应先把其拨在较大电导率测量挡，然后逐挡下降，以防表针打弯。

⑥ 使用电极时用电极夹夹紧电极的胶木帽，并通过电极夹把电极固定在电极杆上。

当被测液的电导率低于 $10\mu S \cdot cm^{-1}$ 时，使用 DJS-1 型光亮电极。这时应把 RW_2 调节在与所配套的电极的常数相对应的位置上。例如，若配套的电极的常数为 0.95，则应该把 RW_2 调节在 0.95 处，若配套电极的常数为 1.1，则应把 RW_2 调节在 1.1 的位置上。

当被测液的电导率在 $10 \sim 10^4 \mu S \cdot cm^{-1}$ 时，则选用 DJS-1 型铂黑电极。把 RW_2 调节在与所配套的电极常数相对应的位置上。当被测量的电导率大于 $10^4 \mu S \cdot cm^{-1}$，以致用 DJS-1 型铂黑电极测不出来时，则选用 DJS-10 型铂黑电极。这时应把 RW_2 调节在与所配套的电极常数的 1/10 位置上。例如：若电极的常数为 9.8，则应使指在 0.98 位置上，再将测得的读数乘以 10，即为被测液的电导率。

⑦ 将电极插头插入电极插口内，旋紧插口上的紧固螺丝，再将电极浸入待测溶液中。

⑧ 校正（当用 1～8 量程测量时，校正时 K_3 指在低周），将 K_2 指在“校正”，调 RW_3 使指示正满度。注意：为了提高测量精度，当使用“$\times 10^3$”$\mu S \cdot cm^{-1}$、“$\times 10^4$”$\mu S \cdot cm^{-1}$ 两挡时，校正必须在电导池接妥（电极插头插入插孔，电极浸入待测溶液中）的情况下进行。

⑨ 此后，将 K_2 指向测量，这时指示数乘以量程开关 K_1 的倍率即为被测液的实际电导率。例如 K_1 指在 $0 \sim 0.1\mu S \cdot cm^{-1}$ 一挡，指针指示为 0.6，则被测液的电导率为 $0.06\mu S \cdot cm^{-1}$（$0.6 \times 0.1\mu S \cdot cm^{-1} = 0.06\mu S \cdot cm^{-1}$）；又如 K_1 指在 $0 \sim 100\mu S \cdot cm^{-1}$ 挡，电表指示为 0.9，则被测液的电导率为 $90\mu S \cdot cm^{-1}$，其余类推。

⑩ 当用 $0 \sim 0.1\mu S \cdot cm^{-1}$ 或 $0 \sim 0.3\mu S \cdot cm^{-1}$ 两挡测量高纯水时（100MΩ 以上），先把电极引线插入电极插孔，在电极未浸入溶液之前，调节 RW_1 使电表指示为最小值（此最小值即电极铂片间的漏电阻，由于此漏电阻的存在，使得调 RW_1 时电表指针不能达到零点），然后开始测量。

⑪ 当量程开关 K_1 指在“$\times 0.1$”，K_3 指在低周，但电导池插口未插接电极时，电表就有指示，这是正常现象，因电极插口及接线有电容存在，只需待电极引线插入插口后，再将

指示调至最小值即可。

⑫ 在使用量程选择开关的1、3、5、7、9、11各挡时，应读取表头上行的数值（0～1.0）；使用2、4、6、8、10各挡时，应读取表头下行的数值（0～3）。

（3）注意事项

① 电极的引线不能潮湿，否则将测不准，盛被测溶液的容器必须清洁，无离子沾污。

② 高纯水加入容器后应迅速测量，否则电导率增加很快（水的纯度越高，电导率越低），因为空气中的二氧化碳溶解在水里，生成CO_3^{2-}，影响水的电导率。

2.11 化学实验中的误差与数据处理

2.11.1 误差

化学实验中采用直接测量（用某种仪器直接测量出某物理量的结果）或间接测量（一些物理量的获取要经过一系列直接测量后再依据化学原理、计算公式或图表处理后才能得出的结果）的方法可获得试样的各种物理量。然而，在测量过程中，其结果受着仪器、化学试剂、测量条件的突变及测定者本身等各种因素的影响，使得测量值和真实值之间总会存在一些差距，称为误差。即使是同一个人在相同条件下，对同一试样进行多次测定，所得结果也不完全相同，这说明误差是客观存在的。为使结果尽量接近客观真实值，操作者必须对误差产生的原因进行分析，学会减免误差的措施，借助一些数理统计学知识对所得数据进行处理。

2.11.1.1 准确度和精密度

准确度是指单次测量值（x_i）与真实值（x_T）的符合程度。绝对误差和相对误差用来表示准确度的高低。

绝对误差 $(E)=x_i-x_T$

相对误差 $(RE)=\dfrac{x_i-x_T}{x_T}\times100\%$

绝对误差越小，说明准确度越高。相对误差是绝对误差在真实值中所占的百分率，因它与真实值和绝对误差的大小有关，故能更准确地反映准确度。显然，两种误差的表示均有可能出现正、负值，正值表示测定结果偏高，负值表示测定结果偏低。

若真实值不知道，就无法知道其准确度，在这种情况下，应采用精密度来描述测定结果的好坏。精密度是指在确定条件下，反复多次测量，所得结果之间的一致程度，用偏差表示单次测定值（x_i）与几次测定平均值（$\bar{x}$）之间的差，其绝对偏差与相对偏差可表示为

绝对偏差 $(d)=x_i-\bar{x}$

相对偏差 $(Rd)=\dfrac{x_i-\bar{x}}{\bar{x}}\times100\%$

显然，精密度越好，说明测定结果的重现性越好。

但应指出，精密度高不一定准确度就高；但每次测定的准确度高，则精密度一定高。

2.11.1.2 误差的种类与误差的减免

误差按来源可分为系统误差（可测误差）和偶然误差（随机误差）。

（1）系统误差

构成测量系统诸要素，包括人、物和方法产生的误差，叫做系统误差。系统误差在相同

条件下多次测量同一物理量，误差的大小和符号不变；改变测量条件时又按某一确定规律变化；系统误差不能通过重复测量来减免；系统误差决定测量的准确度，因此，发现和减免系统误差是十分重要的。

其中，仪器误差指测定中用到的仪器本身有缺陷或未经校正或仪表零位未调好等产生的误差，可通过调整、校正或改用另外的仪器来减免。

实验方法的理论根据有缺陷或引用近似公式而造成的误差为方法误差；由于试剂不纯，所用去离子水（或蒸馏水）不合规格引入的误差为试剂误差。“对照实验”是减免这两种误差的最有效方法，即选用公认的标准方法与所采用的测定方法对同一试样进行测定，找出校正数据，或用已知标准含量的试样，按同样的测定方法进行分析，找出校正数据。还可用“空白实验”减免试剂误差，即在不加试样的情况下，按照同样的实验步骤和条件进行测量，得出空白值，然后从试样的分析结果中扣除空白值。

环境因素误差指测定中温度、湿度、气压等环境因素的变化对仪器产生影响而引入的误差，可通过改变实验条件发现此类误差，然后采取控制环境因素的措施以达到减免此类误差的目的。

个人误差是因观测者个人不良习惯和特点引起的误差，如记录某一信号的时间总是滞后、读取仪表值时头偏于一边、对某种颜色的辨别特别敏锐或迟钝等，更多的是操作水平低，不知控制实验条件、不自觉地进行了错误的操作。同套仪器，各人测得的结果相差很大，就是个人误差所致。这种误差只有认真学习，多加训练才能被减少或消除。

(2) 偶然误差

实验过程中，偶然的原因引起的误差称为偶然误差。如观察温度或电流时有微小的起伏，估计仪器最小分度时偏大或偏小，控制滴定终点的指示剂颜色稍有深浅的差别，几次读数不一致，外界条件的微小波动以及一些不能预料的影响因素等。偶然误差的大小、方向都不固定，在操作中难以完全避免。这种误差既然是“偶然的”，就必然服从统计规律，其规律可用正态分布曲线（见图 2-43）表示。

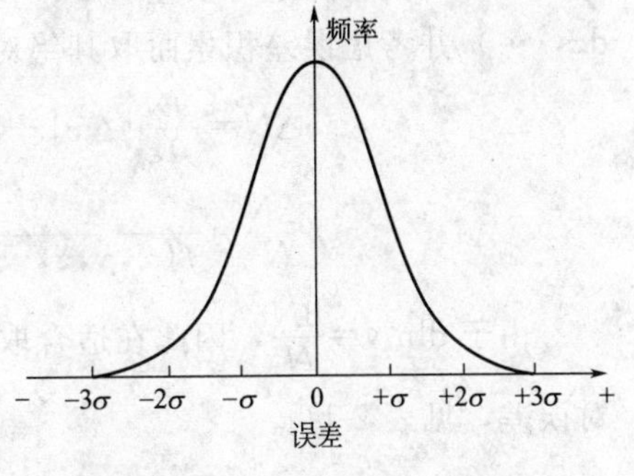

图 2-43　误差的正态分布

图 2-43 中横坐标表示每次测定值（x_i）与真值（μ）之间的误差；σ 为无限多次测量时的标准误差；纵坐标为某个误差出现的概率。曲线与横坐标从 $-\infty \sim +\infty$ 间所围面积代表具有各种大小误差的测定值出现概率的总和（100％）。由图可知，偶然误差的规律如下：

① 绝对值相等的正、负误差出现的概率相等。这说明重复多次测量，取其算术平均值，正、负误差可相互抵消。消除了系统误差后，其平均值接近真实值。

② 就绝对值而言，小误差出现概率大，大误差出现概率小，很大误差出现的概率接近于零。意即在多次重复测定中，若个别数据误差的绝对值超出 3σ，可舍去。

除系统误差和偶然误差外，在测量过程中可能出现读数错误、记录错误、计算错误以及不小心出现了错误操作等原因引起的过失误差，如发现了过失误差，就应及时纠正或弃去所得数据。

2.11.1.3　误差分析

在实验研究工作中，所需要的常常不是直接测量的结果，而是把一些直接测量值代入一定关系式中，再计算出所需要的值。例如气化法测液体摩尔质量时，常采用理想气体公式

$M=mRT/PV$来计算结果，因此，摩尔质量M是各直接测得的m、P、V和T的函数。各直接测量值的误差将影响函数的误差（这里尚未涉及由于采用了近似公式所引入的系统误差）。

误差分析的基本任务在于查明直接测量值的误差对函数（间接测量值）误差的影响，从而找出函数的最大误差来源，以便合理配置仪器和选择实验方法。

误差分析仅限于对结果最大误差的估计，因此对各直接测量值只需预先知道其最大误差范围就够了。当系统误差已经改正，而操作控制又足够精密时，通常可用仪器读数精度来表示测量误差范围，如分析天平是±0.0002g，50mL滴定管是±0.02mL，贝克曼温度计是±0.002℃等。

但是有不少例子可以说明操作控制精度与仪器精度不相符合，例如，恒温系统温度的无规律变化是±1℃，而测量用的温度计的精度是±0.1℃，这时的测温误差主要由温度控制的精度所决定。

在估计函数的最大误差时，应考虑到最不利的情况是直接测量值的正、负误差不能对消，从而引起误差积累，故算式中各直接测量值的误差取绝对值。

间接测量一般具有多元函数的形式，而多元函数的增量可由函数的全微分求得。

设函数式为：$N=f(x,y,z,\cdots)$

全微分$\mathrm{d}N=\frac{\partial N}{\partial x}\mathrm{d}x+\frac{\partial N}{\partial y}\mathrm{d}y+\frac{\partial N}{\partial z}\mathrm{d}z+\cdots$

$$\frac{\mathrm{d}N}{N}=\frac{1}{f(x,y,z,\cdots)}\left(\frac{\partial N}{\partial x}\mathrm{d}x+\frac{\partial N}{\partial y}\mathrm{d}y+\frac{\partial N}{\partial z}\mathrm{d}z+\cdots\right)$$

设各自变量的绝对误差（Δx，Δy，Δz，…）是很小的，可代替它们的微分（$\mathrm{d}x$，$\mathrm{d}y$，$\mathrm{d}z$，…）并考虑误差积累而取其绝对值，这时

$$\Delta N=\frac{\partial N}{\partial x}|\Delta x|+\frac{\partial N}{\partial y}|\Delta y|+\frac{\partial N}{\partial z}|\Delta z|+\cdots$$

$$\frac{\Delta N}{N}=\frac{1}{f(x,y,z,\cdots)}\left(\frac{\partial N}{\partial x}|\Delta x|+\frac{\partial N}{\partial y}|\Delta y|+\frac{\partial N}{\partial z}|\Delta z|+\cdots\right)$$

由于$\mathrm{d}\ln N=\frac{\mathrm{d}N}{N}$，因此在适合取对数场合，可在取对数后再微分，这时就可直接得到相对误差，见表2-11。

表2-11　函数关系与误差

函数关系	绝对误差	相对误差	函数关系	绝对误差	相对误差
$N=x+y$	$\pm(\lvert\Delta x\rvert+\lvert\Delta y\rvert)$	$\pm\left(\frac{\lvert\Delta x\rvert+\lvert\Delta y\rvert}{x+y}\right)$	$N=x/y$	$\pm\left(\frac{y\lvert\Delta x\rvert+x\lvert\Delta y\rvert}{y^2}\right)$	$\pm\left(\frac{\lvert\Delta x\rvert}{x}+\frac{\lvert\Delta y\rvert}{y}\right)$
$N=x-y$	$\pm(\lvert\Delta x\rvert+\lvert\Delta y\rvert)$	$\pm\left(\frac{\lvert\Delta x\rvert+\lvert\Delta y\rvert}{x+y}\right)$	$N=xn$	$\pm(nx^{n-1}\lvert\Delta x\rvert)$	$\pm\left(n\frac{\lvert\Delta x\rvert}{x}\right)$
$N=xy$	$\pm(y\lvert\Delta x\rvert+x\lvert\Delta y\rvert)$	$\pm\left(\frac{\lvert\Delta x\rvert}{x}+\frac{\lvert\Delta y\rvert}{y}\right)$	$N=\ln x$	$\pm\left(\frac{\lvert\Delta x\rvert}{x}\right)$	$\pm\left(\frac{\lvert\Delta x\rvert}{x\ln x}\right)$

例1　设函数式为$x=\frac{8LRP}{\pi(m-m_0)rd^2}$

取对数：$\ln x=\ln 8+\ln L+\ln R+\ln P-\ln\pi-\ln(m-m_0)-\ln r-2\ln d$

微分：$\frac{\mathrm{d}x}{x}=\frac{\mathrm{d}L}{L}+\frac{\mathrm{d}R}{R}+\frac{\mathrm{d}P}{P}-\frac{\mathrm{d}(m-m_0)}{m-m_0}-\frac{\mathrm{d}r}{r}-\frac{2\mathrm{d}(d)}{d}$

$$\frac{\Delta x}{x}=\pm\left(\left|\frac{\Delta L}{L}\right|+\left|\frac{\Delta R}{R}\right|+\left|\frac{\Delta P}{P}\right|+\left|\frac{\Delta m+\Delta m_0}{m-m_0}\right|+\left|\frac{\Delta r}{r}\right|+\left|\frac{2\Delta d}{d}\right|\right)$$

例 2　以苯为溶剂，用凝固点降低测定萘的摩尔质量时，用下式计算：

$$M=\frac{1000K_f g}{g_0(t_0-t)}$$

式中，t_0 为溶剂凝固点；t 为溶液凝固点；g_0 为溶剂质量；g 为溶质质量。

因此 $\frac{\Delta M}{M}=\pm\left(\left|\frac{\Delta g}{g}\right|+\left|\frac{\Delta g_0}{g_0}\right|+\left|\frac{\Delta t_0+\Delta t}{t_0-t}\right|\right)$

由于测定凝固点的操作条件难以控制，为了提高测量精度而采用多次测量，称量的精度一般都较高，只进行一次测量。

用贝克曼温度计测量溶剂凝固点三次的读数是：

$$t_{01}=5.801℃，t_{02}=5.790℃，t_{03}=5.802℃$$

平均值：$t_0=\frac{5.801+5.790+5.802}{3}=5.797℃$

各次测量偏差：$\Delta t_{01}=5.801-5.797=+0.004℃$

$\Delta t_{02}=5.790-5.797=-0.007℃$

$\Delta t_{03}=5.802-5.797=+0.005℃$

平均误差 $\Delta t_0=\frac{0.004+0.007+0.005}{3}=\pm0.005℃$

测量溶液凝固点三次的读数是：$t_1=5.500℃$，$t_2=5.504℃$，$t_3=5.495℃$

平均值：$t=5.500℃$

平均误差：$\Delta t=\pm0.003℃$

$t_0-t=5.797-5.500=0.297℃$

$\Delta t_0+\Delta t=\pm(0.005+0.003)=\pm0.008℃$

$$\frac{\Delta M}{M}=\pm(1.3\times10^{-3}+25\times10^{-3}+0.027)=\pm0.031$$

$$M=\frac{1000\times5.12\times0.1472}{20.00\times0.297}=127$$

$$\Delta M=127\times0.031=3.9$$

故结果可写成：$M=(127\pm4)g\cdot mol^{-1}$。

这一结果表示估计可能的最大误差。

从直接测量值的误差来看，最大误差来源是温度差的测量（见表 2-12）。而温度差测量的相对误差则取决于测温的精度和温差的大小。测温精度受到温度计精度和操作技术条件的限制。增多溶质可使凝固点下降增大，即能增大温差，但溶液浓度增加则不符合上述公式要求的稀溶液条件，从而引入另一系统误差。

表 2-12　测量值与仪器精度和相对误差

测量值	仪器精度	相对误差
$g=0.1472g$	$\pm0.0002g$①	$\frac{\Delta g}{g}=\frac{0.0002}{0.15}=\pm1.3\times10^{-3}$
$g_0=20.00g$	$\pm0.05g$②	$\frac{\Delta g}{g}=\frac{0.05}{20}=\pm2.5\times10^{-3}$
$t-t_0=0.297℃$	$\pm0.002℃$③	$\frac{\Delta t_0+\Delta t}{t_0-t}=\frac{0.008}{0.3}=\pm0.027$

①分析天平；②工业天平；③贝克曼温度计。

可以看出，由于溶剂用量较大，使用工业天平其相对误差仍然不大，而对溶质则因其用量少，就需用分析天平称量。

应该重复指出，只有当测量的操作控制精度与仪器精度相符时，才能以仪器精度估计测量的最大误差。贝克曼温度计的读数精度可达±0.002℃，但上例是测定温差的最大误差可达±0.008℃就是很好的例证。

例 3 在化学反应动力学中按下式计算二级反应的速率常数：

$$k=\frac{1}{t(a-b)}\ln\frac{b(a-x)}{a(b-x)}$$

式中，k 为反应速率常数；a、b 为反应物的初始浓度；x 为经过时间 t 变化了的浓度。

先将上式全微分得出增量 Δk，然后可得出如下的相对误差表示式：

$$\left|\frac{\Delta k}{k}\right|=\left|\frac{\Delta t}{t}\right|+\left|\frac{\Delta a}{a-b}\right|+\left|\frac{\Delta b}{a-b}\right|+\left|\frac{\Delta a}{(a-x)\ln(a-x)}\right|+\left|\frac{\Delta x}{(a-x)\ln(a-x)}\right|+\left|\frac{\Delta b}{(b-x)\ln(b-x)}\right|+\left|\frac{\Delta x}{(b-x)\ln(b-x)}\right|+\left|\frac{\Delta a}{a\ln a}\right|+\left|\frac{\Delta b}{b\ln b}\right|$$

在反应初期，上式左端第一项的分母很小，时间测量的误差对函数误差起主要作用。随着时间延长，时间测量的相对误差逐渐减小，而由于反应物转化率增加，右端第 4～7 项的误差逐渐增大。由此可见上述实验的初期和末期的误差都可能较大。从右端第 2、3 项还可看出，两种物质原始浓度的差值不能太小。

以上所讨论的是已知直接测量值的误差，再计算函数误差。下面讨论如果事先对函数误差提出了要求，各直接测量值应如何要求。

例 4 计算圆柱形体积的公式是：$V=\pi r^2 h$

今欲使体积测量的误差不大于1%。即$\frac{\Delta V}{V}=\pm 1\%$，则对 r、h 的精度要求如何？

通常把各直接测量值函数传播的误差看成是相等的，即按所谓“等传播原则”来确定各直接测量值的误差，这时

$$\frac{\Delta V}{V}=\pm\left(2\left|\frac{\Delta r}{r}\right|+\left|\frac{\Delta h}{h}\right|\right)=\pm 0.01 \qquad 故\ 2\left|\frac{\Delta r}{r}\right|=\left|\frac{\Delta h}{h}\right|=\pm\frac{1}{2}\times 0.01=\pm 0.005$$

$$或\left|\frac{\Delta r}{r}\right|=\pm 0.0025=\pm 0.25\% \qquad \left|\frac{\Delta h}{h}\right|=\pm 0.005=0.5\%$$

粗略测得 $h=5\text{cm}$，$r=1\text{cm}$，则 $\Delta r=\pm 0.0025\times 10=\pm 0.025\text{mm}$　　$\Delta h=\pm 0.005\times 50=\pm 0.25\text{mm}$

可以看出要求 r 的绝对误差比 h 小 10 倍。因此 h 可用游标卡尺测量，r 应该使用螺旋测微尺。

例 5 用毛细管上升法测液体表面张力，用下式计算：

$$\sigma=\frac{r_1 r_2 h}{2(r_1-r_2)}\rho g$$

式中，r_1、r_2 为两毛细管半径；h 为两管液体上升的高度差；g 为重力加速度；ρ 为液体密度。

要求表面张力测定的相对误差不超过 0.1%，则对各直接测量值的要求应如何？

已知各直接测得的近似值是：$r_1=0.5\text{mm}$，$r_2=0.2\text{mm}$，$h=45\text{mm}$。ρ 和 g 取自手册，可认为不引入误差。

$$\frac{\Delta\sigma}{\sigma}=\pm\left(\left|\frac{\Delta r_1}{r_1}\right|+\left|\frac{\Delta r_2}{r_2}\right|+\left|\frac{\Delta r_1}{r_1-r_2}\right|+\left|\frac{\Delta r_2}{r_1-r_2}\right|+\left|\frac{\Delta h}{h}\right|\right)=\pm 0.001$$

按等传播原则可以得到：

$$\pm\left|\frac{\Delta r_1}{r_1}\right|=\pm\left|\frac{\Delta r_2}{r_2}\right|=\pm\left|\frac{\Delta r_1}{r_1-r_2}\right|=\pm\left|\frac{\Delta r_2}{r_1-r_2}\right|=\pm\left|\frac{\Delta h}{h}\right|=\pm 0.00025$$

因此，各测定值的绝对误差为：

$\Delta r_1=\pm 0.00025\times 0.5=\pm 0.000125\text{mm}$，$\Delta r_2=\pm 0.00025\times 0.2=\pm 0.00005\text{mm}$，$\Delta h=\pm 0.00025\times 45=\pm 0.01\text{mm}$。

显然，选用读数显微镜测量毛细管半径也不能达到如此高的精度，必须采用其他更精密的测量手段才能满足所提出的要求。

在进行误差分析时还应注意是否存在不利的函数形式，例如有高次方和大小相近的两数相减项的存在。前者会使该项相对误差按方次的倍数增大，而后一种情况可使原来的有效数字大大减少，从而使相对误差急剧增大。

2.11.2 数据记录、有效数字及其运算法则

2.11.2.1 数据记录与有效数字

为获得准确的实验结果，正确记录测定结果是必要的。读数时，一般都要在仪器最小刻度（精度）后再估读一位。例如，常量滴定管最小刻度为0.1mL，读数应该到小数点后第二位，若读数在22.6～22.7mL之间，这时根据液面所在0.6～0.7间的位置再估读一位，如读数为22.65mL等。读数22.65mL中的22.6是可靠的，最后一位数字“5”是可疑的，可能有正、负一个单位的误差，即液体实际体积是在22.65mL±0.01mL范围的某一个数值，其绝对误差为±0.01mL，相对误差为（±0.01/22.65）×100%＝±0.04%，若将上述测量结果读成22.5mL，意味着液体实际体积在22.6mL±0.1mL范围内某一数值，其绝对误差为±0.1mL，相对误差为±0.4%。这样就将测量精度无形中缩小了10倍。一个准确记录的数字中，可靠数字是测量中的准确部分，是有效的。可疑数字（末位数字）是测量中的估计部分，虽不准确，但毕竟接近准确，也是有实际意义的，但估计数字后的数显然是没有实际意义的。因此，由可靠数字和一位可疑数字所组成的测量值称为有效数字。有效数字反映了测量的精度，记录有效数字时应注意如下两点。

（1）“0”在数据中具有双重意义：其一，“0”表示小数点位数时，只起定位作用，不是有效数字。如滴定管读数为22.65mL，换成大单位表示写成0.02265L或0.00002265m^3时，在“2”前面的“0”是起定位作用的，不是有效数字，有效数字仍只有4位；其二，“0”在有效数字中间或末尾时均为有效数字，末尾的“0”说明仪器的最小刻度。如滴定管读数为20.50mL，两个“0”都属有效数字，末尾的“0”是可疑的，它的存在说明滴定管的最小刻度为0.1mL，该“0”必须有，但在可疑数字之后不可任意添“0”，如果将20.50mL写成20.500mL从数学角度关系不大，而在化学实验中绝不能将20.50mL和20.500mL等同起来，否则就夸大了仪器的精度。由此可见，实验数据具有特殊的物理意义，它既包含了量的大小、误差，又反映了仪器精度，不同于纯数学的数值。

（2）在表示绝对误差和相对误差时，只取一位有效数字，记录数据时，有效数字的最后一位与误差的最后一位在位数上应对齐。如22.65±0.01的表示是正确的，而22.65±0.001则是错误的。

2.11.2.2 数字修约规则

实验中所测得的各个数据，因测量的精度可能不同，而导致其有效数字的位数也可能不同。在进行运算时，应弃去多余的数字，进行修约。修约时应依我国国家标准（GB）使用下列规则。

① 在拟舍弃的数字中，末位为 4 以下（含 4）则舍弃；为 6 以上（含 6）则进。

② 在拟舍弃的数字中，末位为 5 时，且 5 后的数字不全为“0”，则进；全为零时，所保留的末位数是奇数则进；是偶数（含“0”）则舍弃。

③ 修约时，当拟舍数字在两位以上时，不得连续进行多次修约，应一次修约而成，见表 2-13。

表 2-13 有效数字修约

待修约数字	修约成四位有效数字	规则	待修约数字	修约成四位有效数字	规则
65.37475	65.37	①	65.58500	65.58	②
65.38739	65.39	①	65.50500	65.50	②
65.48501	65.49	②	65.54477	65.54	③
65.37500	65.38	②			

2.11.2.3 有效数字运算

（1）加减运算

在参与运算的数据中，先以小数点后位数最少的数据为基准，将其他多余数字按照修约规则修约后，再加减。如 13.65＋26.374－27.4874，以 13.65 为基准，修约后运算为 13.65＋26.37－27.49＝12.53。

（2）乘除运算

在参与运算的数据中，以有效数字的位数最少的数据为基准进行修约后，再乘除，运算结果的有效数字位数也与有效数字位数最少的相同。如 0.07826×12.0÷6.78，以 12.0 为基准，修约后为 0.0783×12.0÷6.78＝0.0138。

（3）对数运算

十进制对数运算中，对数尾数的位数应当与真数的有效数字位数相同。因首数仅仅决定于小数点的位，不是有效数字。如 $[H^+]=7.9\times10^{-5}\,mol\cdot L^{-1}$，则

$$pH=-lg([H^+]/mol\cdot L^{-1})=4.10。$$

（4）有效数字的第一位若是 8 或 9，则有效数字的位数应多算一位。如 8.56、9.25 均可视为 4 位有效数字。

（5）作运算时，若遇到常数（如 π、e 和手册上查到的常数等）可按需取适当的位数；一些乘除因子$\left(如\frac{1}{2}、\sqrt{5}等\right)$应视为有足够多的有效数字，不必修约，直接进行计算即可。

2.11.2.4 实验结果数据处理

对物理量进行测定之后，应校正系统误差和剔除可疑数据，再计算实验结果可能达到的准确范围。具体做法是：首先，按统计学规则（如 Q 检验或其他规则）对可疑数据进行取舍，然后计算数据的平均值、平均偏差与标准偏差，最后按要求的置信度求出平均值的置信区间。

（1）可疑数据的取舍

一组平行测定的数据中，若有个别数据与平均值差值较大，视为可疑值，在确定该值不是由过失造成的情况下，则需利用统计学方法进行检验后决定取舍。下面介绍检验方法的一

种——Q检验法。

当测定次数为3～10时，根据要求的置信度依照下列步骤进行检验，再决定取舍。

第一步：将各数据按递增顺序进行排列：x_1，x_2，x_3，…，x_n。

第二步：求$Q_{计}$：

$$Q_{计}=\frac{x_n-x_{n-1}}{x_n-x_1}\text{或}Q_{计}=\frac{x_2-x_1}{x_n-x_1}$$

第三步：根据测定次数n和要求的置信度，由表2-14查出$Q_{表}$。

表2-14 不同置信度下舍弃可疑数据的Q值

测定次数n	$Q_{0.90}$	$Q_{0.95}$	$Q_{0.99}$	测定次数n	$Q_{0.90}$	$Q_{0.95}$	$Q_{0.99}$
3	0.94	0.98	0.99	7	0.51	0.59	0.68
4	0.76	0.85	0.93	8	0.47	0.54	0.63
5	0.64	0.73	0.82	9	0.44	0.51	0.60
6	0.56	0.64	0.74	10	0.41	0.48	0.57

第四步：比较$Q_{计}$和$Q_{表}$，若$Q_{计}>Q_{表}$，则舍弃可疑值，否则应予保留。

(2) 平均偏差

平均偏差（$\overline{d}$）用来表示一组数的分散程度，表达式为

$$\overline{d}=\frac{\sum|x_i-\overline{x}|}{n}$$

式中，x_i为单次测量值；$\overline{x}$为次测定的平均值；n为测定次数。

相对平均偏差为：$\frac{\overline{d}}{x}\times100\%$。

(3) 标准偏差

测定次数为无限次时，总体标准偏差（σ）为$\sigma=\sqrt{\frac{\sum(x_i-\mu)^2}{n}}$。式中，$\mu$为$n\to\infty$的平均值，即真值。有限次数实验测定时的标准偏差定义为$S=\sqrt{\frac{\sum(x_i-\overline{x})^2}{n-1}}$

相对标准偏差（CV）为 $CV=\frac{S}{x}\times100\%$

表2-15是两组（A、B）实验数据的$\overline{d}$与S计算结果的比较。

表2-15 $\overline{d}$与S计算结果的比较

实验组别	$x_i-\overline{x}$				$\overline{d}$	S
A	+0.26	−0.25	−0.37	+0.32	0.32	0.36
B	−0.73	−0.22	+0.51	−0.41	0.32	0.46

可见，两组数据的平均偏差相同，而标准偏差不同，但事实上B组中明显存在一个大的偏差（−0.73），其精密度不及A组好，因此用标准偏差比用平均偏差更能确切地反映结果的精密度。

(4) 置信度与平均值的置信区间

$\overline{d}$、S均表示测定值与平均值之间的偏差，但不能反映测定结果与真实值间的偏差。根据图2-43计算可知，对无限次数的测定而言，在$\mu\pm\sigma$、$\mu\pm2\sigma$和$\mu\pm3\sigma$的曲线上横坐标所

围的面积分别为68.3%、95.5%和99.7%。即真实值在$\mu\pm\sigma$、$\mu\pm2\sigma$和$\mu\pm3\sigma$区间内出现的概率称为置信度，将μ在以测定平均值$\bar{x}$为中心出现的范围大小称为平均值的置信区间。对于有限次数的测定而言，由统计学可以推导出真实值μ与平均值间具有以下关系：

$$\mu=\bar{x}\pm\frac{tS}{\sqrt{n}}$$

式中，S为有限次数的标准偏差；t为选定某一置信度下的概率系数，其值可由表2-16中查得。

表 2-16　对于不同测定次数及不同置信度下的 t 值

测定次数 n	置信度					测定次数 n	置信度				
	50%	90%	95%	99%	99.5%		50%	90%	95%	99%	99.5%
2	1.000	6.314	12.706	63.657	127.32	8	0.711	1.895	2.365	3.500	4.029
3	0.816	2.292	4.303	9.925	14.089	9	0.706	1.860	2.306	3.355	3.832
4	0.765	2.353	3.182	5.481	7.453	10	0.703	1.833	2.262	3.250	3.690
5	0.741	2.132	2.776	4.604	5.598	11	0.700	1.812	2.228	3.169	3.581
6	0.727	2.015	2.571	4.032	4.773	12	0.687	1.725	2.086	2.845	3.153
7	0.718	1.943	2.447	3.707	4.317	∞	0.674	1.645	1.960	2.576	2.807

根据定义，上式实际上表示在所选置信度下的平均置信区间。

例 6　5次测定试样CaO中的质量分数（%）分别为46.00、45.95、46.08、46.04和46.23。求：(1) 在置信度为90%和95%时，数据46.23是否舍弃？

(2) 平均值、标准偏差、置信度为90%的平均值的置信区间？

解：(1) 排序：45.95、46.00、46.04、46.08、46.23

计算$Q_{计}$：　$Q_{计}=\frac{46.23-46.08}{46.23-45.95}=0.54$

置信度为90%，5次测量由表2-14查得$Q_{0.90}=0.64$；$Q_{计}<Q_{0.90}$，所以46.23可予保留。

置信度为95%，5次测量由表2-14查得$Q_{0.95}=0.73$；$Q_{计}<Q_{0.90}$，所以46.23仍可保留。

(2) 平均值：$\bar{x}=\frac{45.95+46.00+46.04+46.08+46.23}{5}=46.06$

标准偏差：$S=\sqrt{\frac{0.11^2+0.06^2+0.02^2+0.02^2+0.17^2}{4}}=0.1065$

查表2-16置信度为90%，$n=5$时，$t=2.132$，则

$$\mu=46.06\pm\frac{2.132\times0.1065}{\sqrt{5}}=46.06\pm0.10$$

2.11.2.5　实验结果的表达形式

实验结果通常可用三种形式表示，即列表、作图和方程式。一篇完美的实验报告往往三种形式都可能用到。下面简单介绍应用这三种方法时应注意的事项。

(1) 列表法（见表2-17）

表 2-17　CO_2 的平衡性质

t/℃	T/K	$T^{-1}/10^{-3}K^{-1}$	p/MPa	$\ln(p/MPa)$	$V_m^g/cm^3\cdot mol^{-1}$	pV_m^g/RT
−56.60	216.55	4.6179	0.5180	−0.6578	3177.6	0.9142
0.00	273.15	3.6610	3.4853	1.2485	456.97	0.7013
31.04	304.19	3.2874	7.382	1.9990	94.060	0.2745

数据处理的第一步就是把所得结果设计成表格形式，有规律地排列出来。列表时应注意下列事项。

① 每个表都应有一个编号和完整的名称。

② 由于表中列出的常常是一些纯数值，因此置于这些纯数之前或之首的栏头应能表示出该栏的单位已经消去，故得出的只是纯数。物理量与单位之间的关系是：物理量＝数值×单位，因而物理量/单位＝数值。

③ 公共乘方因子应记在栏头中，以使数据简化，因此表中的数应是乘上栏头中的乘方因子后得出的。

④ 每一列的数字排列要整齐，小数点要对齐。有效数字要取正确。

⑤ 表中数据如果取自文献手册，则应注明出处。

(2) 作图法

用作图法表示实验数据，能清楚地显示出所研究的变化规律，如极大、极小、转折点、周期性、数量的变化速率等重要性质。从图上易于找出所需数据。同时便于数据的分析比较和进一步求得函数关系的数学表达式。如果曲线足够光滑，则可用于图解微分和图解积分。有时还可用作图外推，以求得实验难以获得的量。

下面简略介绍作图法的要点。

① 坐标纸的选择：通常的直角毫米坐标纸能适合大多数用途。有时也用半对数或对数坐标纸。特殊需要时用三角坐标纸或极坐标纸。

② 坐标标度的选择：坐标纸选定后，其次是正确标度，这时应注意下列问题。

a. 通常都习惯把独立变量选为横坐标。至于两个变量中间何为独立变量，多数情况取决于实验方式。例如测定温度与比热容之间的关系是按照预定的温度进行测定的，则温度就是独立变量。

b. 所选定的坐标标度应便于很快就能从图上读出任一点的坐标值。通常应使单位坐标格子所代表的变量为简单整数（选为 1、2、5 的倍数，不宜用 3、7、9 的倍数）。如无特殊需要（如直线外推求截距），就不必以坐标原点作标度起点，而从略低于最小测量值的整数开始，这样才能充分利用坐标纸，使作图紧凑，同时读数精度也得到提高。图 2-44 和图 2-45中的（a）代表正确的，（b）代表不恰当的作图法。

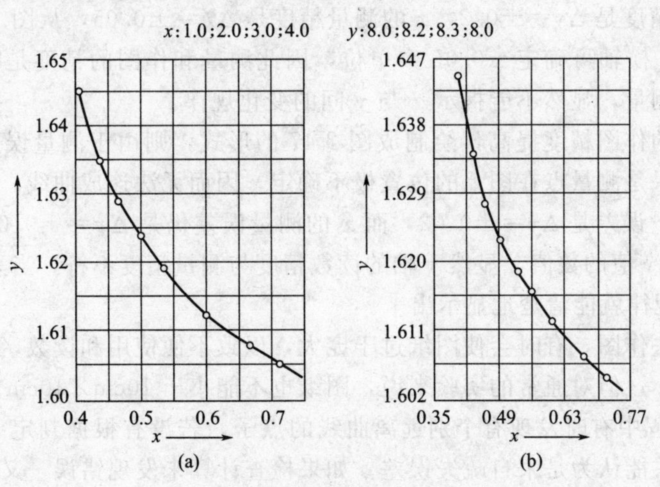

图 2-44　坐标标度选择示例

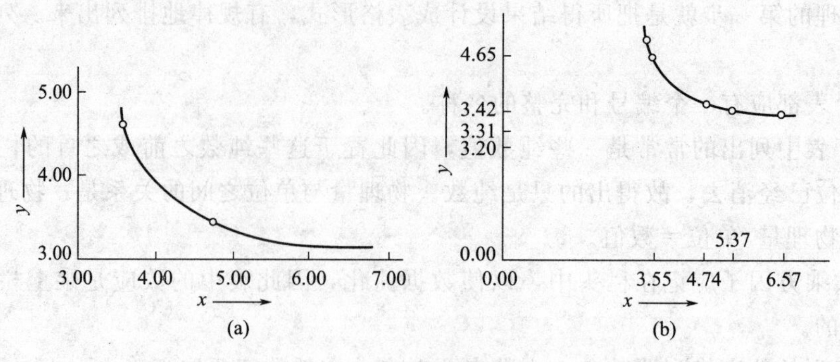

图 2-45 图形位置示例

c. 坐标比例尺的选择，应使变量的绝对误差在图上约相当于坐标的 0.5～1 个最小分度，如以$\pm\Delta x$、$\pm\Delta y$分别表示两个变量的绝对误差，则$\pm\Delta x$和$\pm\Delta y$在毫米坐标纸上等于 1～2mm，因而点子的大小也约为（$\pm\Delta x$）（$\pm\Delta y$）大小的矩形面积。

比例尺选择不当，还会使曲线变形，甚至由此得出错误的结论。例如按下列 x 与 y 的关系作图，由于纵轴比例尺及其测量误差不同，可以作出图 2-46～图 2-49 的几种曲线形式。

表面看来，图 2-46 中的 y 似乎不随 x 而变。而从图 2-47 可看出当 $x=3$ 时有明显的极大值。现在来考察作图精度是否与测量精度吻合的问题。

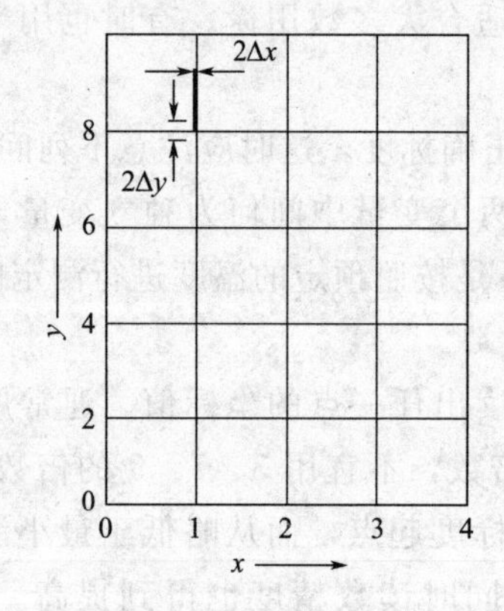

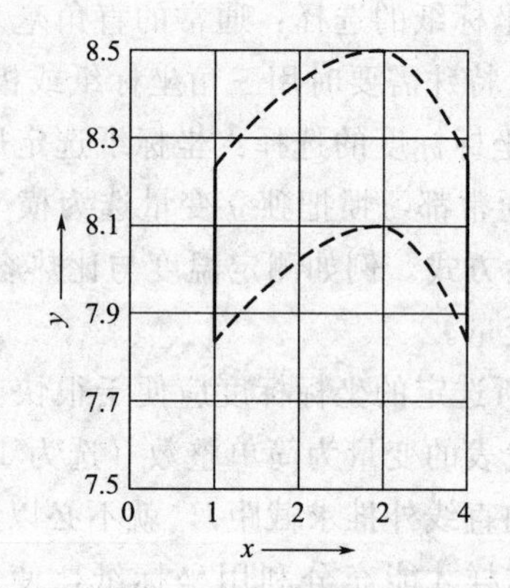

图 2-46 作图与测量精度选择示例 1　　图 2-47 作图与测量精度选择示例 2

当 y 的测量精度是 $\Delta y=\pm0.2$，x 的测量精度是 $\Delta x=\pm0.05$，从图 2-46 纵轴可以确定出±0.2个单位，横轴可确定±0.05个单位，因此测量和作图的精度是吻合的，而 y 以如此低的精度进行测量，显然不能揭示 x 与 y 间的变化规律。

但是将纵轴的作图精度提高，绘制成图 2-47 的形式，则由于测量误差过大，单凭提高作图精度，其后果是测量点在图上的位置极不确定，因而无法连成曲线。

如果 y 的测量误差是 $\Delta y=\pm0.02$，而 x 的测量误差仍是 $\Delta x=\pm0.05$，则从图 2-48 的纵轴难以读出$\pm\Delta y$值的数值，显然 y 轴的读数精度与测量精度不符，当采用图 2-49 的比例后，x 与 y 间的规律就能清楚地显示出来。

采用上述方法作图，有时会使图纸过于庞大，以致不便使用和读数，实际作图时经常是坐标尺寸有所缩小，但对通常的实验来说，图纸也不能小于 10cm×10cm。

d. 在作图过程中有时发现有个别远离曲线的点子，若没有根据判定 x 与 y 在这一区间有突变存在，则只能认为是来自疏失误差。如果检查计算未发现错误，又不能重做实验来进行验证，则绘制曲线时只好不照顾这一点子。如果重做实验仍然得到同一结果，就应引起重

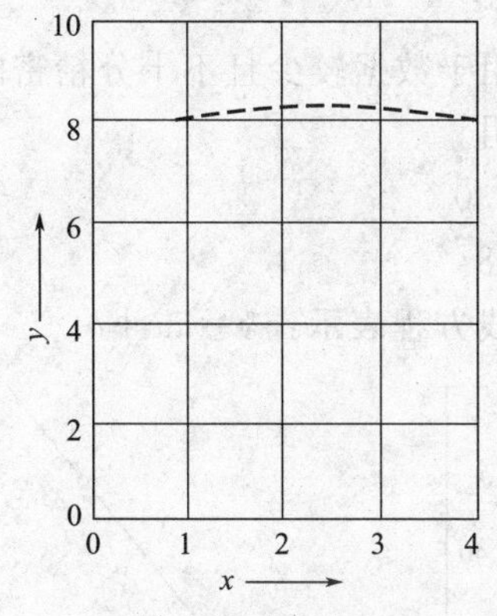

图 2-48　作图与测量精度选择示例 3

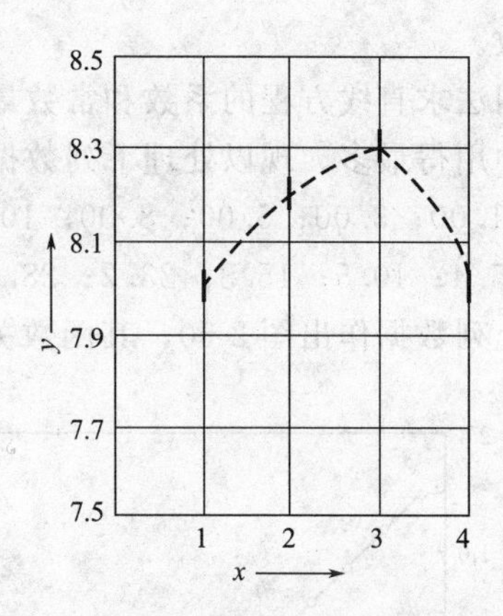

图 2-49　作图与测量精度选择示例 4

视，并在这一区间重复进行较仔细的测量。通常对于有规律的平滑曲线可不必取过多的点子，但在曲线的极大、极小和转折处应多取一些点子，才能保证曲线所表示的规律是可靠的。

e. 曲线应尽可能贯串大多数点子，使处于光滑曲线两边的点子数约各占一半，这样的曲线就能近似地代表测量的平均值。绘制曲线可作曲线板或曲线尺，要尽可能使其光滑。点子可用△、×、●、○、◆等不同符号表示，且必须在图上明显地标出。点子应有足够的大小，它可粗略表明测量误差范围。

作图时先用铅笔轻微标绘，然后用墨水复绘，最后将铅笔线擦掉。每个图应有简明的标题，纵、横轴所代表的变量名称及单位，作图所依据的条件说明等。如果数据取自文献手册，应注明来源、作者及日期。

应该提起注意的是，由于坐标轴上标注的是纯数，因而坐标轴的说明也应与列表时标注栏头的方法相同。

（3）方程式法

列表和曲线图使用起来总不如数学方程式简便。使用数学方程式的重要意义还在于它为使用计算机创造了条件。

在某些情况下可根据理论或经验来确定数学模型。有时则先将实验数据在坐标上绘成曲线，再将其与有关公式的曲线类型相对照来选择适当的函数式。为了检验所选函数式的正确性，通常采用直线化检验法。所谓直线化就是将函数 $y=f(x)$ 转换成线性函数。要达到这个目的，可选择新的变量 $X=\varphi(x,y)$ 和 $Y=\phi(x,y)$ 来代替变量 x 和 y，以便得出直线方程式。

$$Y=A+BX$$

表 2-18 列出几个常见的例子。

表 2-18　方程式直线化示例

方程式	变换	直线化后得到的方程式	方程式	变换	直线化后得到的方程式
$y=ae^{bx}$	$Y=\lg y$	$Y=\lg a+(b\lg e)x$	$y=\dfrac{1}{a+bx}$	$Y=\dfrac{1}{y}$	$Y=a+bx$
$y=ae^{b}$	$Y=\lg y, X=\lg x$	$Y=\lg a+bX$	$y=\dfrac{x}{a+bx}$	$Y=\dfrac{x}{y}$	$Y=a+bx$

检验的方法是按新变量（X，Y）在直角坐标纸上作图，如果点子在一直线上或接近一直线，即表明所选函数式适于用来表达所研究的变量间的规律。

将函数直线化后，除了作图上的方便以外，还容易由直线的斜率和截距求得方程中的系数和常数。

作图法求直线方程的系数和常数最为简单，适用于数据较少且不十分精密的场合，在物化实验中用得最多。现以处理下列数据为例加以说明。

x：1.00；3.00；5.00；8.00；10.0；15.0；20.0

y：5.4；10.5；15.3；23.2；28.1；40.4；52.8

用上列数据作出图 2-50，其函数关系用下列直线方程表示：$y=ax+b$。

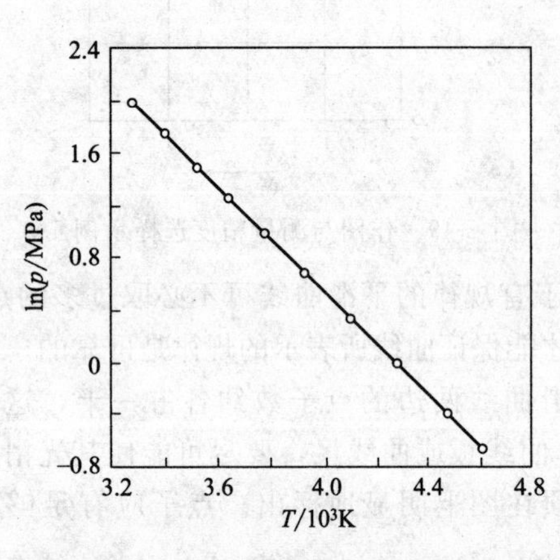

图 2-50　CO_2 的平衡性质 $\ln p$-T 的关系

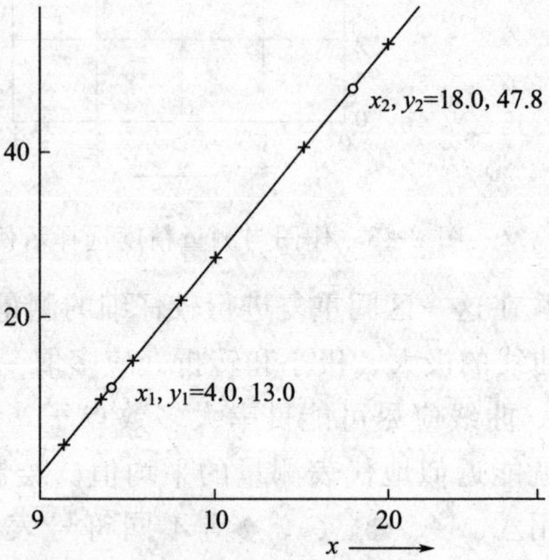

x_2, y_2=18.0, 47.8

x_1, y_1=4.0, 13.0

图 2-51　实验曲线

从直线上取距离较远的两个点的坐标值，用来计算直线的斜率和截距。

$$a=\frac{y_2-y_1}{x_2-x_1}=\frac{47.8-13.0}{18.0-4.0}=2.49$$

$$b'=y_1-ax_1=3.04$$

$$b''=y_2-ax_2=2.98$$

$$b=\frac{b'+b''}{2}=3.01$$

当然，b 也可从直线与纵轴的交点直接读出。

将 m 及 b 代入直线方程，即得 $y=2.49x+3.01$。

用最小二乘法处理数据能使实验数据与数学方程最佳拟合。这时实验数据点同直线（或曲线）的偏差的平方和为最小。由于各偏差的平方和为正数，因此若平方和为最小即意味着正负偏差均很小，显然也就是最佳拟合。

最简单的情况是直线拟合，这时应该是：$\Delta=\sum_{1}^{n}(b+ax_i-y_i)^2=$最小

式中，x_i、y_i为已知实验数据；b、a 为未知数。根据求极值的条件，应有：

$$\begin{cases}\dfrac{\partial\Delta}{\partial b}=2\sum_{1}^{n}(b+ax_i-y_i)=0\\[2ex]\dfrac{\partial\Delta}{\partial b}=2\sum_{1}^{n}(b+ax_i-y_i)=0\end{cases}$$

亦即

$$\begin{cases}nb+a\sum_{1}^{n}x_i=\sum_{1}^{n}y_i\\[2ex]b\sum_{1}^{n}x_i+a\sum_{1}^{n}x_i^2=\sum_{1}^{n}x_iy_i\end{cases}$$

解联立方程式即可得 a 与 b 值。

$$a=\frac{\sum x_i \sum y_i - n\sum x_i y_i}{(\sum x_i)^2 - n\sum x_i^2},\quad b=\frac{\sum x_i y_i \sum x_i - \sum y_i \sum x_i^2}{(\sum x_i)^2 - n\sum x_i^2}$$

x	y	x^2	xy
1.0	5.4	1.0	5.4
3.0	10.5	9.0	31.5
5.0	15.3	25.0	76.5
10.0	28.1	100.0	281.0
15.0	40.4	225.0	606.0
20.0	52.8	400.0	1056.0
62.0	175.7	824.0	2242.0

$$a=\frac{62.0\times 175.7-7\times 2242.0}{62.0^2-7\times 824.0}=2.50$$

$$b=\frac{2242.0\times 62.0-157.7\times 824.0}{62.0^2-7\times 824.0}=3.00$$

因而所求直线方程式为：$y=2.50x+3.00$。

最小二乘法所得结果最准确，但计算较繁琐。如用可编程序计算器或计算机计算就非常简便了。最后还要再强调一下关于测量、计算和作图三者的精度配合的问题。在进行测量时，应使各直接测量值的精度互相配合，不应使其中某些测定过分精密，而另一些则精度不够，致使最后结果仍达不到精度要求；计算时则应根据测量精度保留一定的有效数字，不得任意提高计算精度；作图时则应适当选择坐标比例尺，使读数精确。

第3章

无机化学实验(基础训练)部分

3.1 无机化合物的提纯和制备的基本操作

3.1.1 蒸发（浓缩）、结晶和固体干燥

物质的提纯方法有很多，如结晶、蒸馏、升华、区域熔化、重力分离及萃取等，这里重点讲解结晶和重结晶。

结晶是指易溶物质当其超过溶解度时从溶液中析出的过程，即制成饱和溶液，通过蒸发或挥发部分溶剂，使溶液浓缩到饱和状态后溶质析出。这种方法主要用于提纯溶质的溶解度随温度降低而减小不多的物质，如 NaCl、KCl、$BaCl_2$ 等。另一种方法是将溶液冷却至饱和而使溶质析出。它主要用于纯化那些溶解度随温度降低而显著减小的物质，如 KNO_3、$Ba(NO_3)_2$ 等。

结晶过程分为两个阶段，第一个阶段是晶核的形成，第二阶段是晶核的生长。这两个阶段进行的快慢，除了与溶液的饱和程度有关外，主要取决于结晶时的温度。各种物质均有最适宜的结晶温度。高于或低于这个温度，都不利于晶体的快速成长。如果冷却后仍不析出晶体，可以小心振荡结晶皿，或用玻璃棒轻微地摩擦皿壁，必要时还可以投入晶种等，以促使晶体析出。晶体颗粒的大小要适当。颗粒大而均匀的晶体挟带母液较少而且容易洗涤，有利于提高产品的纯度，但是结晶时间较长；若快速结晶则晶体细小，挟带杂质和母液较多，不易洗涤干净，影响产品纯度。如何制备较大的晶体，一般采用自然冷却的方法即可。

为了得到很纯的晶体，可以重新加入溶剂加热。当其溶解后重结晶，重结晶能使产品纯度大大提高，但是产率却随之降低。

结晶和重结晶的一般过程如下。

① 将不纯的物质在溶剂的沸点温度下溶解在溶剂中，制成接近饱和的浓溶液。

② 过滤此热溶液以除去其中不溶物质。

③ 将滤液冷却，使结晶自过饱和溶液中析出，而杂质仍留在母液中。

④ 抽气过滤，从母液中将结晶分出，洗涤结晶以除去吸附的母液。

结晶和重结晶的基本原理如下：固体在溶剂中的溶解度与温度有密切关系。若把固体溶解在热的溶剂中达到饱和，冷却时即由于溶解度降低，溶液变成过饱和而析出结晶。利用溶剂对被提纯物质及杂质的溶解度不同，可以使被提纯物质从过饱和溶液中析出，而让杂质全

部或大部分仍留在溶液中（或被过滤除去），从而达到提纯目的。例如：一固体混合物由 9.5g 被提纯物质 A 和 0.5g 杂质 B 组成，选择一溶剂进行结晶，室温时 A、B 在此溶剂中的溶解度分别为 S_A 和 S_B，若杂质较易溶解（$S_A > S_B$），设室温下 $S_B = 2.5\text{g} \cdot (100\text{mL})^{-1}$，$S_A = 0.5\text{g} \cdot (100\text{mL})^{-1}$。如果 A 在此沸腾溶剂中的溶解度为 $2.5\text{g} \cdot (100\text{mL})^{-1}$，则使用 100mL 溶剂即可使混合物在沸腾时全溶。将此滤液冷却至室温时可析出 A 9g（不考虑操作上的损失），而 B 仍留在母液中。A 损失很小，产物的回收率达到 94%。如果 A 在沸腾溶剂中的溶解度更大，例如是 $47.5 \cdot (100\text{mL})^{-1}$，则只要使用 20mL 溶剂即可使混合物在沸腾时全溶，这时滤液可以析出 A 9.4g，B 仍留在母液中，产物收率更可高达 99%。由此可见，如果杂质在冷时的溶解度大，而产物在冷时的溶解度小，或溶剂对产物的溶解性能随温度的变化大，这两方面有利于提高回收率。

（1）蒸发（浓缩）

通常用蒸发皿浓缩溶液，所加入溶液的量不得超过蒸发皿的 2/3，以防液体溅出，如果溶液较多，可分次添加，依物质加热的稳定性或者用煤气灯直接加热或者用水浴间接加热。

（2）结晶

当溶液蒸发到一定浓度时，冷却后会有晶体析出，有时加入一小粒晶体或搅动溶液，会成晶体的析出。析出晶体颗粒的大小与冷却快慢有关。若缓慢冷却溶液，可得到较大颗粒的晶体；若迅速冷却溶液，则得到较细颗粒的晶体。如果第一次结晶所得的物质纯度不合要求，可重新加入尽可能少的去离子水使其溶解，再进行蒸发和结晶（不得蒸干）。重结晶后的晶体纯度一般较高。

（3）固体的干燥技术

制备无机盐时过滤所得的晶体，总会含有一定的水分，需要干燥处理。常用的干燥方法有烘干、晾干和用吸水物质吸干等。

对热较稳定的固体可放在表面皿上，在电热干燥箱中烘干。也可放在蒸发皿中，用水浴、砂浴或酒精灯加热烘干。

晶粒较大或受热易分解的固体，可用滤纸轻压吸去水分或置于表面皿中晾干（硝酸钾制备中就是这样做的），也可用有机溶剂如乙醇等洗涤后晾干，借助有机溶剂的挥发将吸附在晶体表面的水分带走。

有些易吸水潮解或需要长时间保持干燥的固体，可放在干燥器内保存。

3.1.2 过滤操作

（1）常压过滤（普通过滤）

沉淀物生成后，一般可用倾析法（见图 3-1）洗涤，除去表面杂质。再用常压过滤法进行“固-液”分离。具体操作是：把一圆形或方形滤纸对折两次成扇形（方形滤纸要剪成扇形），展开成圆锥形，一边为三层，一边为一层（见图 3-2），放入干燥、洁净的漏斗中，看滤纸是否完全贴在漏斗壁上，若使用的是标准漏斗，其内角是 60°，滤纸会与漏斗相密合。若漏斗的角度略大于或小于 60°，应适当改变滤纸折叠的角度，使其与漏斗壁相密合。用食指把滤纸按住，用少量去离子水润湿，轻压四周，赶去滤纸与漏斗壁之间的气泡，纸紧贴在漏斗壁上（见图 3-3）。滤纸边缘应略低于漏斗边缘。把贴好滤纸的漏斗放在漏斗架上，使漏斗末端紧靠接收滤液容器的内壁。

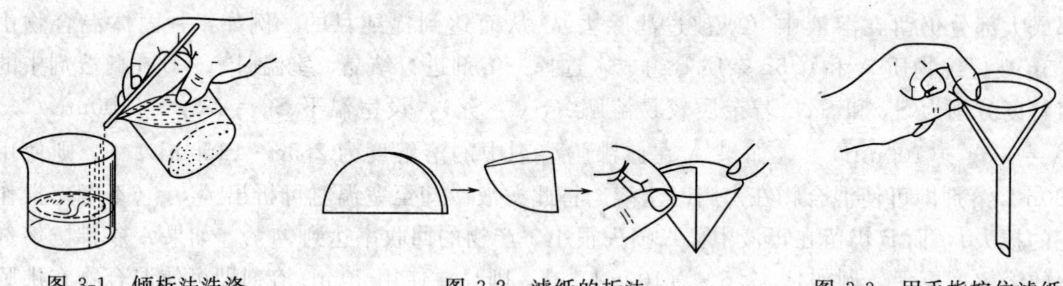

图 3-1　倾析法洗涤　　　　图 3-2　滤纸的折法　　　　图 3-3　用手指按住滤纸

过滤时先将大部分溶液沿着玻璃棒慢慢地倾入漏斗中，玻璃棒接触三层滤纸下（见图 3-4），然后将剩下的溶液连同沉淀一起倒入滤纸上，再用少量去离子水洗涤烧杯内壁，将洗涤液与剩余沉淀全部转入漏斗中。

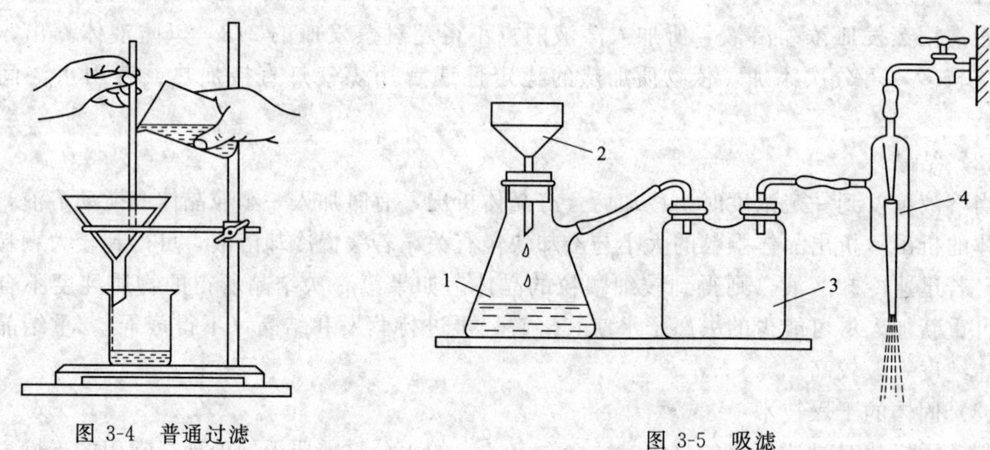

图 3-4　普通过滤

图 3-5　吸滤

1—吸滤瓶；2—布氏漏斗或玻璃砂芯漏斗；3—安全瓶；4—水吸滤泵

(2) 减压过滤（吸滤或抽气过滤）

减压过滤装置见图 3-5。由吸滤瓶、布氏漏斗、安全瓶和水压真空吸滤泵（水吸滤泵）。一般装在自来水龙头上，起着带走空气的作用，因而使吸滤瓶内减压，吸滤瓶用于承接滤液。

安全瓶的作用是防止当关闭抽气管，或水流量突然减小时自来水倒灌入吸滤瓶中。

吸滤用的滤纸应比布氏漏斗的内径略小，以能恰好盖住瓷板上所有的孔为宜。放好滤纸后先以少量去离子水润湿，再打开水龙头，减压使滤纸贴在瓷板上。转移溶液与沉淀的步骤同常压过滤，布氏漏斗中的液体不得超过漏斗容积的 2/3。

停止吸滤时，应先拆下吸滤瓶上的橡皮管，然后关闭水龙头，以防止倒灌。

过滤完毕，取下布氏漏斗，将漏斗的颈口朝上，轻轻敲打漏斗边缘，即可使沉淀物脱离漏斗。

(3) 离心分离

少量溶液与沉淀的分离，常用离心分离法。离心机分手摇和电动的两种（图 3-6 和图 3-7）。

离心分离时，将盛有沉淀的试管放入离心机的套管内。为使离心机保持平衡，防止高速旋转时引起震动而损坏离心机，试管要对称地放置（有时需用装有同体积水的试管），然后慢慢启动离心机，逐渐加速。用电动离心机时，变速器调到 2～3 挡即可。旋转 2～3min 后，切断电源，让离心机自然停止，切勿用手或其他方法强行停止。

离心后，沉淀沉入试管的底部，用一干净的滴管，将清液吸出，注意滴管插入溶液的深度，尖端不应接触沉淀（图 3-8）。

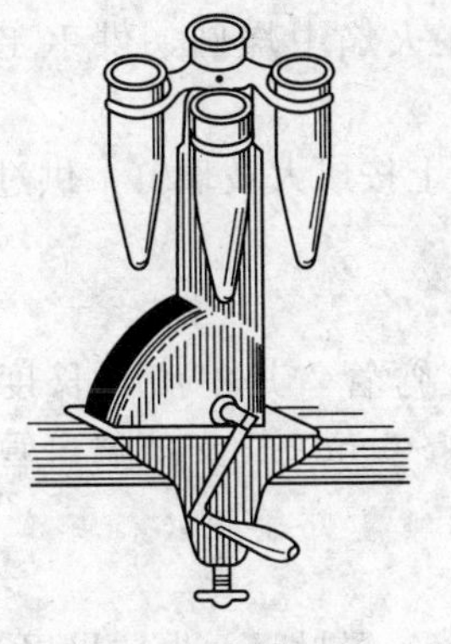
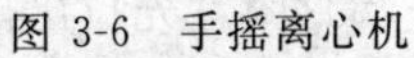

图 3-6　手摇离心机

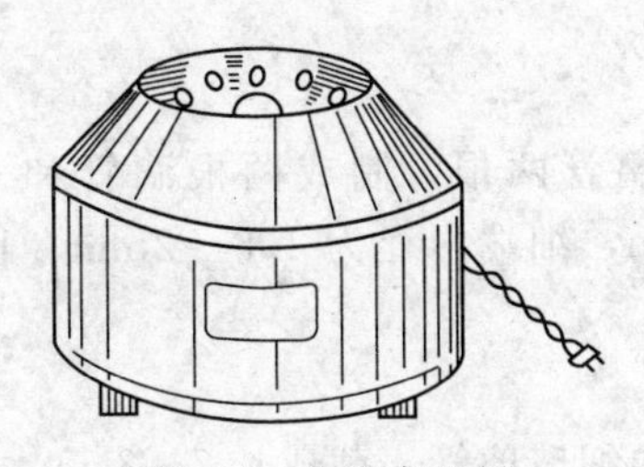

图 3-7　电动离心机

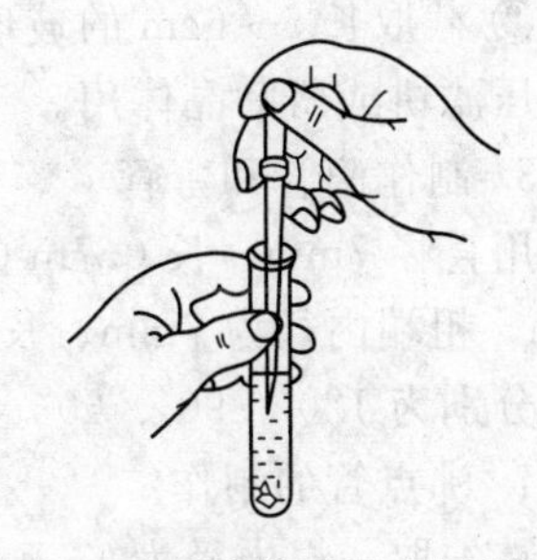

图 3-8　用滴管吸取上层清液

如果沉淀物需要洗涤，加入少量去离子水，搅拌，再离心分离。

3.2 基础实验

实验一　简单玻璃工操作

一、实验目的

1. 了解酒精喷灯的构造及正确使用方法。

2. 学会玻璃管（棒）的截断、弯曲、拉制、熔光、缘口等简单的玻璃加工操作。

二、实验仪器和材料

仪器　挂式酒精喷灯，薄片小砂轮或三角锉刀，石棉网，隔热瓷盘。

材料　直径 8～12mm 的薄壁玻璃管，直径 7mm 的玻璃管，直径 3mm 的玻璃管，直径 5mm 的玻璃棒，直尺（学生自备），火柴。

三、实验内容

1. 挂式酒精喷灯的使用

将挂式喷灯酒精贮罐挂在适当的高度，打开酒精贮罐下口开关，并先在预热盘中注入适量的酒精，关闭酒精贮罐下口开关，然后点燃盘中的酒精，以加热灯管，待盘中酒精快要燃完时，重新打开酒精贮罐下口开关，上提升空气阀，打开气门，这时由于酒精在灼热的灯管内汽化，并与来自气孔的空气混合，即燃烧并形成高温火焰（温度可达 700～1000℃）。调节酒精的流量及空气阀门的高度，可以控制火焰的大小。用毕，降下空气阀门、挂式喷灯酒精贮罐下口开关即可使灯熄灭。

说明：(1) 在重新打开挂式喷灯酒精贮罐下口开关，提升空气阀，点燃管口气体以前，必须充分灼热灯管，否则酒精不能全部汽化，会有液体酒精由管口喷出，导致“火雨”（尤其是挂式喷灯），甚至引起燃烧事故。当一次预热不能点燃喷灯时，可在火焰熄灭后重新往预热盘添加酒精，重复上述操作点燃。但连续两次预热后仍不能点燃时，则需要用探针疏通酒精蒸气出口，让出气顺畅后，方可再预热。

(2) 挂式喷灯酒精贮罐出口至灯具进口之间的橡皮管要连接好，不得有漏液现象，否则容易失火。

2. 制作玻璃棒及玻璃钉

取直径 5mm、长 1m 的玻棒一根，制成下列用品：

① 切割成两根17～18cm及一根12cm长的玻璃棒，两端在火焰中烧圆，供手工搅拌用。

② 截取长5～6cm的玻璃棒一段，一端在火中烧软后在石棉网上按成大玻璃钉，供过滤时挤压滤饼或研磨晶体用。

3. 制作滴管和弯管

用直径7mm、长0.7m的玻璃管两根，制成两根滴管和三支弯管。其中滴管长度约15cm，粗端内径为7mm、长10cm，细端内径为1.5～2mm、长5～6cm。三支玻璃弯管的角度分别为120°、90°、60°。

4. 沸点管的制作

首先取一根内径为3～4mm的细玻璃管，截成长7～8cm。在其一端封闭，先拉出尾管，然后将尾管顶端加热融化，不断用镊子将尾管拉去，再把底部烧圆，作为沸点管的外管。另取直径8～12mm的薄壁玻璃管，制作一根长8cm、内径1mm左右的毛细管3根，将其一端封闭，作为沸点管内管。

5. 玻璃沸石

取上述拉过的不合格玻璃管（棒）在火焰中对接，反复熔拉多次，再拉成比熔点管略粗的玻璃棒，冷至室温后截成长约3mm的小段，即成沸石，放在瓶中备用。

6. 减压毛细管

用一根玻璃管，先将一端用灯焰加热软化后拉成直径约2mm的毛细管，再用小火将靠粗端一侧的毛细管烧软，迅速地向两面拉伸成头发丝状，截下所需的长度，并用小试管盛少许丙酮或乙醚，将毛细管插入其中，吹入空气，若毛细管能冒出一连串细小的气泡，即可用于减压蒸馏。

实验二 氯化钠的提纯

一、实验目的

1. 学会用化学方法提纯粗食盐，同时为进一步精制成试剂级纯度的氯化钠提供原料。
2. 熟练台秤的使用以及常压过滤、减压过滤、蒸发浓缩、结晶和干燥等基本操作。

二、实验原理

粗食盐中含有泥砂等不溶性杂质及溶于水中的K^+、Ca^{2+}、SO_4^{2-}等。将粗食盐溶于水后，用过滤的方法可以除去不溶性杂质。易溶杂质Ca^{2+}、Mg^{2+}、SO_4^{2-}等需要用化学方法除去。有关的离子方程式如下：

$$SO_4^{2-}+Ba^{2+}=\!=\!=BaSO_4(s)$$

$$Ca^{2+}+CO_3^{2-}=\!=\!=CaCO_3(s)$$

$$Ba^{2+}+CO_3^{2-}=\!=\!=BaCO_3(s)$$

$$2Mg^{2+}+CO_3^{2}+2OH^-=\!=\!=Mg(OH)_2\cdot MgCO_3(s)$$

三、实验仪器和试剂

仪器　台秤、烧杯（250mL）、普通漏斗、漏斗架、布氏漏斗、吸滤瓶、蒸发皿、量筒（10mL、50mL）。

试剂　酸：$HCl(2.0mol\cdot L^{-1})$；碱：$NaOH(2.0mol\cdot L^{-1})$；盐：$Na_2CO_3(1.0mol\cdot L^{-1})$、$(NH_4)_2C_2O_4(0.50mol\cdot L^{-1})$、$BaCl_2(1.0mol\cdot L^{-1})$、粗食盐。

其他　镁试剂、pH试纸、滤纸。

四、实验内容

1. 粗食盐的提纯

（1）粗食盐的溶解

称量8.0g粗食盐，放入250mL烧杯中，加30mL去离子水。加热、搅拌使盐溶解。

（2）SO_4^{2-} 的除去

在煮沸的粗食盐溶液中，边搅拌边逐滴加入 $BaCl_2$ 溶液（1.0mol·L^{-1}）（约需加2mL $BaCl_2$ 溶液），为了检验沉淀是否完全，可将酒精灯移开，待沉淀下降后，在上层清液中加入1～2滴 $BaCl_2$，观察是否有浑浊现象，如无浑浊，说明 SO_4^{2-} 已沉淀完全，如有浑浊，则要继续滴加 $BaCl_2$ 溶液，直到沉淀完全为止。然后小火加热5min，以使沉淀颗粒长大而便于过滤。用普通漏斗过滤，保留滤液，弃去沉淀。

（3）Ca^{2+}、Mg^{2+}、Ba^{2+} 等的除去

在滤液中加入1mL NaOH溶液（2.0mol·L^{-1}）和3mL Na_2CO_3 溶液（1.0mol·L^{-1}），加热至沸腾。同上法 Na_2CO_3 溶液检验沉淀是否完全。继续煮沸5min。用普通漏斗过滤，保留滤液，弃去沉淀。

（4）调节溶液的pH值

在滤液中逐滴加入HCl溶液（2.0mol·L^{-1}），充分搅拌，并用玻璃棒蘸取滤液在pH试纸上试验，直到溶液呈微酸性（pH＝4～5为止）。这一步除去什么杂质？

（5）蒸发浓缩

将溶液转移到蒸发皿中，用小火加热，蒸发浓缩至溶液呈稀粥状为止，但切不可将溶液蒸干。(为什么?)

（6）结晶、减压过滤、干燥

让浓缩液冷却至室温，用布氏漏斗减压过滤。再将晶体转移到蒸发皿中，在石棉网上用小火加热，以干燥产品。冷却后，称其质量，计算收率。

2. 产品纯度的检验

自己设计试验，检验 SO_4^{2-} 和 Ca^{2+}。

五、思考题

1. 过量的 Ba^{2+} 如何除去？

2. 粗食盐提纯过程中，为什么要加HCl溶液？

3. 怎样检验 Ca^{2+}、Mg^{2+}？

4. 称取下列试剂质量，选用台秤还是天平？

（1）1.8g NaCl

（2）1.8000g NaCl

实验三　二氧化碳摩尔质量的测定

一、实验目的

1. 学习分析天平的正确使用。

2. 学习测定气体摩尔质量的一种方法及其原理。

二、实验原理

根据阿伏加德罗定律，同温同压下同体积任何气体都含有相同数目的分子。因此，在同温同压下，两种同体积的不同气体的质量之比等于它们的摩尔质量之比：

$$\frac{m_1}{m_2}=\frac{M_1}{M_2}$$

式中，m_1 代表第一种气体的质量；M_1 代表其摩尔质量；m_2 代表同温同压下，同体积

的第二种气体的质量；M_2 代表其摩尔质量。如果以 D 表示气体的相对密度，则

$$D=\frac{m_1}{m_2}=\frac{M_1}{M_2} \text{或} M_1=DM_2$$

所以一种气体的相对分子质量等于该气体对另一种气体的相对密度乘以后一种气体的相对分子质量。如果以 $D_{空气}$ 表示气体对空气的相对密度，则该气体的相对分子质量（M_a）可从下式求得：

$$M_a=29.00\times D_{空气}$$

因此，在实验室中只要测出一定体积的二氧化碳的质量，并根据实验时的大气压和温度，计算出同体积空气的质量，即可求出二氧化碳对空气的相对密度，从而求出二氧化碳的相对分子质量。

三、实验仪器和试剂

仪器　碘量瓶（150mL），分析天平（精度 0.1mg），台秤（精度 0.1g），二氧化碳钢瓶。

试剂　浓硫酸、二氧化碳气体。

四、实验内容

1. 二氧化碳相对分子质量的测定

（1）将 150mL 碘量瓶洗净、烘干。

（2）分析天平上称出其质量 M_1。

（3）拿去磨口塞，通入二氧化碳约 5min 后，放上磨口塞再称量。重复进行这一操作，直至两次称量的结果相差不超过±0.002g 为止。记下充满二氧化碳的碘量瓶的质量 m_2。

（4）碘量瓶容积的测定：将碘量瓶装满水，再将磨口塞塞上，尽量擦干瓶外的水，然后在台秤上称量 m_3。（m_3-m_1）即为水的质量（空气的质量忽略不计）。由水的质量即可求出碘量瓶的容积（水的密度 $D_水$，可根据实验时的温度从附录中查出）。

（5）观察并记录实验时的室温和气压计的读数。

2. 数据记录和计算

用分析天平称装满空气的碘量瓶和塞子的质量 m_1/g		
用分析天平称装满 CO_2 的碘量瓶和塞子的质量 m_2/g	第一次 m_2(1)	
	第二次 m_2(2)	
	第三次 m_3(3)	
在台秤上称装满的碘量瓶和塞子的质量 m_3/g		
碘量瓶的容积 $V=\frac{m_3-m_1}{d_水}$/mL		
实验时的室温 t/℃		
实验时的大气压 p/Pa		
按公式 $pV=\frac{m_{空气}}{M_{空气}}RT$,先求出碘量瓶内空气的质量 $m_{空气}$/g		
空瓶的质量为 $m_1-m_{空气}$		
求出碘量瓶中 CO_2 的质量 $m_{CO_2}=m_2-(m_1-m_{空气})$		
二氧化碳对空气的相对密度 $D_{空气}=\frac{m_{CO_2}}{m_{空气}}$		
二氧化碳的相对分子质量 $m_{CO_2}=29.00D_{空气}$		
百分误差(%)$=\frac{\lvert m_{理论}-m_{CO_2}\rvert}{m_{理论}}\times 100\%$		

五、注意事项

（1）由二氧化碳钢瓶出来的二氧化碳先经过一只1000mL的缓冲瓶，然后分几路导出，同时供几个学生使用。每一路导管都装有旋塞，使用时打开，不用时关闭。二氧化碳的流速可以从浓硫酸中冒出的气泡的快慢来控制。流速不宜太大，否则钢瓶内二氧化碳的迅速蒸发而产生低温，使出来的二氧化碳温度过低，以致在称量时，由于温度的变化而使称量不准确。

（2）在往碘量瓶中通二氧化碳时一定要控制好气体的流速和通气时间。

（3）测定碘量瓶的容积时一定要装事先在室温下放置1d以上的水，不能直接由水龙头装自来水。

六、思考题

（1）为什么装满二氧化碳的碘量瓶和塞子的质量要在分析天平上称，而装满水的碘量瓶和塞子的质量可以在台秤上称量？

（2）哪些物质可以用此方法测相对分子质量？为什么？

实验四　摩尔气体常数的测定

一、实验目的

1. 了解一种测定摩尔气体常数的方法。
2. 熟悉分压定律与气体状态方程的应用。
3. 练习分析天平的使用与测量气体体积的操作。

二、实验原理

气体状态方程式的表达式为

$$pV=nRT=\frac{m}{M_r}RT \tag{1}$$

式中，p为气体的压力或分压，kPa；V为气体体积，L；n为气体的物质的量，mol；m为气体的质量，g；M_r为气体的摩尔质量，$g\cdot mol^{-1}$；T为气体的温度，K；R为摩尔气体常数（文献值：$8.31Pa\cdot m^3\cdot K^{-1}\cdot mol^{-1}$或$8.31J\cdot K^{-1}\cdot mol^{-1}$）。

可以看出，只要测定一定温度下给定气体的体积V、压力p与气体的物质的量n或质量m，即可求得R的数值。

本实验利用金属（如Mg、Al或Zn）与稀酸置换出氢气的反应，求取R值。例如：

$$Mg(s)+2H^+(aq) = Mg^{2+}(aq)+H_2(g)$$
$$\Delta_r H^{\ominus}_{m,298}=-466.85kJ\cdot mol^{-1} \tag{2}$$

将已精确称量的一定量镁与过量稀酸反应，用排水集气法收集氢气。氢气的物质的量可根据式（2）由金属镁的质量求得：

$$n_{H_2}=\frac{m_{H_2}}{M_{H_2}}=\frac{m_{Mg}}{M_{Mg}}$$

由量气管可测出在实验温度与大气压力下，反应所产生的氢气体积。

$$p_{H_2}=p-p_{H_2O} \tag{3}$$

由于量气管内所收集的氢气是被水蒸气所饱和的，根据分压定律，氢气的分压为p_{H_2}，应是混合气体的总压p（以100kPa计）与水蒸气分压p_{H_2O}之差：将所测得的各项数据代入式（1）可得：

$$R=\frac{p_{H_2}V}{n_{H_2}T}=\frac{(p-p_{H_2O})V}{n_{H_2}T}$$

三、实验仪器和试剂

仪器　分析天平，称量纸（蜡光纸或硫酸纸），量筒（10mL），漏斗，温度计（公用），砂纸，测定摩尔气体常数的装置（量气管，水准瓶，试管，滴定管夹，铁架，铁夹，铁圈，橡皮塞，橡皮管，玻璃导气管），气压计（公用），烧杯（100mL、400mL）。

试剂　硫酸 H_2SO_4($3mol \cdot L^{-1}$)，镁条（纯）。

四、实验内容

1. 镁条称量

取两根镁条，用砂纸擦去其表面氧化膜，然后在分析天平上分别称出其质量，并用称量纸包好记下质量，待用（也由实验室老师预备）。

镁条质量以 0.0300～0.0400g 为宜。镁条质量若小，会增大称量及测定的相对误差。质量若太大，则产生氢气体积可能超过量气管的容积而无法测量。称量要求准确至±0.0001g。

2. 仪器的装置和检查

按图 3-9 装置仪器。注意应将铁圈装在滴定管夹的下方，以便可以自由移动水准瓶（漏斗）。打开量气管的橡皮塞，从水准瓶注入自来水，使量气管内液面略低于刻度“0”（若液面过低或过高，则会带来什么影响）。上下移动水准瓶，以赶尽附着于橡皮管和量气管内壁的气泡，然后塞紧量气管的橡皮塞。

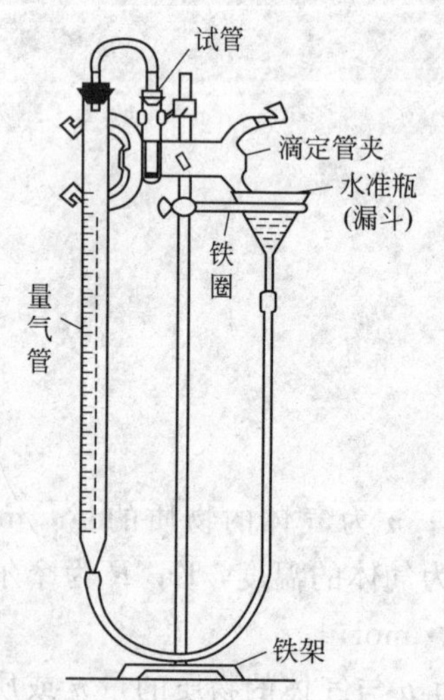

图 3-9　摩尔气体常数的测定装置

为了准确量取反应中产生的氢气体积，整个装置不能有泄漏之处。检查漏气的方法如下：塞紧装置中连接处的橡皮管，然后将水准瓶（漏斗）向下（或向上）移动一段距离，使水准瓶内液面低于（或高于）量气管内液面。若水准瓶位置固定后，量气管内液面仍不断下降（或上升），表示装置漏气（为什么），则应检查各连接处是否严密（注意橡皮塞及导气管间连接是否紧密）。务必使装置不再漏气，然后将水准瓶放回检漏前的位置。

3. 金属与稀酸反应前的准备

取下反应用试管，将 4～5mL $3mol \cdot L^{-1}$ H_2SO_4 溶液通过漏斗注入试管中（将漏斗移出试管时，千万不能让酸液沾在试管壁上！为什么）。稍稍倾斜试管，将已称好质量（勿忘记录）的镁条按压平整后蘸少许水贴在试管壁上部，如图 3-10 所示，确保镁条不与硫酸接触，然后小心固定试管，塞紧（旋转）橡皮塞（动作要轻缓，谨防镁条落入稀酸溶液中）。

再次检查装置是否漏气。若不漏气，可调整水准瓶位置，使其液面与量气管内液面保持在同一水平面，然后读出量气管内液面的弯月面最低点读数。要求读准至±0.01mL，并记下读数（为使液面读数尽量准确，可移动铁圈位置，设法使水准瓶与量气管位置尽量靠近）。

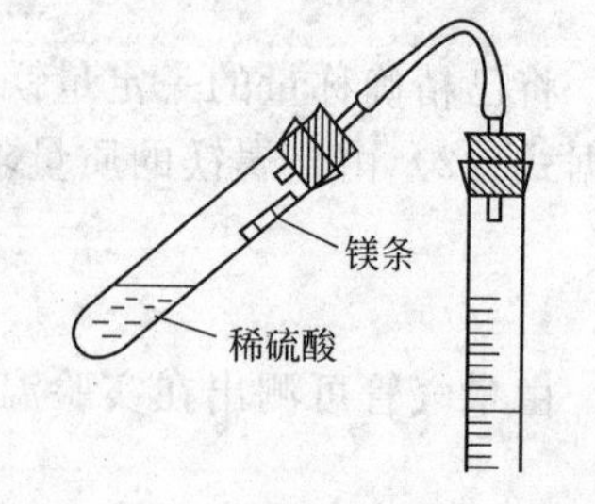

图 3-10　镁条贴在试管壁上半部

4. 氢气的发生、收集和体积的量度

松开铁夹，稍稍抬高试管底部，使稀硫酸与镁条接触（切勿使酸碰到橡皮塞），待镁条落入稀酸溶液中后，再将试管恢复原位。此时反应产生的氢气会使量气管内液面开始下降。为了不使量气管内因气压增大而引起漏气，在液面下降的同时应慢慢向下移动水准瓶，使水准瓶内液面随量气管内液面一齐下降，直至反应结束，量气管内液面停止下降。（此时能否读数？为什么?）

待反应试管冷却至室温（约需 10min），再次移动水准瓶，使其与量气管的液面处于同一水平面，读出并记录量气管内液面的位置。每隔 2～3min，再读数一次，直到读数不变为止。记下最后的液面读数及此时的室温和大气压力。从附表中查出相应于室温时水的饱和蒸气压。

打开试管口的橡皮塞，弃去试管内的溶液，洗净试管，并取另一份镁条重复进行一次实验。记录实验结果。

五、数据记录与处理

实验编号	Ⅰ	Ⅱ
镁条质量 m_{Mg}/g		
反应后量气管内液面的读数 V_2/mL		
反应前量气管内液面的读数 V_1/mL		
反应置换出 H_2 的体积 $V=(V_2-V_1)\times10^{-6}$/mL		
室温 T/K		
大气压力 p/Pa		
室温时水的饱和蒸气压 p_{H_2O}/Pa		
氢气的分压 $p_{H_2}=(p-p_{H_2O})$/Pa		
氢气的物质的量 $n_{H_2}=\frac{m_{Mg}}{M_{Mg}}$/mol		
摩尔气体常数 $R=\frac{p_{H_2}V}{n_{H_2}T}$/J·K⁻¹·mol⁻¹		
R 的实验平均值$=\frac{R_1+R_2}{2}$/J·K^{-1}·mol^{-1}		
相对误差(RE)$=\frac{R_{实验值}-R_{文献值}}{R_{文献值}}\times100\%$		

分析产生误差的原因：

六、注意事项

1. 量气管的容量不应小于 50mL，读数可估计到 0.01mL 或 0.02mL。可用碱式滴定管代替。

2. 为简化起见，本实验中用短颈（或者长颈）漏斗代替水准瓶。

七、思考题

1. 本实验中置换出的氢气的体积是如何量度的？为什么读数时必须使水准瓶内液面与量气管内液面保持在同一水平面？

2. 量气管内气体的体积是否等于置换出氢气的体积？量气管内气体的压力是否等于氢气的压力？为什么？

实验五 硫代硫酸钠的制备

一、实验目的

1. 掌握硫代硫酸钠的制备方法。

2. 学习 SO_3^{2-} 与 SO_4^{2-} 的半定量比浊分析法。

二、实验原理

硫代硫酸钠是一种常见的化工原料和试剂，可以用 Na_2SO_3 氧化单质硫来制备，反应式为：

$$Na_2SO_3 + S \xlongequal{} Na_2S_2O_3$$

常温下从硫代硫酸钠溶液中结晶出来的是 $Na_2S_2O_3 \cdot 5H_2O$。它在 40～45℃时熔化、48℃时分解、100℃时失去 5 个结晶水，因此，要制备 $Na_2S_2O_3 \cdot 5H_2O$，只能采用低温真空干燥。若要获得无水 $Na_2S_2O_3$，则要在较高温度下干燥。

$Na_2S_2O_3$ 一般易含有 SO_3^{2-} 与 SO_4^{2-} 杂质，可用比浊度方法来半定量分析 SO_3^{2-} 与 SO_4^{2-} 的总含量。先用 I_2 将 SO_3^{2-} 和 $S_2O_3^{2-}$ 分别氧化为 SO_4^{2-} 与 $S_4O_6^{2-}$，然后与过量 $BaCl_2$ 反应生成难溶的 $BaSO_4$ 沉淀，溶液变浑浊，且溶液的浑浊度与样品中 SO_3^{2-} 与 SO_4^{2-} 的总含量成正比。

三、实验仪器和试剂

仪器　台秤；烧杯；布氏漏斗；抽滤瓶；量筒；蒸发皿；容量瓶；比色管。

试剂　Na_2SO_3(s)，硫粉；铁粉；乙醇；碘水溶液（0.05mol·L^{-1}）；HCl(0.1mol·L^{-1})；$BaCl_2$(25%)；SO_4^{2-} 标准溶液（100g·L^{-1}）。

四、实验步骤

1. 硫代硫酸钠的制备

称取 2g 硫粉，研磨后置于 100mL 烧杯中，加 1mL 乙醇使其润湿，再加入 6g Na_2SO_3 固体和 30mL 水。加热此混合物并不断搅拌，待溶液沸腾后改用小火加热，并继续保持微沸状态不少于 40min，直至硫粉溶解（反应过程中注意适当补加水，保持溶液体积不少于 20mL)，趁热过滤。

将滤液转移至蒸发皿中，小火加热蒸发至有晶体析出为止，冷却至室温，减压过滤，用少量乙醇洗涤晶体，抽干，用滤纸将水吸干，称重，计算产率。

2. 硫酸盐和亚硫酸盐的半定量分析

将 1g 产品溶于 25mL 水中，先加入 30mL 0.05mol·L^{-1}碘水溶液，然后滴加碘水至溶液呈浅黄色。将其转移至 100mL 容量瓶中，用水稀释至标线并摇匀。从中吸取 10.00mL 至 25mL 比色管中，再加入 1mL 0.1mol·L^{-1} HCl 溶液及 3mL 25%的 $BaCl_2$ 溶液，加水稀释至 25mL，摇匀，放置 10min。然后加入 1 滴 0.05mol·L^{-1} 的 $Na_2S_2O_3$ 溶液，摇匀，立即与 SO_4^{2-} 标准溶液进行比浊。根据浊度确定产品等级。

用吸量管吸取 100g·L^{-1}的 SO_4^{2-} 标准溶液 0.20mL、0.50mL、1.00mL，分别置于 3 支 25mL 比色管中，再分别加入 1mL 0.1mol·L^{-1} HCl 及 3mL 25%$BaCl_2$ 溶液，加水稀释至 25mL，摇匀。这 3 支比色管中 SO_4^{2-} 的含量分别相当于一级（优级纯）、二级（分析纯）和三级（化学纯）试剂 $Na_2S_2O_3 \cdot 5H_2O$ 中的 SO_4^{2-} 含量允许值。

五、思考题

1. 要提高硫代硫酸钠产品的纯度，实验中需要注意哪些问题？

2. 一、二、三级试剂中，杂质 SO_3^{2-} 与 SO_4^{2-} 的质量分数各是多少？

实验六　硫酸亚铁铵的制备

一、实验目的

1. 了解硫酸亚铁铵的制备方法。

2. 练习在水浴上加热、减压过滤等操作。

3. 了解检验产品中杂质含量的一种方法——目视比色法。

二、实验原理

无机合成是无机化学学科的一门专业课，在基础无机化学实验中，着重介绍利用水溶液中离子反应来制备无机化合物。通过相应化合物的制备和提纯，进行过滤、蒸发、结晶等基本操作的训练，加深对无机反应原理和化合物性质的理解。

水溶液中的离子反应，当用来制备化合物时，若生成沉淀或气体，那么通过分离沉淀或收集气体，很容易获得产品，如果生成物也可溶于水，就要用结晶或重结晶法提纯获得产品。

下面着重介绍分子间化合物的制备：分子间化合物范围十分广泛，这有水合物，如胆矾 $CuSO_4 \cdot 5H_2O$；氨合物，如 $CaCl_2 \cdot 8NH_3$；复盐，如光卤石 $KCl \cdot MgCl_2 \cdot 6H_2O$；配位化合物，如 $Co[(NH_3)_5Cl]Cl_2$ 等。它们是由简单化合物按照一定化学计量比结合而成的。

制备分子间化合物的操作比较简单。先是由简单化合物在水溶液中相互作用，经过蒸发浓缩溶液，冷却，结晶，最后过滤、洗涤、烘干结晶便得到产品。如摩尔盐的制备。

摩尔盐的化学组成为硫酸亚铁铵 $(NH_4)_2SO_4 \cdot FeSO_4 \cdot 6H_2O$。它是由 $(NH_4)_2SO_4$ 和 $FeSO_4$ 按 1∶1 结合而成的复盐。其溶解度较小，颜色呈绿色，在空气中比较稳定，不像一般亚铁盐那样易被氧化，是常用的含亚铁离子的试剂。

通常 $FeSO_4$ 是由铁屑与稀硫酸作用而得到的。根据 $FeSO_4$ 的量加入一定量的 $(NH_4)_2SO_4$，二者相互作用后，经过蒸发浓缩、结晶、冷却、过滤，便可得到摩尔盐晶体。

铁屑与稀硫酸作用，制得硫酸亚铁溶液：

$$Fe + H_2SO_4 = FeSO_4 + H_2(g)$$

硫酸亚铁溶液与硫酸铵溶液作用，生成溶解度较小的硫酸亚铁铵复盐晶体：

$$FeSO_4 + (NH_4)_2SO_4 + 6H_2O = (NH_4)_2SO_4 \cdot FeSO_4 \cdot 6H_2O$$

硫酸亚铁铵又称摩尔盐，它在空气中不易被氧化，比硫酸亚铁稳定。它能溶于水，但难溶于乙醇。目视比色法是确定杂质含量的一种常用方法，在确定杂质含量后便能定出产品的级别。将产品配成溶液，与各标准溶液进行比色，如果产品溶液的颜色比某一标准溶液的颜色浅，就确定杂质含量低于该标准溶液中的含量，即低于某一规定的限度，所以这种方法又称为限量分析。本实验仅做摩尔盐中 Fe^{3+} 的限量分析。

三、实验仪器和试剂

仪器　锥形瓶（250mL）、烧杯（250mL 1个，400mL 1个）、量筒（10mL 1个，50mL 1个）、台秤、漏斗、漏斗架、布氏漏斗、吸滤瓶、抽气管（或真空泵）、蒸发皿、表面皿、比色管、比色管架、水浴锅。

试剂　酸：$HCl(2.0mol \cdot L^{-1})$、$H_2SO_4(3.0mol \cdot L^{-1})$。碱：$NaOH(1.0mol \cdot L^{-1})$。盐：$Na_2CO_3(1.0mol \cdot L^{-1})$、$KSCN(1.0mol \cdot L^{-1})$、$K_3[Fe(CN)_6](0.1mol \cdot L^{-1})$、$(NH_4)_2SO_4$(固体)、铁屑。

其他　乙醇（95%）、Fe^{3+} 的标准溶液三份（见注1）、pH 试纸、滤纸。

四、实验内容

1. 硫酸亚铁铵的制备

(1) 铁屑油污的除去

称取 2g 铁屑，放入锥形瓶（250mL），加入 20mL Na_2CO_3 溶液（$1.0mol \cdot L^{-1}$），小火加热约 10min，以除去铁屑表面的油污。（思考用什么方法除碱液，最后用水将铁屑洗净？）

（2）硫酸亚铁的制备

在盛有洗净铁屑的锥形瓶中，加入15mL H_2SO_4 溶液（3.0mol·L^{-1}），放在水浴上加热，使铁屑与稀硫酸发生反应（在通风橱中进行）。在反应过程中要适当地添加去离子水，以补充蒸发掉的水分。当反应不再进行时（怎样判断反应基本完成?），用普通漏斗趁热过滤，滤液盛于蒸发皿中。将锥形瓶和滤纸上的残渣洗净，收集在一起，用滤纸吸干后称其质量（如残渣量极少，可不收集）。算出已作用的铁屑的质量。

（3）硫酸铵饱和溶液的配制

将 $(NH_4)_2SO_4$ 饱和溶液倒入盛 $FeSO_4$ 溶液的蒸发皿中，混匀后，用pH试纸检验溶液pH值是否为1～2，若酸度不够，用 H_2SO_4 溶液（3.0mol·L^{-1}）调节。

在水浴或酒精灯上蒸发混合溶液，浓缩至表面出现晶体膜为止（注意蒸发过程中不宜搅动）。静置，让溶液自然冷却，冷至室温时，析出硫酸亚铁铵晶体。抽滤至干，再用5mL乙醇溶液淋洗晶体，以除去晶体表面上附着的水分。继续抽干，取出晶体，在表面皿上晾干。称其质量并计算产率。

2. 产品检验

（1）试用实验方法证明产品中含有 NH_4^+、Fe^{2+}、SO_4^{2-}（选做实验）。

（2）Fe^{3+} 的限量分析

用烧杯将去离子水煮沸2min，以除去溶解的氧，盖好，冷却后备用。称取1.00g产品，置于比色管中，加10.0mL备用的去离子水，以溶解之，再加入2.0mL HCl溶液（2.0mol·L^{-1}）和0.5mL KSCN溶液（1.0mol·L^{-1}），最后以备用的去离子水稀释到25.00mL，摇匀。与标准溶液进行目测比色，以确定产品等级。

五、数据记录和处理

已作用的铁的质量/g	$(NH_4)_2SO_4$ 饱和溶液		$FeSO_4\cdot(NH_4)_2SO_4\cdot6H_2O$			
	$(NH_4)_2SO_4$ 质量/g	水的体积/mL	理论产量/g	实际产量/g	产率%	级别

六、思考题

1. 为什么硫酸亚铁溶液和硫酸亚铁铵溶液都要保持较强的酸性?
2. 进行目视比色时，为什么用含氧较少的去离子水来配制硫酸亚铁铵溶液?
3. 制备硫酸亚铁铵时，为什么采用水浴加热法?
4. 设计出检验 NH_4^+、Fe^{2+}、SO_4^{2-} 的方法。

注1：Fe^{3+} 标准溶液的配制（实验室配制）：先配制0.01mg·mL^{-1} Fe^{3+} 标准溶液。用吸量管吸取 Fe^{3+} 的标准溶液5.00mL、10.00mL、20.00mL，分别放入3支比色管中，然后各加入2.00mL HCl溶液（2.0mol·L^{-1}）和0.5mL KSCN溶液（1.0mol·L^{-1}）。用备用的含氧较少的去离子水将溶液稀释到25.00mL，摇匀。得到符合三个级别含 Fe^{3+} 量的标准溶液：25mL溶液中含 Fe^{3+} 0.05mg、0.10mg和0.20mg，分别为Ⅰ级、Ⅱ级和Ⅲ级试剂中 Fe^{3+} 的最高允许含量。

若1.00g摩尔盐试样溶液的颜色，与Ⅰ级试剂的标准溶液的颜色相同或略浅，便可确定为Ⅰ级产品，其中 Fe^{3+} 的质量分数，$w_{Fe^{3+}}=\frac{0.05}{1.00\times1000}\times100\%=0.05\%$，Ⅱ级和Ⅲ级产品依此类推。

注2：几种盐的溶解度数据(见表3-1)

表 3-1　几种盐的溶解度数据　　　单位：g·$(100gH_2O)^{-1}$

盐(摩尔质量) \ 温度/℃	10	20	30	40
$(NH_4)_2SO_4$(132.1)	73.0	75.4	78.0	81.0
$FeSO_4\cdot7H_2O$(277.9)	37	48.0	60	73.3
$FeSO_4\cdot(NH_4)_2SO_4\cdot6H_2O$(392.1)		36.5	45.0	53

实验七　离解平衡

一、实验目的

1. 加深理解同离子效应、盐类水解及影响盐类水解的主要因素。
2. 学习缓冲溶液的配制并了解其缓冲作用。
3. 学习 pH 计的使用。
4. 掌握酸碱指示剂及 pH 试纸的使用方法。

二、实验原理

预习无机化学酸碱反应一章及有效数字的问题。

1. 离解平衡

盐类水解是酸碱反应的逆反应，由于水解是吸热反应并有平衡存在，因此改变温度和酸度，都对水解平衡有影响。有些盐水解后只能改变溶液的 pH 值，有些盐水解后既能改变溶液的 pH 值，又能产生沉淀或气体。如 $BiCl_3$ 的水解。

$$BiCl_3+H_2O \longrightarrow BiOCl(s)+2H^++2Cl^-$$

一种能水解显酸性的盐和另一种能水解呈碱性的盐相混合时，将加剧两种盐的水解，如 $Al_2(SO_4)_3$ 溶液与 $NaHCO_3$ 溶液混合。

$$Al^{3+}+3HCO_3^- \longrightarrow Al(OH)_3+3CO_2(g)$$

浓度较大的弱酸及其盐或弱碱及其盐的混合溶液，当将其稀释或在其中另加入少量的酸或碱时，溶液的 pH 值改变很小，这种溶液称为缓冲溶液。

2. 测定溶液 pH 值的方法

溶液中 pH 值测量方法有酸碱指示剂、pH 试纸、酸度计等。

(1) 酸碱指示剂

酸碱指示剂的作用原理：酸碱指示剂（例如：酚酞、甲基橙）一般是有机弱酸或是有机弱碱，或者既呈弱酸又呈弱碱的两性物质，在水溶液中存在着离解平衡。当溶液中氢离子或氢氧根离子浓度发生变化时，离解平衡移动，相应离子和分子具有不同的颜色，因而指示剂在不同的 pH 值范围内显示不同颜色。用一种酸碱指示剂测定溶液的 pH 值是很粗略的，它只能指示 pH 值的大致范围。

(2) pH 试纸

它是由多种酸碱指示剂按不同比例配制而成，把这种混合指示剂浸渍过的纸条晾干后即成 pH 试纸，pH 试纸测 pH 值比酸碱指示剂精确，但比酸度计粗略。

pH 试纸有两种规格，广泛 pH 试纸和精密 pH 试纸。广泛 pH 试纸能测量 pH 值的整数数值。精密 pH 试纸按其测量溶液的 pH 值范围又可分为若干种，一般能测量的 pH 范围为 0.2～0.4。使用精密 pH 试纸时，要先测定被测溶液的或者选用广泛 pH 试纸测定 pH 值范围，然后选用合适量程的精密 pH 试纸测其精确值。使用方法见有关 pH 试纸的使用方法。

(3) 酸度计

若待测液需要连续多次重复测量，或者溶液颜色较深，可选用酸度计精确测量 pH 值。从指示电表上直接精确读出±0.1pH 单位。高精度的酸度计可精确测量±0.001pH 值单位。

三、实验仪器和试剂

仪器　pH 计，50mL 小烧杯，500mL 烧杯，100mL 量筒，pH 试纸（3.8～5.4），pH 试纸（1～14）。

试剂　HCl(0.1mol·L^{-1})，HAc(1mol·L^{-1})，$NH_3 \cdot H_2O$(0.1mol·L^{-1})，NaOH(0.1mol·L^{-1})，NaAc(1mol·L^{-1})，$Fe(NO_3)_3$(0.1mol·L^{-1})，$Al_2(SO_4)_3$(0.1mol·L^{-1})，NH_4Cl（固），酚酞。

四、实验内容

1. 离解平衡

(1) 同离子效应

在试管中加入 1mL $NH_3 \cdot H_2O$(0.1mol·L^{-1}) 溶液和 1 滴酚酞溶液，摇匀，溶液呈现什么颜色？设计一种方法使离解平衡发生移动，产生同离子效应并试验之。

(2) 盐类水解和影响盐类水解的因素

① 用 pH 试纸检验 NaAc(1mol·L^{-1}) 溶液、去离子水的酸碱性（注意正确使用 pH 试纸）。

② 自己设计实验，并用试验证明温度对 $Fe(NO_3)_3$(0.1mol·L^{-1}) 溶液水解平衡的影响。

③ 在 1 支装有 $Al_2(SO_4)_3$ 溶液（0.1mol·L^{-1}）的试管中加入 1mL $NaHCO_3$(0.5mol·L^{-1}) 溶液，有什么现象出现？用什么方法证明产物是 $Al(OH)_3$ 而不是 $Al(HCO_3)_3$？写出反应的离子方程式。

2. 缓冲溶液和 pH 值

(1) 自行设计配制 pH 值为 5.00 的缓冲溶液 30mL（事先计算出 1mol·L^{-1}NaAc 和 1mol·L^{-1}HAc 溶液的体积，用量筒量取置于洁净的烧杯中混匀）。分别用广泛 pH 试纸、精密 pH 试纸、pH 计测定其值。

(2) 在两支盛有约 5mL 的上述缓冲溶液的试管中分别加入几滴 HCl(0.1mol·L^{-1}) 和 NaOH(0.1mol·L^{-1})，用精密 pH 试纸测定其 pH 值；并与在两支盛蒸馏水的试管中进行同样实验的结果进行比较。(实验室提供的蒸馏水 pH 值是 7 吗?)

(3) 将配制好的上述缓冲溶液在试管中用去离子水稀释 1～2 倍后，测定其 pH 值，看有无变化？

将以上实验的测定值列表进行比较，并对缓冲溶液的性质得出结论。

五、思考题

1. 通过预习总结测定 pH 值的方法有几种？每一种方法都是在什么条件下使用？

2. 常见量取液体的容器有几种？每一种适用于在什么情况下使用？注意实验误差和有效数字的问题。

3. 试重新设计实验证明同离子效应，注意使用酸碱指示剂。

实验八　配位化合物的性质

一、实验目的

1. 了解配离子的生成、组成和离解。

2. 了解配合物形成时性质的改变。

3. 利用配位反应分离混合离子。

二、实验原理

配位化合物分子是由中心离子组成内配位层的配位体和组成外配位层的其他离子所构成。中心离子和配位体组成配位离子。中心离子与配位体构成配合物的内界，通常放在方括号内。方括号以外的其他离子叫外界。内外界之间是离子键，在水中全部离解，而配合物内界则像弱电解质一样，只有一部分电离成简单离子。如：

$$[Cu(NH_3)_4]SO_4 \longrightarrow [Cu(NH_3)_4]^{2+} + SO_4^{2-} \qquad [Cu(NH_3)_4]^{2+} \rightleftharpoons Cu^{2+} + 4NH_3$$

其离解常数较小，配位化合物中的内界和外界可用实验来确定。形成配合物时，配合物性质发生变化，如颜色、溶解度、酸碱度等。配位反应常用来分离和鉴定某些离子。

三、实验仪器和试剂

仪器　离心机、小烧杯、pH 试纸。

试剂　酸：H_3BO_3(0.1mol·L^{-1})、甘油。碱：$NH_3 \cdot H_2O$(6.0mol·L^{-1}，2.0 mol·L^{-1})、NaOH(2.0mol·L^{-1})。盐：Na_2S(0.1mol·L^{-1})、$FeCl_3$(0.1mol·L^{-1})、KSCN(0.1mol·L^{-1})、NaCl(0.1mol·L^{-1})、KBr(0.1mol·L^{-1})、KI(0.1mol·L^{-1}，2.0mol·L^{-1})、$AgNO_3$(0.1mol·L^{-1})、$Na_2S_2O_3$(0.1mol·L^{-1})、NaF(1.0 mol·L^{-1})、$CuSO_4$(0.1mol·L^{-1})、$BaCl_2$(0.1mol·L^{-1})。

四、实验内容

1. 配位化合物的生成和组成

在试管中加入 10 滴 $CuSO_4$ 溶液（0.1mol·L^{-1}），加入 6.0mol·L^{-1}的氨水至生成深蓝色溶液时（这是什么?），再多加数滴，然后深蓝色溶液分盛在两支试管中，分别加入 2 滴 $BaCl_2$ 溶液（0.1mol·L^{-1}）和 NaOH 溶液（2.0mol·L^{-1}），观察是否有沉淀生成。

根据上面实验结果，说明 $CuSO_4$ 和 NH_3 所形成的配位化合物的组成。

2. 配位离子的离解

设计两种方法使 $[Cu(NH_3)_4]^{2+}$ 离解平衡移动，并用实验证明（自己制备 $[Cu(NH_3)_4]^{2+}$，观察现象并记录）。

3. 配合物形成时性质的改变

(1) 配合物形成时颜色的改变

在 $FeCl_3$ 溶液（0.1mol·L^{-1}）中加入 KSCN 溶液（0.1mol·L^{-1}），观察溶液颜色的变化。再加入几滴 NaF 溶液（1.0mol·L^{-1}），摇荡试管，又有何变化？解释现象并写出反应方程式。

(2) 形成配合物时难溶物溶解度的改变

在三支离心试管中各加入下列溶液：NaCl(0.1mol·L^{-1})、KBr(0.1mol·L^{-1})、KI(0.1mol·L^{-1})各 3 滴，然后逐滴加入 $AgNO_3$ 溶液（0.1mol·L^{-1}），直到沉淀完全，离心分离，弃去清液，在沉淀中滴加过量的 $NH_3 \cdot H_2O$ 溶液（2.0mol·L^{-1}），哪种沉淀能溶解？将未溶解的沉淀离心分离，弃去清液，在沉淀中加入过量的 $Na_2S_2O_3$ 溶液（0.1mol·L^{-1}），又有哪种沉淀将溶解？将留下的沉淀再离心分离，在沉淀中加入过量的 KI 溶液（2.0mol·L^{-1}），沉淀是否溶解？写出有关反应方程式。根据以上实验比较几种配合物的稳定性，比较 AgCl、AgBr、AgI 溶度积的大小。

(3) 形成配合物时酸性的改变

取一条完整的 pH 试纸，在它的一端蘸上半滴甘油（或甘露醇），记下被甘油润湿处的

pH值，待甘油不再扩散时，在距离甘油扩散边缘0.5～1.0cm试纸处，蘸上半滴H_3BO_3溶液（0.1mol·L^{-1}），等H_3BO_3溶液扩散到甘油区形成重叠时，记下重叠与未重叠处的pH值，说明pH值变化的原因，写出反应方程式。

五、思考题

1. 写出使$[Cu(NH_3)_4]^{2+}$离解平衡移动的两种方案，并说明原因。

2. 计算在AgCl沉淀中加入$NH_3 \cdot H_2O$溶液（2.0mol·L^{-1}），有无发生沉淀溶解的可能。

实验九　配合物的制备及其组成和配离子分裂能的测定

一、实验目的

1. 通过合成钴氨配合物，了解合成氨配合物的一般方法。

2. 通过确定本实验中合成产品的组成，了解确定配合物组成的一般方法。

3. 了解配合物的某些特性（失去金属离子及配位体原有的某些性质，使不正常氧化态稳定化等）。

4. 学习电导仪、离子计的使用。

5. 学习配合物吸收光谱的测定与绘制，掌握配离子分裂能Δ_0的一般测定方法。

6. 巩固分光光度计的使用方法。

7. 学习无机合成的基本操作，进一步巩固洗涤、过滤、加热、冷却、沉淀、结晶等基本操作。

二、实验原理

1. 配合物的合成

水溶液中不含配合剂时，将二价钴盐氧化成三价是不容易的，这是因为

$$[Co(H_2O)_6]^{3+} + e \rightleftharpoons [Co(H_2O)_6]^{2+} \qquad E^{\ominus} = 1.84V$$

如果有配合剂，形成了配合物时，三价钴的稳定性就大大增加，这是因为

$$[Co(NH_3)_6]^{3+} + e \rightleftharpoons [Co(NH_3)_6]^{2+} \qquad E^{\ominus} = 0.1V$$

因此，三价钴的配合物常用氧化二价钴的配合物来制备。例如，在含有氨、铵盐和活性炭（作表面活性氧化剂）的CoX_2（X=Cl、Br或NO_3^-）溶液中加入H_2O_2或通入氧气就可得到六氨合钴（Ⅲ）配合物。没有活性炭时，常常发生取代反应，得到取代的氨合钴配合物。

本实验要求以$CoCl_2$和H_2O_2为主要原料，制取$[Co(NH_3)_5Cl]Cl_2$和$[Co(NH_3)_5(H_2O)]Cl_3$并测定其组成和配离子的分离能Δ_0。

$[Co(NH_3)_6]Cl_3$的制备：因为钴的简单化合物中通常以Co(Ⅱ)存在，故制备Co(Ⅲ)的配合物一般从Co(Ⅱ)盐开始，用空气或其他氧化剂将其氧化成Co(Ⅲ)。

如果在含有二氯化钴、氨和氯化铵的水溶液中，通入空气，则需12h才能将钴完全氧化，而且还含有难以分离的钴氨配合物，如$[Co(NH_3)_5Cl]Cl_2$等。若用过氧化氢作氧化剂，活性炭为催化剂，反应只需30min就可完成，而且产量高。在制备过程中，先将固体二氯化钴和氯化铵制成混合溶液，然后加入氨水和H_2O_2，冷却后即结晶出$[Co(NH_3)_6]Cl_3$。将其分离、洗涤、干燥，制得橘红色的$[Co(NH_3)_6]Cl_3$晶体。

合成反应的化学反应式：

$$2CoCl_2 + 8NH_3 \cdot H_2O + 2NH_4Cl + H_2O_2 \longrightarrow 2[Co(NH_3)_5(H_2O)]Cl_3 + 8H_2O$$

$$[Co(NH_3)_5(H_2O)]Cl_3 \longrightarrow [Co(NH_3)_5Cl]Cl_2 + H_2O$$

$[Co(NH_3)_5Cl]Cl_2$ 为紫红色晶体，$[Co(NH_3)_5(H_2O)]Cl_3$ 为砖红色晶体，而 $[Co(NH_3)_6]Cl_3$ 为黄红色晶体。

2. 组成的确定

本实验只对配合物的离解类型和外界氯含量进行测定。离解类型通过摩尔电导率确定，外界氯含量用离子计测定。

(1) 在25℃，接近无限稀薄时，各种类型的离子化合物的摩尔电导率大致如下：

MA 型 $\Lambda_m^{(1024)}=(118-131)\times10^{-4}S\cdot m^2\cdot mol^{-1}$

M_2A 或 MA_2 型 $\Lambda_m^{(1024)}=(235-237)\times10^{-4}S\cdot m^2\cdot mol^{-1}$

M_3A 或 MA_3 型 $\Lambda_m^{(1024)}=(408-442)\times10^{-4}S\cdot m^2\cdot mol^{-1}$

M_4A 或 MA_4 型 $\Lambda_m^{(1024)}=(523-558)\times10^{-4}S\cdot m^2\cdot mol^{-1}$

(Λ_m表示摩尔电导率；右上角数字表示1mol溶质稀释后的体积，L)

本实验产品 $[Co(NH_3)_5Cl]Cl_2$ 属 MA_2 型，其 $\Lambda_m^{(1024)}$ 应当在 $(235\sim237)\times10^{-4}S\cdot m^2\cdot mol^{-1}$之内。

(2) 用电位法测定溶液中的离子活度，其原理并不深奥。用玻璃电极作为指示电极测定溶液的pH值即是一例。为了测定溶液中的X离子活度，只需将X离子选择电极代替玻璃电极即可。当X离子选择电极和参比电极一同放入被测溶液中时，就构成了一个原电池，由电池的电动势所反映出它的电动势与溶液中X离子活度的关系符合能斯特方程：

$$E_x=E_0\pm\frac{2.303RT}{nF}\lg a_x \qquad 令 \qquad S=\frac{2.303RT}{nF}$$

阴离子取“－”号，阳离子取“＋”号。这样在测定得 E_x 后，即可求出 a_x。

当溶液中总的离子强度保持不变，活度系数为一常数时，上述方程又可表示为：

$$E_x=E_0'\pm S\lg c_x \qquad (c_x为X离子的浓度)$$

或

$$E_x=E_0'\pm SpX \qquad (pX=-\lg c_x)$$

式中，E_0 除了与X离子活度系数有关外，还与电极膜片制造、参比电极选择有关。因此，为了测定X离子浓度，通常在控制一定的离子强度条件下，配制X离子标准系列溶液，测出电位，绘成电位 E-(X离子) 浓度标准曲线，然后在相同的条件下测定被测离子溶液的电位，从电位 E-(X离子) 浓度标准曲线上求出被测离子的浓度。

以氯离子选择电极为例，它是以AgCl作为电化学活性物质，当它与被测溶液接触时，就发生了离子交换反应，电极与溶液间就存在电位差，在一定条件下

$$\varphi=\varphi^{\ominus}_{Ag^+/Ag}+\frac{RT}{nF}\ln a_{Ag^+}$$

因为 $K_{sp}^{\ominus}=a_{Ag^+}a_{Cl^-}$

代入后，得

$$\varphi=\varphi^{\ominus}_{Ag^+/Ag}+\frac{RT}{nF}\ln K_{sp}^{\ominus}-\frac{RT}{nF}\ln a_{Cl^-}$$

若与甘汞电极组成可逆电池，则电池电动势为

$$E_a=\varphi^{\ominus}_{Ag^+/Ag}+\frac{RT}{nF}\ln K_{sp}^{\ominus}-\frac{RT}{nF}\ln a_{Cl^-}-\varphi_{甘汞}$$

令 $E_0=\varphi^{\ominus}_{Ag^+/Ag}+\frac{RT}{nF}\ln K_{sp}^{\ominus}-\varphi_{甘汞}$

则 $E_{Cl^-}=E_0-\frac{RT}{nF}\ln a_{Cl^-}$

3. 分裂能 Δ_0 的测定

Co^{3+}的电子层结构为［Ar］$3d^6$，作为六配位的八面体配合物的中心离子时，其中6个3d电子处于能量较低的t_{2g}轨道之间轨道，当它们吸收一定波长的可见光时，就会在分裂后的d轨道之间跃迁，即由t_{2g}轨道跃迁至e_g轨道，称为d-d跃迁。3d电子所吸收的能量等于e_g轨道和t_{2g}轨道之间的能量差（$E_{e_g}-E_{t_{2g}}$），即等于配离子分裂能Δ_0的大小：

$$E_{e_g}-E_{t_{2g}}=\Delta E=h\nu=h\frac{c}{\lambda}=hc\bar{\nu}=\Delta_0$$

式中，h为普朗克常数；c为光速。可见分裂能Δ_0的大小取决于ν波数。因此习惯上就直接用ν波数$=\frac{1}{\lambda}$（单位nm^{-1}或cm^{-1}）表示分裂能的大小。

选取一定浓度的配合物溶液，用分光光度计测出在不同波长λ下的透光率，以T为纵坐标，λ为横坐标，画出吸收曲线，由此曲线最高峰所对应的λ值，求得配离子的最大吸收波长λ_{max}，即可求出$\Delta_0\propto\frac{1}{\lambda_{max}}$。

三、实验仪器和试剂

仪器　DDS-11型电导率仪、PXD-2型离子计、氯离子选择电极、甘汞电极；磁力搅拌器、触点温度计、250mL锥形瓶、250mL容量瓶、10mL容量瓶（4只）、50mL烧杯（5只）、10mL移液管、抽滤装置；721型分光光度计、烘箱、锥形瓶、恒温水浴等。100mL、10mL量筒各一个。电磁搅拌器，四口烧瓶，冷凝管。

试剂　NH_4Cl固体、$CoCl_2\cdot6H_2O$(0.84mol·L^{-1})、NaCl(s)，KNO_3(s)；浓氨水(14.7mol·L^{-1})、H_2O_2(30%)、浓HCl(12mol·L^{-1})、NaOH(2mol·L^{-1})、$AgNO_3$(0.1mol·L^{-1})、乙醇（95%）、丙酮。

四、实验内容

1.［$Co(NH_3)_5(H_2O)$］Cl_3的制备

取250mL四口烧瓶，加入15mL $CoCl_2$溶液（0.84mol·L^{-1}），再加入0.6g NH_4Cl固体和33mL浓$NH_3\cdot H_2O$搅拌，待固体溶解后。在通风橱中，不断搅拌下，缓慢逐滴加入15mL 30%H_2O_2，反应剧烈放热，同时产生气泡。在热水浴（约70℃）中加热至不再有气泡析出（约15min）。取出锥形瓶冷却至室温，搅拌下，在通风橱中，向其中缓慢地加入60mL浓HCl（注意要慢加，否则不出结晶），将溶液自然冷却至室温，再在冷却水中冷却约10min，用布氏漏斗滤出固体产物，用95%乙醇15mL分数次洗涤沉淀。取出固体产品，自然风干后，在台秤上称出其质量，并计算产率。

2.［$Co(NH_3)_5Cl$］Cl_3的制备

将制得的［$Co(NH_3)_5(H_2O)$］Cl_3晶体大部分放在玻璃皿中，放入110℃烘箱中烘烤1.5h取出，上述晶体全部转化为紫色的［$Co(NH_3)_5Cl$］Cl_3配合物（这一步时间较长，同学们必须把剩下的第一种产品集中回收，由实验室统一处理）。

3. 离解类型的测定

（1）配制100mL稀度为1024的溶液（稀度为浓度的倒数，L·mol^{-1}）。首先配制稀度较1024L·mol^{-1}小数倍的试样溶液250mL。例如，称取试样［$Co(NH_3)_5Cl$］Cl_3（M=250.5）0.219g，用水溶解后，转入250mL容量瓶中，冲至刻度。则溶液的浓度c为：

$$c=\frac{0.2129}{250.5}\times\frac{1000}{250}=3.399\times10^{-3}\,mol\cdot L^{-1}$$

其稀度为$c=\frac{1}{3.399\times10^{-3}}$L·$mol^{-1}$

若配制100mL稀度为$1024L \cdot mol^{-1}$溶液，则应取上述溶液V

$$\frac{1}{1024}\times 100=3.399\times 10^{-3}V,\ V=28.73mL$$

即取上述溶液28.73mL，冲至100mL，溶液稀度则为$1024L \cdot mol^{-1}$。

（2）摩尔电导率的测定

在25℃下，用电导率仪测定稀度为$1024L \cdot mol^{-1}$溶液的电导率κ，则摩尔电导率$\Lambda_m^{(1024)}$为

$$\Lambda_m^{(1024)}=\kappa/c(S \cdot m^2 \cdot mol^{-1})$$

4. 应用氯离子选择电极测定“外界”氯含量

（1）配制氯离子标准溶液

准确称取0.5844g NaCl（事先烘干），再称KNO_3 4.04g，先在烧杯中溶解，然后移入100mL容量瓶中，用去离子水冲至刻度，因此，Cl^-浓度为

$$c_{Cl^-}=\frac{0.5844}{58.44}\times\frac{1000}{100}=0.1000mol \cdot L^{-1}$$

又

$$c_{KNO_3}=\frac{404}{101.0}\times\frac{1000}{100}=0.4000mol \cdot L^{-1}$$

所以，溶液的总离子强度为：

$$\mu=\frac{1}{2}\sum c_i z_i^2=\frac{1}{2}\times(0.4\times 1^2+0.4\times 1^2+0.1\times 1^2+0.1\times 1^2)=0.5mol \cdot L^{-1}$$

用移液管吸取上述溶液10mL，放入另一个100mL容量瓶中，同时将4.55g KNO_3溶解后加入，用去离子水冲至刻度。此溶液中氯离子的浓度为$1.000\times 10^{-2}mol \cdot L^{-1}$，溶液的总离子强度为$0.5mol \cdot L^{-1}$。

依次再稀释，维持离子强度不变，使溶液中的$c_{Cl^-}=1.000\times 10^{-3}mol \cdot L^{-1}$和$1.000\times 10^{-4}mol \cdot L^{-1}$。

（2）以氯离子选择电极为指示电极，甘汞电极为参比电极，用PXD-2型通用离子计分别测定在上述标准溶液下各电池的电动势E，并绘制E-$\lg c_{Cl}$-标准曲线图。

（3）试样溶液的测定

准确称取0.1g左右自己合成的产品，先用去离子水溶解，再转入100mL容量瓶中，冲至刻度。照测定标准系列溶液所用方法，测定电动势。同时从上述标准曲线中，查出对应的氯离子浓度。

（4）根据实验结果对产品的组成作出判断。

5. 测定分裂能

（1）用台秤分别称取自制的$[Co(NH_3)_5(H_2O)]Cl_3$和实验室准备的$[Co(NH_3)_5Cl]Cl_3$各0.1g，分别放入25mL烧杯中，加入20mL去离子水配成溶液。

（2）用721型分光光度计，以去离子水为参比，在波长380～480nm范围内分别测定上述两种溶液的透光率。测定时，每隔5nm测一次透光率数据，记录全部数据。

（3）以透光率T为纵坐标，以波长为横坐标，画出两种配合物的吸收曲线。

（4）分别在两条吸收曲线上找出曲线最高点所对应的最大波长，计算两种配合物的分裂能Δ_0。

五、思考题

用721型分光光度计测透光率时，为什么每改变一次波长都要用空白液调一次透光率。

实验十 沉淀反应

一、实验目的

1. 了解难溶电解质的多相离子平衡及其移动。

2. 学习液体与固体分离等基本操作。

二、实验原理

复习有关章节：难溶电解质的多相离子平衡及其移动。

如果溶液中含有两种或两种以上的离子都能与加入的某种试剂（称为沉淀剂）反应，生成难溶电解质时，沉淀的先后顺序决定于所需沉淀剂浓度的大小，所需沉淀剂离子浓度较小的先沉淀，较大的后沉淀，这种先后沉淀的现象叫分步沉淀。只有对于同一类型的难溶电解质，才可按溶度积大小直接判断沉淀生成的先后顺序，而对于不同类型的难溶电解质，生成沉淀的先后顺序需按它们所需的沉淀剂离子浓度大小来确定。

对于含有一些金属离子的混合溶液，可以控制溶液的 pH 值，利用分步沉淀的原理，使其中某种离子以氢氧化物或硫化物沉淀的形式从混合溶液中分离出来。

三、实验仪器和试剂

仪器 离心机、小烧杯。

试剂 酸：HCl(2.0mol·L^{-1})。碱：NaOH(1.0mol·L^{-1})。盐：Na_2S(0.1mol·L^{-1})、$Pb(Ac)_2$(0.01mol·L^{-1})、$CaCl_2$(0.5mol·L^{-1})、Na_2SO_4(0.5mol·L^{-1})、Na_2CO_3(饱和溶液)、$FeCl_3$(0.1mol·L^{-1})、NaCl(0.1mol·L^{-1}，0.4mol·L^{-1})、KI(0.02mol·L^{-1}，0.1mol·L^{-1})、$AgNO_3$(0.1mol·L^{-1})、$NiSO_4$(0.1mol·L^{-1})、K_2CrO_4(0.05mol·L^{-1})。

材料 pH 试纸。

四、实验内容

1. 沉淀的生成

根据溶度积规则判断下列溶液是否有沉淀产生，并用实验证明。

在试管中加入 2 滴 $Pb(Ac)_2$ 溶液（0.01mol·L^{-1}）和 2 滴 KI 溶液（0.02mol·L^{-1}），摇荡试管，观察有无沉淀生成？再加入 5mL 水，摇荡，记录现象？用溶度积规则解释现象。

2. 分步沉淀

在试管中加入 0.5mL 0.1mol·L^{-1} NaCl 溶液和 0.5mL 0.05mol·L^{-1} K_2CrO_4 溶液，然后逐滴加入 0.1mol·L^{-1} $AgNO_3$ 溶液，边加边振荡，观察形成沉淀的颜色变化，试以溶度积原理解释之。

3. 沉淀的转化与溶解

(1) 设计利用浓度均是 0.1mol·L^{-1} $AgNO_3$、NaCl、KI 溶液，实现 AgCl 沉淀转化为 AgI 沉淀的实验。

(2) 在 2 支离心试管中各加入 1mL $CaCl_2$ 溶液（0.5mol·L^{-1}）和 1mL Na_2SO_4(0.5mol·L^{-1})，摇荡生成沉淀，离心分离，弃去清液。在 1 支含有沉淀的试管中，加入 1mL HCl 溶液（2.0mol·L^{-1}），看沉淀是否溶解；在另一支含有沉淀的试管中加入 1mL Na_2CO_3 溶液（饱和），计算此反应的综合平衡常数，估计此反应发生的可能性。充分摇荡几分钟，若有沉淀生成，离心分离，弃去清液，用去离子水洗涤沉淀 1～2 次，然后在沉淀中加入 1mL HCl 溶液（2.0mol·L^{-1}），记录现象。

(3) 设计制备 Ag_2CrO_4 沉淀的试验，观察其颜色，Ag_2CrO_4 沉淀能否与 NaCl（$0.4mol \cdot L^{-1}$）发生反应？注意沉淀及溶液颜色的变化。解释现象。

4. 金属离子的沉淀

以氢氧化物沉淀分离：往1只小烧杯中加入18mL $NiSO_4$ 溶液（$0.1mol \cdot L^{-1}$）和2mL $FeCl_3$ 溶液（$0.1mol \cdot L^{-1}$），搅拌均匀，组成含有 Ni^{2+} 和 Fe^{3+} 的混合溶液。往混合溶液中滴加 $1.0mol \cdot L^{-1}$ NaOH 溶液，边滴边搅拌，边测定溶液的 pH 值[要分离两种离子，溶液的 pH 值约为几？(请参看课本沉淀反应一章)]，用贴有滤纸的漏斗过滤沉淀。取少量滤液检验其中是否含 Fe^{3+}(使用什么试剂来检验?)；另取少量滤液继续滴加 NaOH 溶液，直到沉淀开始析出，记录这时溶液的 pH 值与沉淀颜色。

五、思考题

计算 Ag_2CrO_4 沉淀与 NaCl($0.4mol \cdot L^{-1}$) 反应的综合平衡常数。该反应能进行吗？

实验十一　氧化还原反应的影响因素

一、实验目的

1. 了解浓度、介质对氧化还原反应产物的影响。
2. 加深理解温度、反应物浓度与氧化还原反应的关系。

二、实验原理

复习有关章节：浓度、介质对电极电势和氧化还原反应的影响

(1) 浓度对电极电势的影响

如果某金属的标准电极电位比铅大，例如：

$$Cu \rightleftharpoons Cu^{2+} + 2e \qquad \varphi^{\ominus} = 0.324V$$

$$Pb \rightleftharpoons Pb^{2+} + 2e \qquad \varphi^{\ominus} = -0.13V$$

则铜不能将铅从它的盐溶液中置换出来，但是根据吕·查德里原理，如果设法把溶液中铜离子浓度降低到一定浓度后，下述平衡

$$Cu + Pb^{2+} \rightleftharpoons Cu^{2+} + Pb$$

也可以向右进行，减小 Cu^{2+} 的方法很多，如加入 S^{2-}，使 Cu^{2+} 与 S^{2-} 生成极难溶的 CuS 沉淀，若 $[S^{2-}] = 0.5mol \cdot L^{-1}$，即可使 Cu^{2+} 浓度减小到 1.26×10^{-35} $mol \cdot L^{-1}$，在这种情况下根据能斯特方程式计算，$\varphi^{\ominus} = -0.69V$，反应必然向右方进行了，金属铜就可以将铅置换出来。

(2) 介质的酸碱性对电极电势和氧化还原反应的影响

当有 H^+ 或 OH^- 参加电极反应时，介质的酸碱性对氧化还原反应的方向影响很大。

三、实验仪器和试剂

仪器　离心机、滴管、废液杯、烧杯、捆有铜丝的石墨棒、伏特计、盐桥。

试剂　酸：H_2SO_4（$6.0mol \cdot L^{-1}$）、HCl（$1.0mol \cdot L^{-1}$，$2.0mol \cdot L^{-1}$）。碱：$NH_3 \cdot H_2O$($1.0mol \cdot L^{-1}$，$3.0mol \cdot L^{-1}$)、NaOH($0.1mol \cdot L^{-1}$，$2.0mol \cdot L^{-1}$)。盐：$ZnSO_4$（$0.5mol \cdot L^{-1}$）、$CuSO_4$（$0.5mol \cdot L^{-1}$）、$Pb(NO_3)_2$（$0.5mol \cdot L^{-1}$）、$HgCl_2$（$0.1mol \cdot L^{-1}$）、$SnCl_2$($0.1mol \cdot L^{-1}$)、KI($2.0mol \cdot L^{-1}$，$0.1mol \cdot L^{-1}$)、$KMnO_4$（$0.1mol \cdot L^{-1}$）、Na_2SO_3（$0.1mol \cdot L^{-1}$）、$K_2Cr_2O_7$（$0.10mol \cdot L^{-1}$）、Na_2CO_3（$0.5mol \cdot L^{-1}$）、NaAc($0.1mol \cdot L^{-1}$，$1.0mol \cdot L^{-1}$)、$BaCl_2$（$0.1mol \cdot L^{-1}$）、$FeCl_3$（$0.1mol \cdot L^{-1}$）、Na_2S($0.1mol \cdot L^{-1}$)。固体：锌片、铅粒、亚硫酸钠、铜屑。

其他　淀粉溶液、砂纸。

四、实验内容

1. 电极电势与氧化还原反应的关系

（1）根据实验室准备的药品及标准电极电势的值：$ZnSO_4$ 溶液（$0.5mol \cdot L^{-1}$）、$CuSO_4$溶液（$0.5mol \cdot L^{-1}$）、$Pb(NO_3)_2$ 溶液（$0.5mol \cdot L^{-1}$）、锌片、铅粒、砂纸。设计试验，证明 Zn 的还原性比 Cu 的还原性强。记录现象。

（2）在 $HgCl_2$ 溶液（$0.1mol \cdot L^{-1}$）中，滴加 2 滴 $SnCl_2$溶液（$0.1mol \cdot L^{-1}$），稍等一会儿，又有何现象？写出反应方程式。

（3）在 $HgCl_2$ 溶液（$0.1mol \cdot L^{-1}$）中，滴加 KI 溶液（$2.0mol \cdot L^{-1}$）到生成的沉淀又溶解，再过量几滴，然后滴加 $SnCl_2$溶液（$0.1mol \cdot L^{-1}$），和实验内容（2）比较，有何不同？

2. 介质对氧化还原反应的影响

根据实验室准备的药品：$KMnO_4$（$0.1mol \cdot L^{-1}$）、H_2SO_4（$6.0mol \cdot L^{-1}$）、HCl（$1.0mol \cdot L^{-1}$、$2.0mol \cdot L^{-1}$）、NaOH（$0.1mol \cdot L^{-1}$）、KI（$0.1mol \cdot L^{-1}$）、Na_2SO_3（$0.1mol \cdot L^{-1}$）。设计试验，证明 $KMnO_4$ 在酸性、中性、碱性介质中与适当还原剂反应，$KMnO_4$ 还原产物不同。注意酸性介质能否用盐酸？选入的还原剂不要影响对 $KMnO_4$ 反应的观察。

3. 根据电极电势判断下列反应能否进行，然后实验证明。

$$K_2Cr_2O_7 + H_2SO_4 + Na_2SO_3(s) \longrightarrow$$

$$KMnO_4 + H_2SO_4 + KI \longrightarrow$$

4. 原电池组成及浓度对电极电势的影响

用两只 50mL 烧杯分别加入 20mL $0.5mol \cdot L^{-1}$ $ZnSO_4$ 和 $0.5mol \cdot L^{-1}$ $CuSO_4$ 溶液，然后在 $CuSO_4$ 溶液中插入 Cu 棒，在 $ZnSO_4$ 溶液中插入 Zn 棒。放入盐桥，通过导线将 Cu 棒与 Zn 棒与简易伏特计相连，观察指针变化，记录数据。

在 $ZnSO_4$ 溶液中滴加 $6mol \cdot L^{-1}$氨水，直至生成深蓝色溶液。记录数据。

再在 $CuSO_4$ 溶液中加入 $0.1mol \cdot L^{-1}$ Na_2S，观察指针如何变化，说明两次变化的原因。

实验十二　二氧化铅的制备

一、实验目的

1. 了解用氧化法制取 PbO_2 的方法。

2. 学习用空气浴干燥晶体的操作，进一步掌握过滤、蒸发、结晶等基本操作。

二、实验原理

二价铅盐在碱性溶液中可被氧化剂 NaClO 氧化成 PbO_2

$$Pb^{2+} + ClO^- + H_2O \xlongequal{} PbO_2 + Cl^- + 2H^+$$

当溶液中加入 OH^- 或 Ac^- 碱性物质时，将有利于氧化反应的进行，反应式分别写为：

$$Pb^{2+} + ClO^- + 2OH^- \xlongequal{} PbO_2 + Cl^- + H_2O$$

$$Pb(Ac)_2 + NaClO + H_2O \xlongequal{} PbO_2 + NaCl + 2HAc$$

选用 $Pb(Ac)_2$ 来制备 PbO_2 时，Ac^- 起中和作用，使反应的酸性降低。如果将溶液加热，则 HAc 可逐渐挥发，反应更完全。

PbO_2 是棕黑色粉末，不溶于水和稀硝酸。因此，可用倾析法洗去 NaCl、HAc 等可溶性杂质，用稀硝酸洗去沉淀中的PbO、Pb_2O_3。

PbO_2是一种强氧化剂，它能将Mn^{2+}在HNO_3存在时氧化为MnO_4^-。

三、仪器、试剂及材料

仪器　布氏漏斗、吸滤瓶、普通漏斗、台秤、泥三角。

试剂　酸：HNO_3(6.0mol·L^{-1}、2.0mol·L^{-1})。盐：$Pb(CH_3COO)_2·3H_2O$（工业用)、NaClO溶液（含有效氯12%～15%)、$MnSO_4$(0.1mol·L^{-1})。

四、实验内容

称取20g工业醋酸铅$Pb(CH_3COO)_2·3H_2O$固体，倒在250mL烧杯中，加水50mL，加热，搅动，直至溶解。用普通漏斗过滤，除去不溶性杂质。将醋酸铅溶液放在烧杯中加热近沸，在不断搅动下，慢慢滴加50mL NaClO溶液，然后加热煮沸5min，以除去部分生成的HAc。静止沉降后，倾出棕黑色沉淀上的清液。沉淀用蒸馏水倾析洗涤2～3次，然后再用HNO_3(2.0mol·L^{-1}）溶液20mL洗涤沉淀。并不断搅拌以溶解PbO、Pb_2O_3等杂质。静置沉降后倾去清液，沉淀用蒸馏水倾析洗涤，以除去过量的HNO_3。最后用布氏漏斗过滤，将滤饼移至蒸发皿中，用空气浴干燥法干燥（将泥三角的三只脚向下弯曲，放在石棉网上，将装有潮湿固体或晶体的蒸发皿放在泥三角上，然后隔着石棉网用小火加热)。空气浴干燥法可以防止加热温度过高而引起PbO_2的分解（PbO_2在300℃开始分解为Pb_2O_3和O_2)。冷却后称重，计算PbO_2的产率。

在小试管中放入少量产品，并加入1mL HNO_3(6.0mol·L^{-1}）溶液和2滴$MnSO_4$(0.1mol·L^{-1})，微热试管，静置后，可观察到紫红色MnO_4^-的生成。利用此反应可证明PbO_2的制得。

五、思考题

1. 制备PbO_2溶液时，溶液中的Ac^-起什么作用?
2. 用稀硝酸来洗涤PbO_2沉淀的目的是什么?
3. 空气浴干燥法是如何操作的?什么样的物质干燥时应用空气浴法?

附注：NaClO溶液如放置过久，有效氯容易降低，此时取用的NaClO溶液应适当增加用量。

实验十三　主族元素

一、实验目的

1. 掌握卤素单质的氧化还原性及卤素含氧酸的氧化性。
2. 掌握硅酸凝胶的形成及硅酸盐的溶解性。
3. 掌握锡（Ⅱ)、锑（Ⅲ)、铋（Ⅲ）的还原性以及铅（Ⅳ)、锑（Ⅴ)、铋（Ⅴ）的氧化性。
4. 掌握硝酸及其盐、亚硝酸及其盐、磷酸盐、硫代硫酸盐及过硫酸盐的性质。
5. 联系氢氧化物的酸碱性及硫化物的溶解性等，掌握某些金属离子的分离方法。

二、实验原理

参看《无机化学》(第5版）有关章节。

1. 硅酸盐的性质

硅酸是一种多元弱酸，比碳酸的酸性还要弱，硅酸钠水解作用明显，它在一定条件下分

别与 CO_2、HCl 或氯化铵作用，都能形成硅酸凝胶（硅酸形成胶体溶液后，经放置，就能形成软而透明且具有弹性的硅酸凝胶）。

除碱金属外，一般金属离子与硅酸钠溶液作用均能生成难溶于水的硅酸盐。当金属盐的晶体置于 20% Na_2SiO_4 溶液中，在晶体表面上形成难溶的硅酸盐膜，溶液中的水靠渗透压穿过膜进入晶体内部，而长出颜色各异的“石笋”，宛如一座水中花园。

2. 锑（Ⅲ）、铋（Ⅲ）的还原

在一定条件下它们都具有还原性，如：

$$Sb(OH)_3 + H_2O_2 + NaOH \xlongequal{} Na[Sb(OH)_6](s)$$

$$2OH^- + Sb(OH)_4^- + 2Ag[(NH_3)_2]^+ \xlongequal{} Sb(OH)_6^- + 4NH_3 + 2Ag(s)$$

因为 $Bi(OH)_3$ 的还原性很强，必须在碱性条件下采用强氧化剂才能被氧化为 BiO_3^-

$$Bi(OH)_3 + Cl_2 + 3OH^- + Na^+ \xlongequal{} NaBiO_3 + 2Cl^- + 3H_2O$$

3. 锑（Ⅴ）、铋（Ⅲ）的氧化性

$NaBiO_3$ 是强氧化剂之一，不仅能氧化 I^- 和 Cl^-，还能将 Mn^{2+} 氧化为 MnO_4^-。

4. 几种盐的性质

硫锑酸盐只能存在于中性或碱性介质中，加酸便分解为相应的硫化物，例如：

$$2SbS_3^{3-} + 6H^+ \xlongequal{} Sb_2S_3(s) + 3H_2S$$

亚硝酸盐在溶液中尚稳定，它是极毒、致癌物质，其中氮的氧化态为（Ⅲ）；在酸性介质中作氧化剂，一般被还原为 NO，与强氧化剂作用时，本身被氧化为硝酸盐。

磷酸盐和磷酸一氢盐中，只有碱金属（锂除外）和铵的盐类易溶于水，其他磷酸盐都难溶。大多数磷酸二氢盐易溶于水。

SO_2 溶于水生成不稳定的亚硫酸，它是二元中强酸。H_2SO_3 及其盐常用作还原剂，但遇强还原剂时也起氧化作用。SO_2 或 H_2SO_3 可与某些有机物发生加成反应，生成无色加成物，所以它具有漂白性。加成物质受热往往容易分解。

亚硫酸盐与硫作用生成不稳定的硫代硫酸盐，硫代硫酸盐遇酸容易分解；$Na_2S_2O_3$ 常用作还原剂，能将 I_2 还原成 I^-，本身被氧化为连四硫酸钠：

$$2S_2O_3^{2-} + I_2 \xlongequal{} S_4O_6^{2-} + 2I^-$$

这一反应在分析化学上用于容量分析中的碘量法。另外，$S_2O_3^{2-}$ 能与某些金属离子形成配合物。

$K_2S_2O_8$ 或 $(NH_4)_2S_2O_8$ 是过二硫酸的重要盐类，它们与 H_2O_2 相似，含有过氧键，也是强氧化剂，能将 I^-、Mn^{2+} 和 Cr^{3+} 等氧化成相应的高氧化态化合物，例如：

$$2Mn^{2+} + 5S_2O_8^{2-} + 8H_2O \xlongequal{} 2MnO_4^- + 10SO_4^{2-} + 16H^+$$

有 $AgNO_3$ 存在时，该反应将迅速进行（银的催化作用）。

5. 某些离子的初步分离

利用一些主族元素金属的化合物如氢氧化物是否具有两性、硫化物沉淀的溶解性等性质，可对这些金属离子进行初步分离。

（1）氯化物的水解

除 Na、K、Ba 等最活泼的氯化物外，一般都能发生水解，溶液呈酸性。值得注意，p 区的 Sn^{2+}、Sb^{3+}、Bi^{3+} 等氯化物水解后生成溶解度很小的碱式盐或氯氧化物。在配制这类物质溶液时，可配制在 $2mol \cdot L^{-1}$ 的 HCl 中，防止上述沉淀析出。

（2）氢氧化物性质

金属氢氧化物的性质主要表现为溶解性和酸碱性。其中 Al^{3+}、Sn^{2+}、Pb^{2+} 等氢氧化物难溶于水，但能溶于强酸或强碱溶液中，常称为两性氢氧化物。

(3) 硫化物的性质

在常见金属中，s区金属（除铍外）的硫化物可溶于水，p区金属（除Al^{3+}）的硫化物不溶于水也不溶于稀酸（$[H^+]=0.3mol \cdot L^{-1}$，此条件根据实验而来），且往往有特征颜色，如$Sb_2S_3$橙色、SnS棕色。$Sb_2S_3$和$Bi_2S_3$的性质概括如下：

硫化物	颜色	$HCl(6.0mol \cdot L^{-1})$	$NaOH(2.0mol \cdot L^{-1})$	$Na_2S(0.5mol \cdot L^{-1})$	$Na_2S_3(0.1mol \cdot L^{-1})$
Sb_2S_3	橙色	加热溶	溶	溶	溶
Bi_2S_3	棕色	溶	不溶	不溶	不溶

有关反应方程式：

$$Sb_2S_3+12HCl = 2H_3[SbCl_6]+3H_2S$$

$$Bi_2S_3+6HCl = 2BiCl_3+3H_2S$$

应当指出，在水溶液中Al^{3+}与S^{2-}不能生成硫化物，但能生成$Al(OH)_3$白色沉淀和H_2S，这可认为由于Al^{3+}与S^{2-}的水解作用互相促进，而产生完全水解的结果，反应式可表示如下：

$$2Al^{3+}+3S^{2-}+6H_2O = 2Al(OH)_3\downarrow+3H_2S\uparrow$$

三、实验仪器和试剂

仪器 离心机、细搅棒、废液杯。

试剂 酸：$HCl(6.0mol \cdot L^{-1}, 2.0mol \cdot L^{-1})$，浓盐酸，$HNO_3(6.0mol \cdot L^{-1})$，饱和$H_2S$，$H_2SO_4(6.0mol \cdot L^{-1}, 1.0mol \cdot L^{-1})$，$H_2SO_4(1:1)$，$HAc(6.0mol \cdot L^{-1})$。碱：$NaOH(2.0mol \cdot L^{-1}, 6.0mol \cdot L^{-1})$，$NH_3 \cdot H_2O(6.0mol \cdot L^{-1})$。盐：$SnCl_2(0.1mol \cdot L^{-1})$、$Pb(NO_3)_2(0.1mol \cdot L^{-1})$、$SbCl_3(0.1mol \cdot L^{-1}, 0.5mol \cdot L^{-1})$、$BiCl_3(0.1mol \cdot L^{-1})$、$MnSO_4(0.1mol \cdot L^{-1}, 0.02mol \cdot L^{-1})$、$KI(0.1mol \cdot L^{-1})$、$Na_2S(0.1mol \cdot L^{-1})$、$Na_2S_x(0.1mol \cdot L^{-1})$、$NaNO_2(1.0mol \cdot L^{-1}, 0.1mol \cdot L^{-1})$、$KMnO_4(0.01mol \cdot L^{-1})$、$CaCl_2(0.1mol \cdot L^{-1})$、$Na_3PO_4(0.1mol \cdot L^{-1})$、$NaH_2PO_4(0.1mol \cdot L^{-1})$、$Na_2HPO_4(0.1mol \cdot L^{-1})$、$KClO_3$饱和溶液、$KBrO_3$饱和溶液、$KBr(0.5mol \cdot L^{-1}, 0.1mol \cdot L^{-1})$、$NH_4Cl$饱和溶液、$SnCl_4(0.1mol \cdot L^{-1})$、$BaCl_2(1.0mol \cdot L^{-1})$、$AgNO_3(0.1mol \cdot L^{-1})$、$K_2CrO_4(0.1mol \cdot L^{-1})$，$Na_2SiO_4(20\%)$，$Pb^{2+}$、$Al^{3+}$、$Ba^{2+}$混合液。固体：$SnCl_2 \cdot 6H_2O$晶体、$PbO_2$、$NaBiO_3$。

其他 $H_2O_2(3\%)$，氯水，溴水，品红，铝试剂、淀粉-KI试纸。

四、实验内容

1. 卤素含氧酸及其盐的氧化性

(1) 取2～3滴$KI(0.1mol \cdot L^{-1})$，加4滴$KClO_3$（饱和），再逐滴加入$H_2SO_4(1:1)$，不断摇荡，观察溶液先呈黄色（生成I_3^-），又变为紫黑色（有I_2析出），最后为无色（生成IO_3^-），写出每一步的反应方程式。

(2) 将$KBrO_3$溶液（饱和）和KBr溶液（$0.5mol \cdot L^{-1}$）混合，是否会有Br_2产生？用硫酸酸化，结果将怎样？写出离子反应方程式。

(3) 取2mL氯水，逐滴加入NaOH溶液（$2.0mol \cdot L^{-1}$）至呈强碱性，将溶液分两份于A、B试管中，然后在管中加10滴$HCl(2.0mol \cdot L^{-1})$，检验逸出的气体？在B管加3

滴品红溶液。观察现象，判断反应产物。写出反应方程式。

如果在溴水中逐滴加入 NaOH 溶液至碱性为止，再用上述的方法试验，是否也有相似的现象出现？

2. 硅酸凝胶的形成

往 3 支试管中分别加入 20% Na_2SiO_4 溶液，然后往一支试管中通入 CO_2 气体（自己制备），静置；往第二支试管中加入少许 HCl（6.0mol·L^{-1}）溶液；往第三支试管中加入少许饱和 NH_4Cl 溶液。分别观察现象，并写出有关反应方程式。

3. 锡（Ⅱ）、锑（Ⅲ）、铋（Ⅲ）的还原性

（1）取 3 滴 $SnCl_2$ 溶液（0.1mol·L^{-1}），逐滴加入 NaOH 溶液（2.0mol·L^{-1}），有什么现象产生？再加 2 滴 $BiCl_3$ 溶液（0.1mol·L^{-1}），观察现象，写出离子反应方程式。

（2）在试管中加入 10 滴 $BiCl_3$ 溶液（0.1mol·L^{-1}），滴加 NaOH 溶液（6.0mol·L^{-1}）至沉淀生成，再滴加氯水使白色沉淀变成黄色沉淀，离心分离，弃去清液，用去离子水洗涤沉淀 2～3 次，加入 HCl（浓）数滴，检验生成的气体。写出有关反应方程式。

4. 铅（Ⅳ）、锑（Ⅴ）、铋（Ⅴ）等的氧化性

（1）取微量 PbO_2(s)，加 1mL HNO_3(6.0mol·L^{-1}）和 $MnSO_4$(0.1mol·L^{-1})，微热后静置片刻，观察现象，写出离子反应方程式。

（2）用 $SbCl_3$ 溶液（0.5mol·L^{-1}）、NaOH 溶液（6.0mol·L^{-1}）、H_2O_2(3%）制备 $NaSbO_3$ 沉淀，用去离子水洗涤 1～2 次（洗掉过量的 H_2O_2），在沉淀上滴加 KI 溶液（0.1mol·L^{-1}），并以 HCl 溶液（6.0mol·L^{-1}）酸化，振荡使之充分反应，观察溶液颜色有无变化。写出离子反应方程式。

（3）用 1 滴 $MnSO_4$ 溶液（0.1mol·L^{-1}）、1mL HNO_3(6.0mol·L^{-1}）、HCl(6.0mol·L^{-1})、固体 $NaBiO_3$，自己设计实验证明 $NaBiO_3$ 固体具有氧化性。

5. 亚硝酸和亚硝酸盐的性质

（1）在试管中加 10 滴 $NaNO_2$ 溶液（1.0mol·L^{-1}），若室温较高，应将试管放在冷水中冷却，然后滴加 H_2SO_4 溶液（6.0mol·L^{-1}），观察液相和气相的颜色，解释现象。

（2）在 0.5mL $NaNO_2$ 溶液（0.1mol·L^{-1}）中加 1 滴 KI 溶液（0.1mol·L^{-1}）有无变化？加 H_2SO_4 溶液（1.0mol·L^{-1}）酸化，再加淀粉试液，有何变化？写出离子反应方程式。

（3）取 0.5mL $NaNO_2$ 溶液（0.1mol·L^{-1}），加 1 滴 $KMnO_4$(0.01mol·L^{-1})，用 H_2SO_4 酸化，比较酸化前后溶液的颜色，写出离子反应方程式。

试总结亚硝酸、亚硝酸盐的性质。

6. 磷酸的各种钙盐的溶解性

3 支试管中各加入 10 滴 $CaCl_2$ 溶液（0.1mol·L^{-1}），然后分别加入等量的 Na_3PO_4(0.1mol·L^{-1})、NaH_2PO_4(0.1mol·L^{-1})、Na_2HPO_4(0.1mol·L^{-1}）溶液，观察各试管中是否有沉淀生成？说明磷酸的三种钙盐的溶解性。

7. 硫代硫酸及其盐的性质

（1）在试管中加入 $Na_2S_2O_3$ 溶液（0.1mol·L^{-1}）和 HCl 溶液（6.0mol·L^{-1}）数滴，摇荡片刻观察现象，用湿润的蓝色石蕊试纸检验逸出的气体。说明硫代硫酸具有什么性质？

（2）取 5 滴饱和氯水，滴加 $Na_2S_2O_3$ 溶液（0.1mol·L^{-1}），如何鉴定 SO_4^{2-} 的存在？

（3）在试管中加 $AgNO_3$ 溶液（0.1mol·L^{-1}）和 KBr(0.1mol·L^{-1}）各 2 滴，观察沉淀颜色，然后加 $Na_2S_2O_3$ 溶液（0.1mol·L^{-1}）使沉淀溶解。记录以上现象，写出反应方

程式。

试总结硫代硫酸及其盐的性质。

8. 过硫酸盐的氧化性

将 H_2SO_4 溶液（1.0mol·L^{-1}）和去离子水各 50mL，与 2～3 滴 $MnSO_4$（0.02mol·L^{-1}）溶液均匀混合后分成两份。一份加少量 $K_2S_2O_8$ 固体；另一份加 1 滴 $AgNO_3$ 溶液（0.1mol·L^{-1}）和少量 $K_2S_2O_8$ 固体，同时在水浴上加热片刻，观察溶液颜色的变化有何不同。写出反应方程式。Ag^+ 起什么作用？

9. 氢氧化物沉淀和溶解

（1）在 2 支试管中各加入 3 滴 $SnCl_2$(0.1mol·L^{-1})，逐滴加入 NaOH 溶液（2.0mol·L^{-1}）至沉淀生成为止，再分别加入 NaOH 溶液（2.0mol·L^{-1}）和 HCl 溶液（2.0mol·L^{-1}），沉淀是否溶解？写出有关离子反应方程式。你能得到什么结论？

（2）同上方法，试验 $Pb(NO_3)_2$ 溶液（0.1mol·L^{-1}）、$SbCl_3$ 溶液（0.1mol·L^{-1}）、$BiCl_3$ 溶液（0.1mol·L^{-1}）的酸碱性，试验 $Pb(OH)_2$ 的酸碱性时，应用什么酸来代替 HCl？

试总结氢氧化物的酸碱性。

（3）锡（Ⅱ）、铅（Ⅱ）、锑（Ⅲ）、铋（Ⅲ）盐的水解性

取少量 $SnCl_2 \cdot 6H_2O$ 晶体放入试管中，加入 1～2mL 去离子水，片刻后观察现象。再加入 HCl 溶液（6.0mol·L^{-1}）有何变化？

如何配制 $SbCl_3$ 溶液、$BiCl_3$ 溶液？

10. 硫化物沉淀及溶解

在 4 支试管中各加入 1 滴 $SnCl_2$ 溶液（0.1mol·L^{-1}），然后分别滴加饱和 H_2S 溶液至沉淀生成，离心分离，弃去清液，再依次分别加入下列溶液：HCl(6.0mol·L^{-1})、NaOH(2.0mol·L^{-1})、Na_2S(0.1mol·L^{-1})、Na_2S_x(0.1mol·L^{-1}) 各 10～15 滴，观察沉淀是否溶解，加热后 SnS 沉淀能否溶于 Na_2S_x 溶液中？写出离子反应方程式。

同上方法，试验 $SnCl_4$(0.1mol·L^{-1})、$BiCl_3$ 溶液（0.1mol·L^{-1}）、$SbCl_3$ 溶液(0.1mol·L^{-1})、$Pb(NO_3)_2$ 溶液（0.1mol·L^{-1}）生成硫化物的溶解性及氧化还原性。

通过上述试验，归纳总结这几种硫化物的酸碱性及氧化还原性。

11. Pb^{2+}、Al^{3+}、Ba^{2+} 的分离

取上述混合液，根据实验内容 9、10，设计试验方案（包括分离步骤、所需药品），并进行实验。

注：采用离心分离操作时，为确保沉淀完全，在经离心沉降后，可往清液中再追加一滴沉淀剂，应不再有沉淀生成。当沉淀与溶液分离后，若该沉淀仍要继续用来进行实验，由于沉淀表面有少量溶液，则必须经过洗涤，才能得到较纯净的沉淀。为此，应往盛沉淀的离心试管中加入适量的去离子水（约为沉淀体积的 2～3 倍），用玻璃棒充分搅匀后，进行离心沉降。用滴管将上面的清液吸去，并按上法反复操作两次。

实验十四 副族元素

一、实验目的

1. 掌握某些金属元素的氢氧化物和硫化物的沉淀与溶解。

2. 掌握配离子的形成与离解及某些离子的颜色试验。

3. 联系氢氧化物的酸碱性及硫化物的溶解性、配位反应及配离子的特征颜色，了解某

些金属离子的分离和鉴定方法。

二、实验原理

参看《无机化学》下册的有关内容。

副族元素都是过渡金属元素，它们的单质彼此间性质的差异较小。然而，可用副族元素所形成的化合物对它们予以区别。利用副族化合物中的氢氧化物和硫化物沉淀的生成与溶解、配离子的形成与离解，可对一些副族元素的金属离子进行分离。根据一些沉淀和配合物的特征颜色对某些副族元素的金属离子进行鉴别。

1. 金属氢氧化物的沉淀和溶解

通常，副族元素的氢氧化物溶解度较小。按其氢氧化物与酸碱反应的不同，有碱性、酸性和两性之分。例如，$Cr(OH)_3$、$Zn(OH)_2$ 是典型的两性氢氧化物。$Cu(OH)_2$ 微显两性，它既溶于强酸，也能溶于强碱的浓溶液中。AgOH（白色）是中强碱，能溶于稀 HNO_3。但 AgOH 不稳定，在常温下即易脱水而生成棕色的 Ag_2O。CrO_3 的水合物（氢氧化物）有铬酸和重铬酸，均是中强酸。

金属汞的氧化物和氢氧化物则为碱性。$Hg(OH)_2$、$Hg_2(OH)_2$ 极易脱水而转变为黄色的 HgO、黑色的 Hg_2O，而 Hg_2O 仍不稳定，易歧化为 HgO 和 Hg，Ag^+ 和 NaOH 反应只能得到棕褐色的 Ag_2O 沉淀，因为 AgOH 很不稳定，室温下就易脱水。

$$2AgOH \longrightarrow Ag_2O + H_2O$$

Fe(Ⅱ)、Co(Ⅱ)、Ni(Ⅱ) 的氢氧化物依次为白色、粉红色和苹果绿色。$Fe(OH)_2$ 具有很强的还原性，易被空气中的氧氧化：

$$4Fe(OH)_2 + O_2 + 2H_2O \longrightarrow 4Fe(OH)_3\text{(棕红色)}$$

在 $Fe(OH)_2$ 转变为 $Fe(OH)_3$ 的过程中，有中间产物 $Fe(OH)_2 \cdot 2Fe(OH)_3$（黑色）生成，可以看到颜色由白→土绿→黑→棕红色的变化过程。因此，制备 $Fe(OH)_2$ 时必须将有关试剂煮沸除氧，即使这样做，有时白色的 $Fe(OH)_2$ 也难以看到。$CoCl_2$ 溶液与 OH^- 反应先生成碱式氯化钴沉淀，继续加 OH^- 时才生成 $Co(OH)_2$：

$$Co^{2+} + Cl^- + OH^- = Co(OH)Cl(s)\text{(蓝色)}$$

$$Co(OH)Cl + OH^- = Co(OH)_2(s) + Cl^-$$

$Co(OH)_2$ 也能被空气中的氧慢慢氧化：

$$4Co(OH)_2 + O_2 + 2H_2O \longrightarrow 4Co(OH)_3(s)\text{(褐色)}$$

$Ni(OH)_2$、$Co(OH)_2$、$Fe(OH)_2$ 均显碱性。$Fe(OH)_3$、$Co(OH)_3$、$Ni(OH)_3$ 都显碱性，颜色依次为棕色、褐色、黑色。$Fe(OH)_3$ 与酸反应生成 Fe(Ⅲ) 盐，$Co(OH)_3$ 和 $Ni(OH)_3$ 因为有较强的氧化性，与盐酸反应时得不到相应的盐，而生成 Co(Ⅱ) 和 Ni(Ⅱ) 盐，并放出氯气。例如

$$2Co(OH)_3 + 6HCl\text{(浓)} \xrightarrow{\triangle} 2CoCl_2 + 6H_2O + Cl_2$$

$Co(OH)_3$ 和 $Ni(OH)_3$ 通常由 Co(Ⅱ)、Ni(Ⅱ) 盐在碱性条件下由强氧化剂（如 Br_2、NaClO、Cl_2 等）氧化而得到。例如

$$2Ni^{2+} + 6OH^- + Br_2 = 2Ni(OH)_3(s) + 2Br^-$$

$Mn(OH)_2$ 易被氧化：

$$Mn^{2+} + 2OH^- = Mn(OH)_2(s)\text{(白色)}$$

$$2Mn(OH)_2 + O_2 = 2MnO(OH)_2(s)\text{(棕色)}$$

2. 金属硫化物的沉淀和溶解

副族元素的硫化物往往具有特征颜色，按其溶解度的不同可分为两类。一类不溶于水，

但可溶于稀酸（$[H^+]=0.3mol \cdot L^{-1}$），以 d 区元素的硫化物为主，如 MnS（浅红色）、NiS（黑色）；ds 区元素的硫化物中的 ZnS（白色）亦属此类。另一类既不溶于水也不溶于稀酸，主要是 ds 区元素的硫化物，如 CuS（黑色）、CdS（黄色）、Ag_2S（黑色）等。

在稀硝酸中不能生成 FeS、CoS、NiS 沉淀，在非酸性条件下，CoS、NiS 生成沉淀后，由于结构改变而难溶于稀酸。

3. 配离子的形成和离解

副族元素易形成配位化合物。例如：Zn^{2+}、Ni^{2+}、Cu^{2+}、Ag^+等均易与氨水形成相应配离子 $[Zn(NH_3)_4]^{2+}$、$[Cu(NH_3)_4]^{2+}$、$[Ag(NH_3)_2]^+$等。

Fe^{3+}、Cr^{3+}与氨水溶液反应生成的产物不是配离子而是相应的氢氧化物沉淀，$Fe(OH)_3$、$Cr(OH)_3$ 沉淀。氨水与不同金属离子形成的配离子或氢氧化物沉淀的这种不同情况，可作为分离金属离子的一种依据。

铁、钴、镍均能形成多种配合物。Fe^{2+}、Fe^{3+} 与氨水反应只生成 $Fe(OH)_2$、$Fe(OH)_3$，而不形成氨合物。Co^{2+}、Ni^{2+} 与氨水则先生成碱式盐沉淀，而后溶于过量氨水，形成氨合物。例如，

$$CoCl_2 + NH_3 \cdot H_2O = Co(OH)Cl\downarrow + NH_4Cl$$

$$Co(OH)Cl + 5NH_3 + NH_4^+ = [Co(NH_3)_6]^{2+}(\text{土黄色}) + Cl^- + H_2O$$

$[Co(NH_3)_6]^{2+}$不稳定，易被空气氧化为 $[Co(NH_3)_6]^{3+}$

$$[Co(NH_3)_6]^{2+} + O_2 + 2H_2O = 4[Co(NH_3)_6]^{3+}(\text{棕色}) + 4OH^-$$

$$2NiSO_4 + 2NH_3 \cdot H_2O = Ni_2(OH)_2SO_4(s, \text{浅绿色}) + (NH_4)_2SO_4$$

$$Ni_2(OH)_2SO_4 + 10NH_3 + 2NH_4^+ = 2[Ni(NH_3)_6]^{2+}(\text{蓝色}) + SO_4{}^{2-} + 2H_2O$$

$[Ni(NH_3)_6]^{2+}$在空气中是稳定的，只有用强氧化剂才能使之变为 $[Ni(NH_3)_6]^{3+}$，例如

$$2[Ni(NH_3)_6]^{2+} + Br_2 = 2[Ni(NH_3)_6]^{3+} + 2Br^-$$

$Cu(OH)_2$、AgOH、Ag_2O 都能溶于氨水形成配合物。在 CuCl 沉淀中加氨水，形成 $[Cu(NH_3)_4]^+$，因为 $[Cu(NH_3)_4]^+$不稳定，易被氧化为 $[Cu(NH_3)_4]^{2+}$：

$$CuCl + 4NH_3 = [Cu(NH_3)_4]^+ + Cl^-$$

$$4[Cu(NH_3)_2]^+ + 8NH_3 + O_2 + 2H_2O = 4[Cu(NH_3)_4]^{2+} + 4OH^-$$

Cu^{2+}与浓 HCl 作用生成黄绿色的 $[CuCl_4]^{2-}$，若用 Br^- 取代则生成紫红色的 $[CuBr_4]^{2-}$。

配离子的离解平衡也是一种离子平衡，它能向着生成更难离解或更难溶解的方向移动，例如配离子 $[Ag(NH_3)_2]^+$可因加入不同的沉淀或配合剂或控制不同浓度而经历一系列沉淀和溶解的相互转化。

Zn^{2+}、Cd^{2+}与氨水反应生成白色的 $Zn(OH)_2$、$Cd(OH)_2$ 沉淀，与过量氨水反应则形成氨合物，例如：

$$Zn^{2+} + 2NH_3 \cdot H_2O = Zn(OH)_2(s) + 2NH_4^+$$

$$Zn(OH)_2 + 2NH_4{}^+ + 2NH_3 = [Zn(NH_3)_4]^{2+} + 2H_2O$$

Hg^{2+}、Hg_2^{2+}与氨水反应首先生成难溶于水的白色氨基化物，在没有大量 NH_4^+ 存在时，氨基化物与过量氨水不易形成氨配离子，例如：

$$HgCl_2 + 2NH_3 = NH_2HgCl(s) + NH_4Cl$$

$$Hg_2Cl_2 + 2NH_3 = NH_2Hg_2Cl(s) + NH_4Cl$$

$$NH_2Hg_2Cl \longrightarrow NH_2HgCl + Hg$$

在有大量 NH_4^+ 存在时，氨基化物可溶于氨水形成氨配离子：

$$NH_2HgCl+2NH_3+NH_4^+ = [Hg(NH_3)_4]^{2+}+Cl^-$$

酸性条件下 Hg^{2+} 具有较强的氧化性，能把 Cu、Zn、Fe 等氧化，与 $SnCl_2$ 反应生成 Hg_2Cl_2 白色沉淀，进一步生成黑色 Hg，这一反应用于 Hg^{2+} 或 Sn^{2+} 的鉴定。

4. 某些金属离子颜色的变化和鉴别

金属离子所形成化合物的特征颜色是鉴别金属离子的重要依据之一。引起金属离子的颜色变化的原因主要有两种。一是氧化还原反应，如铬离子的鉴定（见附录的离子鉴定）；二是非氧化还原反应，如配合物的颜色变化。例如，Fe^{3+} 与 SCN^- 生成血红色的配离子，该反应常用来鉴别 Fe^{3+}。

实验内容中较少安排各个离子的分别鉴定，同学们可根据附录的内容进行，其中每一种离子的鉴定方案包括干扰离子的去除，实际上如果是纯物质，例如 Cd^{2+} 的鉴定，可直接在强酸条件下加入 Na_2S，得黄色沉淀。而不必按照课本上去除 Cu^{2+} 的方案进行。鉴定时注意鉴定的条件，如溶液的酸度、温度及催化剂等。

三、实验仪器和试剂

仪器　离心机、试管、细搅棒。

试剂　酸：H_2SO_4（2.0mol·L^{-1}，浓）、HCl（2.0mol·L^{-1}，浓）、饱和 H_2S。碱：NaOH（2.0mol·L^{-1}，6.0mol·L^{-1}）、$NH_3·H_2O$（2.0mol·L^{-1}，6.0mol·L^{-1}）。盐：$AgNO_3$（0.1mol·L^{-1}）、$Hg_2(NO_3)_2$（0.1mol·L^{-1}）、$MgCl_2$（0.1mol·L^{-1}）、$FeCl_3$（0.1mol·L^{-1}）、$Cd(NO_3)_2$（0.1mol·L^{-1}）、$Hg(NO_3)_2$（0.1mol·L^{-1}）、$SnCl_2$（0.1mol·L^{-1}）、$CrCl_3$（0.1mol·L^{-1}）、$AlCl_3$（0.1mol·L^{-1}）、$Zn(NO_3)_2$（0.1mol·L^{-1}）、$CuSO_4$（0.1mol·L^{-1}）、$FeSO_4$（0.1mol·L^{-1}）、$CoCl_2$（0.1mol·L^{-1}）、$SbCl_3$（0.1mol·L^{-1}）、$Pb(NO_3)_2$（0.1mol·L^{-1}）、$MnSO_4$（0.1mol·L^{-1}）、$NiSO_4$（0.1mol·L^{-1}）、NH_4Cl（0.1mol·L^{-1}）、Na_2S（0.1mol·L^{-1}）、$Bi(NO_3)_2$（0.1mol·L^{-1}）、KI（0.1mol·L^{-1}，2.0mol·L^{-1}）、$Ca(NO_3)_2$（0.1mol·L^{-1}）、NaF（0.1mol·L^{-1}）、$BaCl_2$（0.1mol·L^{-1}）、$K_2Cr_2O_7$（0.1mol·L^{-1}）、K_2CrO_4（0.1mol·L^{-1}）、KSCN（0.1mol·L^{-1}）、$HgCl_2$（0.1mol·L^{-1}）、混合离子溶液（Ag^+、Cd^{2+}、Mn^{2+}、Bi^{2+}）。固体：铜屑、PbO_2、MnO_2、ZnO、Cr_2O_3。

其他　淀粉溶液、$Pb(Ac)_2$ 试纸。

四、实验内容

1. 金属离子与强碱作用

（1）下列溶液：$AgNO_3$（0.1mol·L^{-1}）、$Hg_2(NO_3)_2$（0.1mol·L^{-1}）、$Hg(NO_3)_2$（0.1mol·L^{-1}）分别与 NaOH 溶液（2.0mol·L^{-1}）反应。

（2）下列溶液：$MgCl_2$（0.1mol·L^{-1}）、$FeCl_3$（0.1mol·L^{-1}）、$Cd(NO_3)_2$（0.1mol·L^{-1}）分别与 NaOH 溶液（2.0mol·L^{-1}）反应。

（3）下列溶液：$AlCl_3$（0.1mol·L^{-1}）、$SnCl_2$（0.1mol·L^{-1}）、$CrCl_3$（0.1mol·L^{-1}）、$Zn(NO_3)_2$（0.1mol·L^{-1}）分别滴加 NaOH 溶液（2.0mol·L^{-1}）至过量；$Cu(SO_4)_2$（0.1mol·L^{-1}）用 NaOH（6.0mol·L^{-1}）溶液实验。

（4）下列溶液：$FeSO_4$（0.1mol·L^{-1}）、$CoCl_2$（0.1mol·L^{-1}）、$MnSO_4$（0.1mol·L^{-1}）分别与 NaOH 溶液（2.0mol·L^{-1}）反应；并在空气中放置一段时间。

上述实验分别说明了什么？

2. 金属离子与氨水作用

(1) 下列溶液：$AlCl_3$(0.1mol·L^{-1})、$SbCl_3$(0.1mol·L^{-1})、$Pb(NO_3)_2$(0.1mol·L^{-1})、$MnSO_4$(0.1mol·L^{-1})、$FeSO_4$(0.1mol·L^{-1})、$FeCl_3$(0.1mol·L^{-1}) 分别与 $NH_3 \cdot H_2O$ (2.0mol·L^{-1}) 反应，并在空气中放置一段时间。

(2) 下列溶液：$CoCl_2$(0.1mol·L^{-1})、$NiSO_4$(0.1mol·L^{-1})、$Zn(NO_3)_2$(0.1mol·L^{-1})、$AgNO_3$(0.1mol·L^{-1})、$Cd(NO_3)_2$(0.1mol·L^{-1}) 分别与过量 $NH_3 \cdot H_2O$ 溶液 (2.0mol·L^{-1}) 反应，并在空气中放置一段时间。

(3) $AgNO_3$(0.1mol·L^{-1}) 溶液与 $NH_3 \cdot H_2O$ 溶液 (0.1mol·L^{-1})、$Hg_2(NO_3)_2$ (0.1mol·L^{-1})、$Hg(NO_3)_2$(0.1mol·L^{-1}) 分别与含有 NH_4Cl 溶液 (1.0mol·L^{-1}) 的 $NH_3 \cdot H_2O$ 溶液 (6.0mol·L^{-1}) 反应。

3. 氧化物

(1) 将铜屑置于酒精灯的氧化焰上灼烧成黑色氧化铜，投入 H_2SO_4(2.0mol·L^{-1}) 溶液中，待反应结束，取出未反应的铜屑，于溶液中逐滴加入 $NH_3 \cdot H_2O$ 溶液 (6.0mol·L^{-1}) 至过量。再加 Na_2S 溶液 (0.1mol·L^{-1})。

(2) 将 PbO_2(s)、MnO_2(s) 分别与 HCl (浓) 作用，并加热检查逸出的气体 (在通风橱中进行)；

(3) 检查 ZnO、Cr_2O_3 的酸碱性。

4. 金属硫化物

(1) 在用 HCl 溶液 (2.0mol·L^{-1}) 酸化了的下列溶液：$MnSO_4$(0.1mol·L^{-1})、$Zn(NO_3)_2$(0.1mol·L^{-1})、$CoCl_2$(0.1mol·L^{-1})、$FeSO_4$(0.1mol·L^{-1})、$CrCl_3$ (0.1mol·L^{-1}) 中分别加入 H_2S (饱和) 饱和溶液有无沉淀生成？再分别加入 $NH_3 \cdot H_2O$ 溶液 (2.0mol·L^{-1}) 又有何现象？

(2) 在下列溶液：$Pb(NO_3)_2$(0.1mol·L^{-1})、$Bi(NO_3)_2$(0.1mol·L^{-1})、$Cd(NO_3)_2$ (0.1mol·L^{-1}) 中分别加入 H_2S (饱和) 溶液，然后加 HCl(2.0mol·L^{-1}) 溶液，沉淀是否溶解？若再加入 HCl (浓)，又有何现象？

(3) 在 4 支离心试管中分别加入 1mL 下列溶液：$MnSO_4$(0.1mol·L^{-1})、$FeSO_4$ (0.1mol·L^{-1})、$CoCl_2$(0.1mol·L^{-1})、$NiSO_4$(0.1mol·L^{-1})，酸化后滴加 H_2S 溶液 (饱和) 有无沉淀生成？再加入 $NH_3 \cdot H_2O$ 溶液 (2.0mol·L^{-1})，有何现象？离心分离，在各沉淀中滴加 HCl(2.0mol·L^{-1}) 溶液，观察沉淀的溶解。

(4) 自己制备 CuS、Hg_2S 沉淀，并将其溶解。

归纳各种金属硫化物的溶解方法。

5. 金属卤化物

(1) 在下列溶液：$AgNO_3$(0.1mol·L^{-1})、$Hg(NO_3)_2$(0.1mol·L^{-1})、$CuSO_4$ (0.1mol·L^{-1}) 中分别逐滴加入 KI(0.1mol·L^{-1})，再加入 KI(2.0mol·L^{-1})。

(2) 在 $Ca(NO_3)_2$(0.1mol·L^{-1})、$AgNO_3$(0.1mol·L^{-1}) 分别加入 NaF 溶液 (0.1mol·L^{-1})。

6. 硫酸盐、铬酸盐

(1) 在 $BaCl_2$ 溶液 (0.1mol·L^{-1})、$Pb(NO_3)_2$ 溶液 (0.1mol·L^{-1}) 中分别加入 H_2SO_4(2.0mol·L^{-1})，再分别加入 H_2SO_4 (浓)，哪个溶解？

(2) 在 $K_2Cr_2O_7$ 溶液 (0.1mol·L^{-1})、K_2CrO_4 溶液 (0.1mol·L^{-1}) 中，分别加入 $Pb(NO_3)_2$ 溶液 (0.1mol·L^{-1})。

(3) 在 K_2CrO_4 溶液（$0.1mol \cdot L^{-1}$）中，先加 HCl 溶液（$2.0mol \cdot L^{-1}$），再加 NaOH 溶液（$2.0mol \cdot L^{-1}$），有何变化？

7. 配位化合物

将下列每组中的溶液依次加入，注意观察每一步的实验现象：

(1) $FeCl_3$（$0.1mol \cdot L^{-1}$）、KSCN（$0.1mol \cdot L^{-1}$）、NaF（$0.1mol \cdot L^{-1}$）；

(2) $CuSO_4$（$0.1mol \cdot L^{-1}$）、NaOH 溶液（$2.0mol \cdot L^{-1}$）、$NH_3 \cdot H_2O$ 溶液（$6.0mol \cdot L^{-1}$）；

(3) $HgCl_2$（$0.1mol \cdot L^{-1}$）、$SnCl_2$（$0.1mol \cdot L^{-1}$）（过量）；

(4) $HgCl_2$（$0.1mol \cdot L^{-1}$）、KI（$2.0mol \cdot L^{-1}$）（到生成的沉淀又溶解），$SnCl_2$（$0.1mol \cdot L^{-1}$）（过量）。

8. 某溶液中可能含有 Ag^+、Cr^{3+}、Cd^{2+}、Pb^{2+}、Mn^{2+}、Sb^{3+}、Bi^{3+} 等，试分离鉴定之。

五、思考题

1. Cu^+ 和 Cu^{2+} 各自稳定存在和相互转化的条件是什么？

2. 配制 Ag^+、Cu^{2+}、Fe^{3+}、Co^{2+} 的混合溶液时，为什么用硝酸盐，而不用氯化物或硫酸盐？

第4章

分析化学实验(基础训练)部分

4.1 滴定分析基本操作训练

4.1.1 滴定分析常用仪器的使用与校正

4.1.1.1 滴定分析常用仪器

常用的仪器如图 4-1 所示。

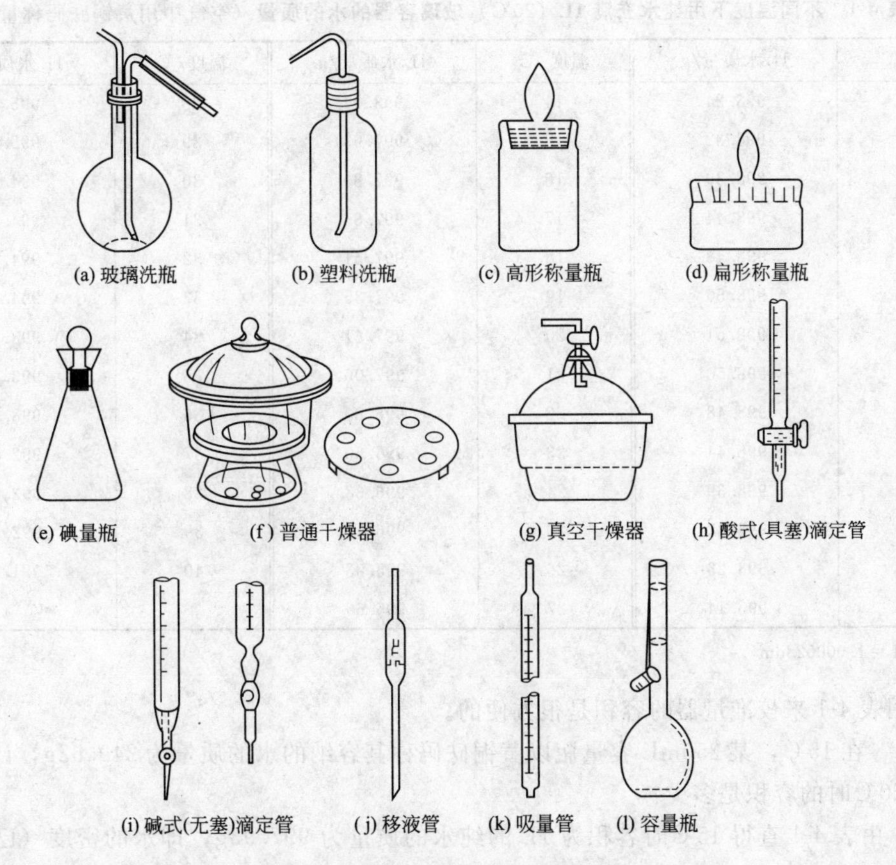

图 4-1 滴定分析中常用的仪器

除上述外，尚包括烧杯、锥形瓶、量管、量杯等常见的玻璃容器或量器。

这些仪器中如滴定管、移液管、量筒等玻璃仪器，在使用前必须经过洗涤干净才能确保分析结果的准确度。下面分别介绍一下这类仪器的洗涤与使用方法。

4.1.1.2 玻璃器皿的洗涤（见第2章2.6节）

4.1.1.3 容量仪器的校准

滴定管、移液管、容量瓶是滴定分析的主要量器，目前我国生产的量器的准确度，可以满足一般分析工作的要求，无需校准，但是在要求较高的分析工作中则必须对所用量器进行校准。

容量器的校准常用称量法。在实际工作中有时只需对量器进行相对校准即可。下面介绍此两种校准方法。

（1）称量法

称量法是称量量器中所容纳或放出的水的质量，根据水的密度计算出该量器在20℃时的容积。由质量换算成容积时，必须考虑三个因素：

① 水的密度随温度而变化；

② 温度对玻璃量器胀缩的影响；

③ 在空气中称量时，空气浮力的影响。

把上述三项因素考虑在内，可以得到一个总校准值，由总校准值得出1L玻璃容器的水的质量，见表4-1。

表4-1 不同温度下用纯水充满1L（20℃）**玻璃容器的水的质量**（空气中用黄铜砝码称量）

温度/℃	1L水质量/g	温度/℃	1L水质量/g	温度/℃	1L水质量/g
0	998.24	14	998.04	28	995.44
1	998.32	15	997.93	29	995.18
2	998.39	16	997.80	30	994.91
3	998.44	17	997.66	31	994.68
4	998.48	18	997.51	32	994.34
5	998.50	19	997.35	33	994.05
6	998.51	20	997.81	34	993.75
7	998.50	21	997.00	35	993.44
8	998.48	22	996.80	36	993.12
9	998.44	23	996.60	37	992.80
10	998.39	24	996.38	38	992.46
11	998.32	25	996.17	39	992.12
12	998.23	26	995.93	40	991.77
13	998.14	27	995.69		

注：1L＝1.000028dm^3。

应用表4-1来校准量器的容积是很方便的。

例1 在15℃，某250mL容量瓶以黄铜砝码称其容纳的水的质量为249.52g，计算该容量瓶在20℃时的容积是多少？

解 由表4-1查得15℃时容积为1L的纯水的质量为997.93g，即水的密度（已作容器校准）为0.99793$g \cdot mL^{-1}$，故容量瓶在20℃时的真正容积为

$$V_{20}=\frac{249.52}{0.99793}=250.04\text{mL}$$

例2　欲使容量瓶在20℃时的容积为500mL，则在16℃干空气中以黄铜砝码称量时水应为多少克？

解　由表4-1查得在16℃时欲使某容器在20℃的容积为1L，应称取的水的质量为997.80g。则容积为500mL，应称取的水质量为

$$\frac{997.80}{1000}\times500.0=498.9\text{g}$$

容器进行容量校准时应注意以下各点：

① 被检量器必须用加热的铬酸洗液、发烟硫酸或盐酸等充分清洗，当水面下降或上升时与器壁接触处形成正常弯月面，水面之上器壁不应有挂水点等沾污现象。

② 液面的读数应当取弯月面的最低点与分度线上缘水平相切之点，观察者的视线必须与分度线处在同一水平面上。乳白背蓝线量器的液面读数，应当读取蓝线最尖端与分度线上缘相重合之点。

③ 水和被检器的温度尽量接近室温，温度测量精确至0.1℃。

④ 校准滴定管时，充水至最高标线以上约5mm处，然后慢慢地将液面准确地调至零位。全开旋塞，按规定的流出时间让水流出，当液面流至距被检分度线上约5mm处时，等待30s，然后在10s内将液面准确地调至被检分度线上。

⑤ 校准无分度吸管时，水自标线流至出口端不流时再等15s，此时管口还保留一定的残留液。

⑥ 校准完全流出或分度吸量管时同上。

⑦ 校准不完全流出式分度吸量管，水自最高标线流至最低标线上约5mm处，等待15s，然后调至最低标线。

（2）相对校准法

容量瓶与移液管均可应用称量法校准，但在实际工作中，有时并不一定要确知它们的准确容积，而是要确知容量瓶和移液管之间的相对关系是否正确。例如25mL移液管，其容积是否等于100mL容量瓶的1/4。因此，通常只需对容量瓶和移液管作相对校准，其方法如下：

取一个已洗净、晾干的100mL容量瓶及一支25mL移液管，用移液管准确移取蒸馏水4次，于容量瓶中，然后仔细观察溶液弯月面下缘，是否与容量瓶上的标线相切，如不一致，则另作一标记，经校准后的移液管和容量瓶，应配套使用。

注：各种量器校准的具体方法见有关检定规程。

4.1.2　实验室常用溶液的配制及浓度

分析工作离不开溶液，配制溶液的化学试剂或蒸馏水的纯度对于分析结果的准确度影响极大。因此正确地了解各类试剂的性质与用途对于合理地选用试剂是完全必要的。

4.1.2.1　溶液及浓度

由两种或两种以上不同物质所组成的均匀体系都可称为溶液。在分析化学中几乎所有的化学反应都在水溶液中进行，所以分析化学中如无特指，一般说都是水溶液，即以水为溶剂的溶液。

溶液浓度总体应该指溶质在水溶液中量的多少，但不同的需要，其表示方式却不尽相同。在讨论化学平衡时，按分散粒子-溶质处于不同的状态，表示方法可分为：①“物质的

量浓度”，以 c 表示，即按单位体积溶液所含溶质的物质的量的多少来表示的浓度，在化学分析中，所关心和要求解的也是这个浓度，故也称分析浓度。②平衡浓度，以［x_i］表示，即按其粒子在达到化学平衡时的实际量的多少来表示的浓度。③有效浓度或活度，以 a_i 表示，即考虑到某粒子所处的环境，其对化学反应能真实响应的浓度。

在滴定分析中，由于要以一种已知的准确浓度的溶液去换算另一种未知的待测溶液的浓度或含量，而它所依据的基础又是某化学基本单元反应时“物质的量相等”这一原则，因此，在滴定分析中可分为：①以准确的物质的量表示的标准溶液；②以某种近似浓度表示的非标准溶液。

在其他分析中虽也有标准溶液和非标准溶液之分，但不同方法、不同条件，表示方法也都有各自的系统。如在环境监测中，其溶质含量都很低，在溶液中的比例几乎可以忽略不计，所以标准溶液浓度表示基本上以水为基准，即以每升水中含溶质的质量（$mg \cdot L^{-1}$）表示；在测定水中氢离子浓度时，其含量更低，表示浓度方法多以 pH 值表示，即以氢离子浓度的负对数值表示，其标准也都是这一系列，在此不一一叙述，这里仅提醒大家在运用中注意符号及序列。以下重点介绍一些滴定分析中的溶液。

4.1.2.2 滴定分析中的标准溶液

滴定分析中，标准溶液是计算待测物质含量的基础，常常被装入滴定管中作为操作液，并以其滴定体积计算待测物质的浓度或质量分数。因此，正确地配制、准确地标定标准溶液是每个定量分析实验必须要做的工作之一。

配制标准溶液一般有两种方法。

（1）直接法

即准确称取一定量的物质，溶解后，在容量瓶中稀释至一定体积，然后由物质的量与准确体积直接算出准确的物质的量浓度。

能直接用于配制标准溶液的物质必须具备下列条件：

① 物质必须具备足够的纯度，其杂质含量应在滴定分析所允许的误差限度以下，一般可用基准试剂或优级纯试剂。例 G.R. 级的 $K_2Cr_2O_7$ 试剂。

② 物质的组成与化学式应完全符合。若含结晶水，则含量应与化学式相符，例如 $MgSO_4 \cdot 7H_2O$。

③ 化学性质稳定，空气中不挥发，极少吸收水（H_2O）、二氧化碳（CO_2）等。

（2）间接法

即粗略地称取一定量物质或量取一定体积的溶液，配制成接近于所需浓度的溶液。这样的溶液其准确浓度当然是计算不出来的。必须用基准物或另一种物质的标准溶液来测出它们的准确浓度，这种测定过程称为标定。

本书所选实验的标准溶液大多数都是间接方法配制的，例如 HCl 标准溶液、NaOH 标准溶液以及 EDTA、$Na_2S_2O_3$、$KMnO_4$ 等均属此列。

4.1.2.3 滴定分析中的标准溶液浓度表示方法

（1）物质的量浓度

自国家计量部门按国际计量单位统一计量后，标准溶液浓度均改用了“物质的量浓度”计量，其量纲为 $mol \cdot L^{-1}$。

物质的量的单位为摩尔（mol）。摩尔是一系统的物质的量，该系统中所包含的基本单元数与 0.012kg 碳 12 的原子数目相等，即阿伏加德罗常数 N_A 为 6.022045×10^{23} 个 $\cdot mol^{-1}$ 一样多个粒子、分子、离子、电子等，也可以是这些粒子的特定组合。例如硫酸的基本单元

可以是 H_2SO_4，也可以是 $\frac{1}{2}H_2SO_4$；高锰酸钾可以是 $KMnO_4$，也可以是 $\frac{1}{5}KMnO_4$ 或 $\frac{1}{3}KMnO_4$；当然这种组合也并非任意选择的，人们在选择这种组合时，往往基于某个化学反应的完整的倍数关系，以便于计算。在酸碱反应中，人们往往以化学反应中转移（提供或接受）一摩尔质子（H^+）为基准，例如：$\frac{1}{2}H_2SO_4 \longrightarrow \frac{1}{2}SO_4^{2-} + H^+$。

在氧化还原反应中，又往往以化学反应中转移（提供或接受）1mol 电子（e）为基准，例如，$\frac{1}{5}MnO_4^- + \frac{8}{5}H^+ + e \longrightarrow \frac{1}{5}Mn^{2+} + \frac{4}{5}H_2O$。

同样质量的物质，由于所采用的基本单元不同，物质的量也不同。98.08g H_2SO_4 是 1mol，98.08g $\frac{1}{2}H_2SO_4$ 则是 2mol，也就是基本单元不同，其摩尔质量也不同。$K_2Cr_2O_7$ 的摩尔质量为 $294.19g \cdot mol^{-1}$；$\frac{1}{6}K_2Cr_2O_7$ 的摩尔质量则是 $49.03g \cdot mol^{-1}$。那么，物质的量与质量的关系永远是，$n(\text{物质的量}) = \frac{m(\text{物质的质量})}{M(\text{摩尔质量})}$，根据这个公式可以从溶质的质量求出溶质的物质的量，并计算出标准溶液的浓度。

（2）滴定度

在生产实际中，一种标准溶液常常是专一测定某一种待测物质，计算中常重复几个常数，如计算 $K_2Cr_2O_7$ 法测定 Fe，计算式为：

$$w_{Fe} = \frac{c_{\frac{1}{6}K_2Cr_2O_7} V_{\frac{1}{6}K_2Cr_2O_7} M \times 10^{-3}}{G} \times 100\%$$

与在批量测定中只有 $V_{\frac{1}{6}K_2Cr_2O_7}$ 与 G 称样量是变化的，$c_{\frac{1}{6}K_2Cr_2O_7}\ M \times 10^{-3}$ 为一常数，其量纲为 $mol \cdot L^{-1} \times g \cdot mol^{-1} \times 10^{-3} = g \cdot mL^{-1}$，其定义为每毫升标准溶液相当的待测物质（组分）的质量（g）；上例反应则是每毫升 $\frac{1}{6}K_2Cr_2O_7$ 标准溶液相当于所测定 Fe 的质量，用 $T_{Fe/K_2Cr_2O_7}$ 表示。

4.1.2.4　滴定分析中的非标准溶液及浓度表示法

在滴定分析中除常作为操作液的标准溶液外，还需要一些辅助的溶液作为条件控制液、预处理液或其他辅助液（如指示剂）等，它们的加入量没有操作液那么严格，浓度也常常是个变化量不太大的“范围”。因此，配制也比较粗，浓度表示法随溶质状态而有所差异。除以物质的量浓度表示外，还有以下几种浓度。

（1）体积比浓度

对大多数液态溶质常以溶质体积与溶剂（水）体积分数表示。例如：1∶1 HCl 即表示 1 份某级别浓盐酸与 1 份水等体积混合；1∶10 H_2SO_4 即表示 1 体积浓 H_2SO_4 和 10 体积水混合。

（2）质量分数浓度

以溶质在溶液中所占的质量成分比表示的浓度即质量分数浓度，常用于浓溶液的表示，如 98%的 H_2SO_4、37%的 HCl 或 40%的 NaOH。

（3）体积分数浓度

以 100mL 溶剂中含溶质的质量表示的浓度即体积分数浓度，常用于稀溶液的表示，如 0.1%的指示剂，即称 0.1g 溶质稀释至 100mL，用起来很方便。

4.1.3 碱滴定应掌握的实验技术

滴定管是滴定时用来准确测量流出的操作溶液体积的量器（量出式仪器）。常量分析最常用的是容积为 50mL、30mL 或 25mL 的滴定管，其最小刻度是 0.1mL，因此读数可以估计到小数点后第二位。另外，还有容积为 10mL、5mL、2mL 和 1mL 的微量滴定管。最小刻度分别是 0.05mL 和 0.02mL，特别适用于电位滴定。

滴定管一般分为两种：一种是具塞酸式滴定管；另一种是无塞碱式滴定管。碱式滴定管的一端连接乳胶管，管内装有玻璃珠，以控制溶液的流出，橡皮管或乳胶管下端接一尖嘴玻管。酸式滴定管用来装酸性及氧化性溶液，但不适于装碱性溶液，因为碱性溶液能腐蚀玻璃，时间长一些，旋塞便不能转动。碱式滴定管用来装碱性及无氧化性溶液，凡是能与乳胶管起反应的溶液，如高锰酸钾、碘和硝酸银等溶液，都不能装入碱式滴定管。滴定管除无色的外还有棕色的，用以装见光易分解的溶液，如 $AgNO_3$、$Na_2S_2O_3$、$KMnO_4$ 等溶液。

(1) 碱式滴定管（简称碱管）滴定前的准备

① 洗涤：根据沾污的程度，可采用不同的清洗剂（如洗洁精、铬酸洗液、草酸加硫酸溶液等）。新用的滴定管应充分清洗，可用铬酸洗液（注意：切勿溅到皮肤和衣物上）洗。在无水的滴定管中加入 5～10mL 洗液，边转动边将滴定管放平，并将滴定管口对着洗液瓶口，以防洗液洒出。洗净后将一部分洗液从管口放回原瓶，最后打开旋塞，将剩余的洗液从出口管放回原瓶。若滴定管油污较多，必要时可用温热洗液加满滴定管浸泡一段时间。将洗液从滴定管彻底放净后，用自来水冲洗时要注意，最初的涮洗液应倒入废酸缸中，以免腐蚀下水管道。有时，需根据具体情况采用针对性洗涤液进行清洗。例如，装过 $KMnO_4$ 的滴定管内壁常有残存的二氧化锰，可用草酸加硫酸溶液进行清洗。用各种洗涤剂清洗后，都必须用自来水充分洗净，并将管外壁擦干，以便观察内壁是否挂水珠，然后用蒸馏水洗三次，最后，将管的外壁擦干。洗净的滴定管倒挂（防止落入灰尘）在滴定管架台上备用。长期不用的滴定管应将旋塞和旋塞套擦拭干净，并夹上薄纸后再保存，防止旋塞和旋塞套之间粘住而不易打开。

如滴定管不净，溶液会沾在壁上影响容积测量的准确性，淌洗时不要用手指堵住管口，以免把手上的油脂带入滴定管中，碱式滴定管洗涤时要注意铬酸洗液不能直接接触橡皮管，洗涤时将橡皮管取下或将玻璃球往上捏，使其紧贴在碱管的下端，防止洗液腐蚀乳胶管。而在用自来水或蒸馏水清洗碱管时，应特别注意玻璃球下方死角处的清洗。为此，在捏乳胶管时应不断改变方位，使玻璃球的四周都清洗到。

② 用操作溶液润洗滴定管，以免操作溶液被稀释：为此，先用摇匀的操作溶液将滴定管刷洗三次（第一次 10mL，大部分溶液可由上口放出，第二、三次各 5mL，可以从出口管放出）。应特别注意的是，一定要使操作溶液洗遍滴定管内壁，并使溶液接触管壁 1～2min，以便涮洗掉原来的残留液。对于碱管，仍应注意玻璃球下方的洗涤。最后，将操作溶液倒入滴定管，直到充满至零刻度以上为止。注意装入操作溶液前，应将试剂瓶中的溶液摇匀，并将操作溶液直接倒入滴定管中，不得借助其他容器（如烧杯、漏斗等）转移。用左手前三指持滴定管上部无刻度处（不要整个手握住滴定管），并可稍微倾斜；右手拿住细口瓶，往滴定管中倒溶液，让溶液慢慢沿滴定管内壁流下。

③ 滴定管下端气泡的排出：注意检查滴定管的出口管是否充满溶液，碱管则需对光检查乳胶管内及出口管内是否有气泡或有未充满的地方。在使用碱管时，装满溶液后，用左手

拇指和食指拿住玻璃球所在部位并使乳胶管向上弯曲，出口管斜向上，然后在玻璃球部位往一旁轻轻捏橡皮管，使溶液从管口喷出（下面用烧杯承接溶液），再一边捏乳胶管一边把乳胶管放直，注意应在乳胶管放直后，再松开拇指和食指，否则出口管仍会有气泡（见图 4-2），最后应将滴定管的外壁擦干。

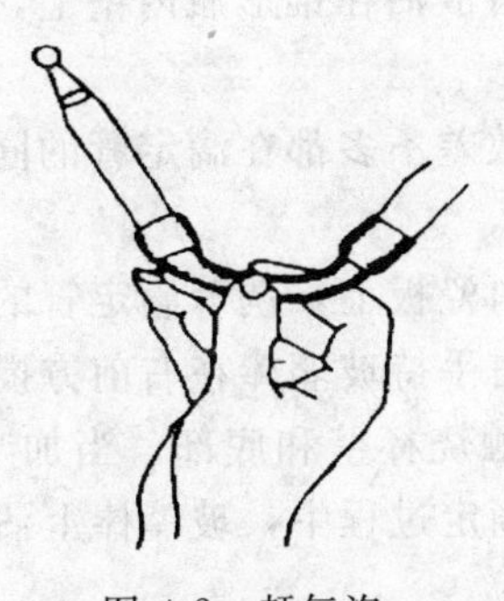

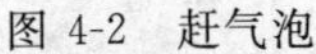

图 4-2　赶气泡

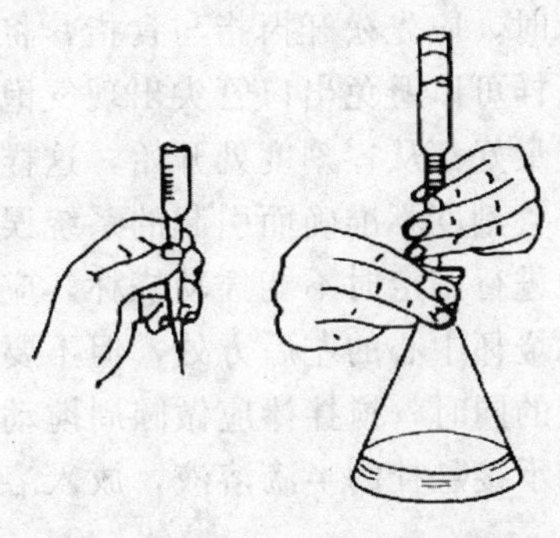

图 4-3　碱式滴定管滴定操作

④ 装液位置：装满操作液至滴定管零刻线或稍下处，记录读数。然后将滴定管夹在架子上。滴定管下端如有悬挂的液滴，也应除去。

(2) 滴定

① 滴定的姿势：学生在站立操作时，身体要站直，左手进行滴定，右手摇锥形瓶。碱式滴定管的操作方式见图 4-3。使用碱管时，左手无名指及小指夹住出口管，拇指与食指在玻璃球所在部位往一旁（左右均可）捏乳胶管，使溶液从玻璃球旁空隙处流出。注意：不要用力捏玻璃球，也不能使玻璃球上下移动；不要捏到玻璃球下部的乳胶管，以免在管口处带入空气。

无论使用哪种滴定管，都不要用右手操作，右手用来摇动锥形瓶。每位学生都必须熟练掌握下面三种加液方法：逐滴连续滴加；只加一滴；加半滴、甚至 1/4 滴（使其液滴悬在滴定管尖口而未落下，靠在锥形瓶壁，再用洗瓶吹入锥形瓶的溶液中）。

② 滴定速度不宜过快，一般 3～4 滴 · s^{-1} 为宜。在临近终点时溶液要逐滴（甚至半滴）滴下，并用洗瓶冲洗锥形瓶内壁，使溅在内壁上的液滴也转移到溶液中去。

滴定操作是定量分析的基本功，每位学生必须熟练掌握（见图 4-4～图 4-6）。滴定时以白瓷板作背景，用锥形瓶或烧杯承接滴定剂。

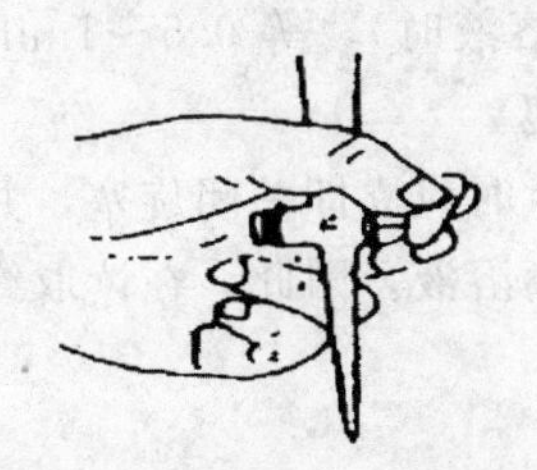

图 4-4　碱式滴定管的操作

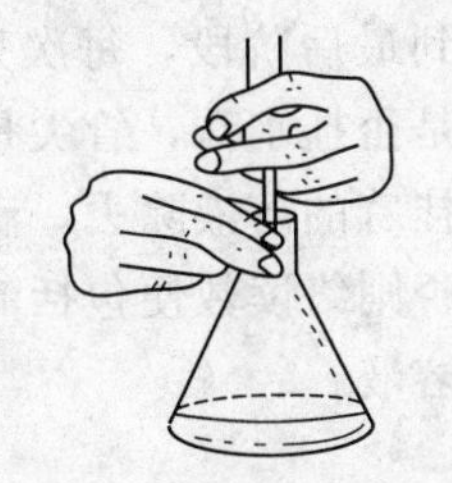

图 4-5　两手操作姿势

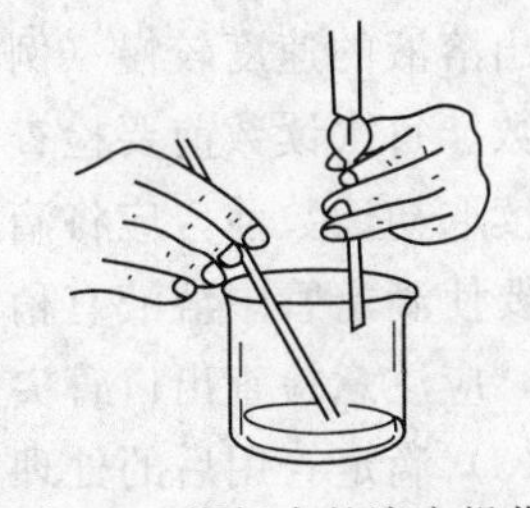

图 4-6　烧杯中的滴定操作

在锥形瓶中进行滴定时，用右手前三指拿住瓶颈，使瓶底离瓷板 2～3cm。同时调节滴定管的高度，使滴定管的下端伸入瓶口约 1cm。左手按前述方法滴加溶液，右手运用腕力（注意：不是用胳膊晃动）摇动锥形瓶，边滴边摇。摇动锥形瓶时，应使溶液向同一方向，以滴定管口为圆心做圆周运动（左、右旋均可）。切勿使瓶口触到滴定管，溶液绝不可溅出。开始时，滴定速度可稍快，但不要使溶液流成“水线”，应边摇边滴，让滴入的滴定剂充分接触试液。接近终点（局部出现指示剂颜色转变）时，应改为每加一滴，都要注意观察液滴落点周围溶液颜色的变化，充分摇动后再继续滴加。最后每加半滴即摇动锥形瓶，直至溶液出现明显的颜色变化时即停止滴定。加半滴溶液的方法如下：微微转动旋塞，使溶液悬挂在出口管嘴上，形成半滴，用锥形瓶内壁将其沾落，再用洗瓶以少量蒸馏水吹洗瓶壁。用碱管滴加半滴溶液时，应先松开拇指与食指，将悬挂的半滴溶液沾在锥形瓶内壁上，再放开无名指与小指，这样可以避免出口管尖出现气泡。

每次滴定最好都从零刻度处开始，这样可使每次读数差不多都在滴定管的同一部位，可消除由于滴定管刻度不准确而引起的系统误差。

在烧杯中进行滴定时不能摇动烧杯，应将烧杯放在白瓷板上，调节滴定管的高度，使滴定管下端伸入烧杯中心的左后方处，但不要靠壁过近。右手持玻璃棒在右前方搅拌溶液。在左手滴加溶液的同时，搅拌棒应做圆周搅动，但不得接触烧杯壁和底部。当加半滴溶液时，用搅拌棒下端承接悬挂的半滴溶液，放入溶液中搅拌。滴定过程中，玻璃棒上沾有溶液，不能随便拿出。

③ 读数方法：用大拇指与食指轻轻提滴定管上端（不可拿着装有溶液的部分），使其自然铅垂。对无色或浅色溶液，读取弯月下层最低点。对于有色溶液，读取液面最上缘。眼睛与刻线在同一水平上（见图 4-7），否则读数将偏高或偏低。读数应准确到毫升数位后第二位（即小数点后第二位），对于带白底蓝线的滴定管，则按蓝线的最尖部分与分度线上缘相重合的一点进行读数。无论哪种读数方法，都应注意初读数与终读数采用同一标准。

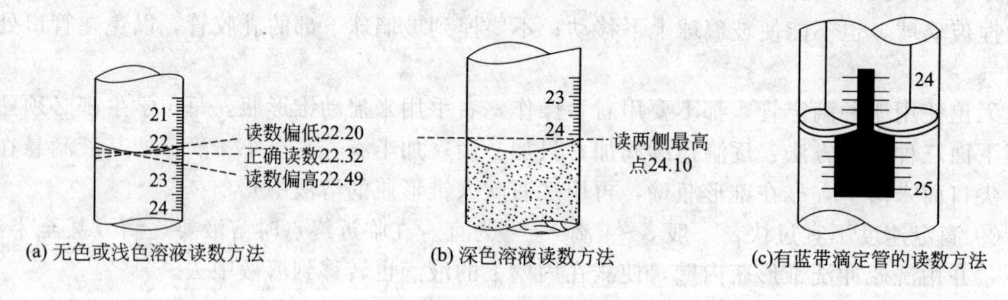

图 4-7 读数方法

装入或放出溶液后，必须等 1～2min，使附着在内壁上的溶液流下来，再进行读数。如果放出溶液的速度较慢（例如，滴定到最后阶段，每次只加半滴溶液时），等 0.5～1min 方可读数。每次读数前要检查一下管壁是否挂水珠，管尖是否有气泡。

读取初读数前，应将滴定管尖悬挂着的溶液除去。滴定至终点时应立即关闭旋塞，并注意不要使滴定管中溶液有稍微流出，否则终读数便包括流出的半滴溶液。因此，在读取终读数前，应注意检查出口管尖是否悬有溶液。

（3）滴定管用后的处理

滴定完毕后，应将滴定管内剩余的溶液弃去，不得将其倒回原试剂瓶中，以免沾污整瓶操作溶液。随即洗净滴定管，或者在滴定管中加满蒸馏水，并用盖子盖住管口，夹在滴定台上备用。

4.1.4 酸滴定应掌握的实验技术

（1）滴定前的准备

① 洗涤：方法同碱式滴定管。

② 滴定管旋塞涂凡士林：为了防止旋塞漏水，涂上适当凡士林起密封作用。

用布或纸把玻璃旋塞槽和旋塞擦干（绝对不能有水，为什么?）。在旋塞的大端涂上一些凡士林，在旋塞的小端的旋塞槽内也涂上极薄一层凡士林，然后把旋塞小心地插入旋塞槽内，向一个方向旋转几下即可。凡士林不可涂得太多，否则容易把孔堵塞，涂得太少，则润滑不够，甚至会漏水。涂得好的旋塞应呈透明、无气泡，旋转灵活。最后用蒸馏水检验是否堵塞或漏水。为了防止在滴定过程中旋塞脱出，可从橡皮管上剪一圈橡皮，套在旋塞末端。涂凡士林方法可见图 4-8。

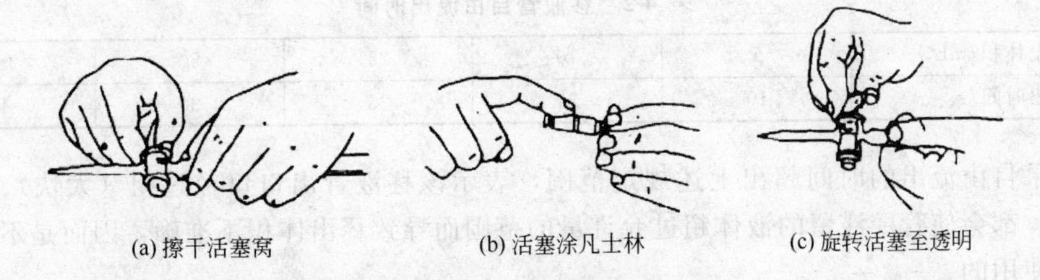

图 4-8　酸式滴定管旋塞涂凡士林

③ 检漏：检查滴定管是否漏水时，可将滴定管内装水至“0”刻度左右，并将其夹在滴定管管夹上，直立约 2min，观察活塞边缘和管端有无水渗出。将活塞旋转 180°后，再观察一次，如无漏水现象，即可使用。

④ 加入操作溶液：加入操作溶液前，先用蒸馏水淌洗滴定管 2～3 次，每次约 10mL。淌洗时，两手平端滴定管，慢慢旋转，让水遍及全管内壁，然后从两端放出。再用操作溶液淌洗 2～3 次，用量依次为 10mL、5mL、5mL。淌洗方法与用蒸馏水淌洗时相同。淌洗完毕，装入操作液至“0”刻度以上，检查活塞附近有无气泡。如有气泡，应将其排出。排出气泡时，酸式滴定管用右手拿住滴定管，使它倾斜约 30°，左手迅速打开活塞，使溶液冲下，将气泡赶掉。

⑤ 读数：对于常量滴定管，读数应读至小数点后第二位。方法同碱式滴定管。

（2）滴定

① 滴定的姿势：同碱式滴定管要求。滴定管的操作方式见图 4-9。

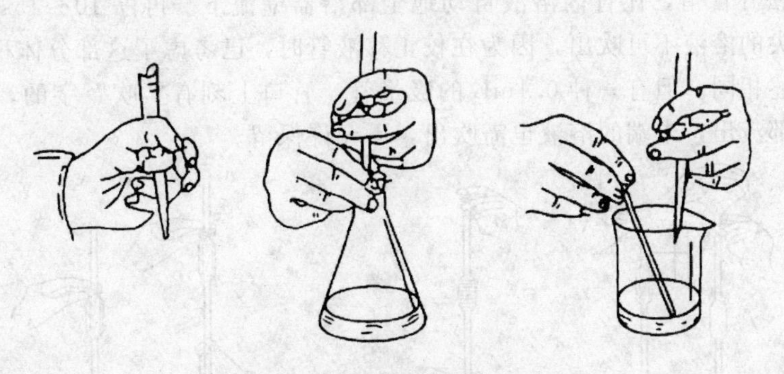

图 4-9　酸式滴定管操作方式

② 滴定速度：同碱式滴定管。

（3）滴定管使用后处理：同碱式滴定管。

4.1.5 移液管与容量瓶的使用

4.1.5.1 移液管和吸量管及其使用

移液管用来量取一定体积的溶液，它是中间有一膨大部分（称为球部）的玻璃管，管颈上部刻有一标线。此是按放出液体的体积来刻的，常见的有 5mL、10mL、20mL、25mL、50mL 等数种，最常用的是 25mL 的移液管。

合格的移液管除了放出的体积应该很准确以外，对出口孔大小也有一定的要求。所有移液管的自由流出时间最长不得超过 1min，最短时间见表 4-2。

表 4-2 移液管自由流出时间

放出体积/mL	5	10	25	50	100
流出时间/s	10	20	25	30	40

如果自由流出的时间超出上述规定范围，表示该移液管出口口径过粗（太快）或太细（太慢），都会使管壁滞留的液体超过允许量的范围而导致释出体积不准确，因而是不合格的和不宜使用的。

吸量管是具有分刻度的玻璃管，常用的吸量管有 1mL、2mL、5mL、10mL 等数种，可以准确量取所需要的刻度范围内其一体积的溶液，但其准确度差一些，将溶液吸入，读取与液面相切的刻度（一般在零），然后将溶液放出至适当刻度，两刻度之差为放出溶液的体积。

(1) 洗涤

将移液管或吸量管插入洗液中，用洗耳球将洗液慢慢吸至管容积的 1/3 处，用食指按住管口，把管横过来淌洗，然后将洗液放回原瓶，如果内壁严重污染，则应把吸管放入盛有洗液的大量筒或高形玻璃缸中，浸泡 15min 到数小时，取出后用自来水及蒸馏水冲洗，用纸擦去管外水。

(2) 操作方法

移取溶液前，应用少量操作液将管内壁淌洗 2～3 次，以保证转移溶液的浓度不变。然后把管口插到溶液中去，用洗耳球把溶液吸到稍高于刻度处，迅速用食指按住管口，将移液管提离液面，使管尖靠着贮瓶口，食指松动，让溶液慢慢流到弯月面与刻线相切时，再用食指按紧管口，把准备承接溶液的容器稍倾斜，移液管垂直插入容器，管尖靠着容器的内壁（见图 4-10）。松开食指，让管内溶液自动地全部沿器壁流下。再停 10～15s 后，拿出移液管，残留在管尖的溶液不可吹出，因为在校正移液管时，已考虑了这部分体积了。吸量管的操作方法与上述相同。但有一种 0.1mL 的吸量管，管口上刻有“吹”字的，使用时必须将管内的溶液全部流出，末端的溶液也需吹出，不允许保留。

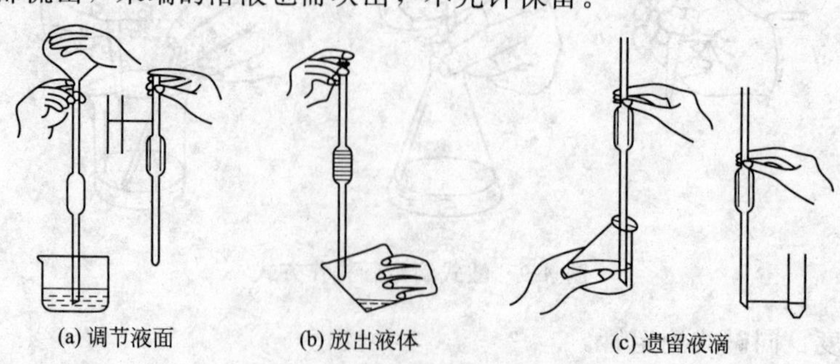

(a) 调节液面　(b) 放出液体　(c) 遗留液滴

图 4-10 移液管的使用

4.1.5.2　容量瓶及其使用

容量瓶是一种细颈梨形的平底玻璃瓶，带有磨口塞，颈上有标线，瓶上标有它的容积和标定时的温度，大多数容量瓶只有一条标线。当液体充满至标线时，瓶内所装溶液的体积和瓶上标示的体积相同。但也有刻两条线的，上面一条表示量出体积。量入式符号为“In”，量出式符号为“Ex”。容量瓶主要用来配制标准溶液或试样溶液，通常有 25mL、50mL、100mL、250mL、500mL、1000mL 等各种规格。

(1) 容量瓶的准备

在使用之前必须先检查如下几项：

① 容量瓶容积与所要求的是否一致。

② 标线位置距离瓶口的远近如何，若太近则不可用。

③ 是否漏水：为检查瓶塞是否严密，可在瓶中放水到标线附近，塞紧瓶塞，用干滤纸沿瓶口缝处检查，看有无水珠渗出，如果不漏，再把塞子旋转 180°，塞紧倒置，试验这个方向有无渗漏，这样做两次检查是必要的，因为有时瓶塞与瓶口不是在任何位置都是密合的。

容量瓶应洗涤干净，洗涤方法原则与洗涤滴定管相同。

(2) 操作方法

容量瓶主要是用来把精密称量的物质准确配成一定的容积，或将准确容积的浓溶液稀释成准确体积的稀溶液，这个过程叫作“定容”。

如果是要由固体配制准确浓度的溶液，通常将固体准确称量后放入烧杯中，加少量纯水（或适当溶剂）使它溶解，然后定量地转移到容量瓶中。转移时，玻璃棒下端要靠住瓶颈内壁，使溶液沿瓶流下（见图 4-11）。溶液流尽后，将烧杯轻轻顺棒上提，使附在玻棒、烧杯嘴之间的液滴回到烧杯中。再用洗瓶挤出的水流冲洗烧杯数次，每次按上法将洗涤液完全转移到容量瓶中，然后用蒸馏水稀释。当水加至容积的 2/3 处时，旋摇容量瓶，使溶液混合（注意不能倒转容量瓶），在接近标线时，可以用滴管逐滴加水，至弯月面最低点恰好与标线相切。盖紧瓶塞，一手食指压住瓶塞，另一手的大、中、食三个指头托住瓶底，倒转容量瓶，使瓶内气泡上升到顶部，摇动数次，再倒过来，如此反复倒转摇动十多次，使瓶内溶液充分混合均匀（见图 4-12）。

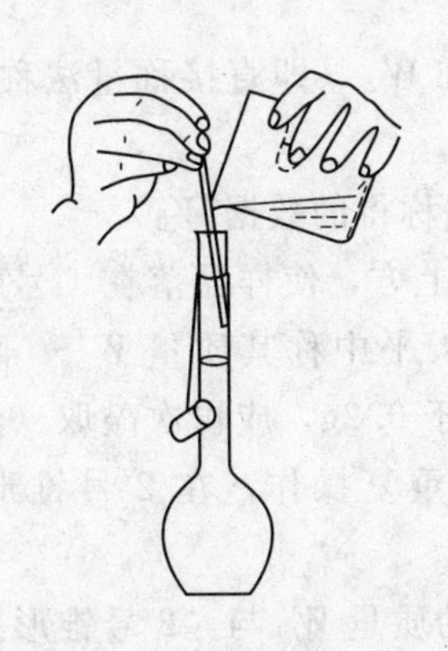

图 4-11　定量转移操作

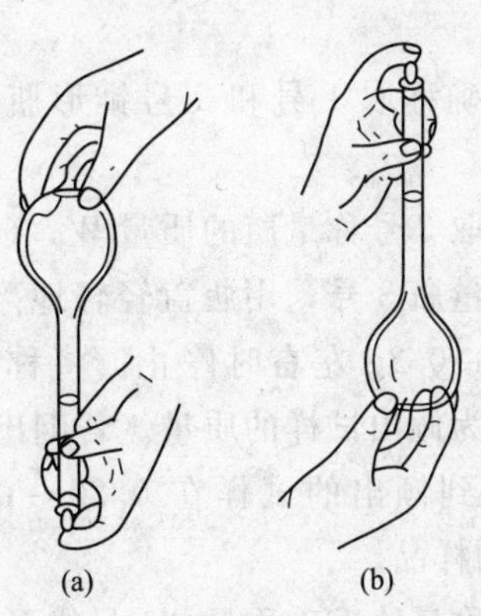

图 4-12　拿容量瓶的方法

不宜在容量瓶内长期存放溶液。如溶液需使用较长时间，应将它转移入试剂瓶中，该试剂瓶应预先经过干燥或用少量该溶液淌洗两三次。

由于温度对量器的容积有影响，所以使用时要注意溶液的温度、室内的温度以及量器本身的温度。热溶液应冷至室温，才能注入容量瓶中，否则可造成体积误差。

4.2 基础实验

实验一　电子天平的操作及其称量练习

一、实验目的

1. 了解电子天平的构造及其主要部件。
2. 掌握电子天平的基本操作。
3. 学会直接法和减量法称量试样。
4. 学会正确使用称量瓶。
5. 掌握准确、简明、规范地记录实验原始数据的方法。

二、仪器和试剂

电子天平，称量瓶（内装试剂），称量纸，试剂勺，小烧杯（接收器）。

三、实验内容

（1）天平外观检查

取下天平罩→检查天平状态→插上电源→调电子天平的零点。

（2）直接称量法练习

用电子天平准确称出两锥形瓶和一个装有样品的称量瓶的质量。

按“电子天平操作”整理好天平，调零后，取两个洁净、干燥并编有号码的锥形瓶（1号、2号）和1个装有样品的称量瓶（3号）。将1号锥形瓶轻轻放在天平盘中央，当显示数字稳定后，即可读数，记录称量结果 W_1；重复操作，分别称出2号锥形瓶质量 W_2 与3号称量瓶质量 W_0，记录在相应表格位置上。

（3）减量法称量练习

本实验要求用减量法从称量瓶（3号）中准确称量出0.20～0.25g的固体试样（称准至±0.0002g）。

① 分别准确称取1号和2号锥形瓶的质量 W_1 和 W_2（即直接称量法称得的数据 W_1 和 W_2）。

② 准确称取3号称量瓶的质量 W_0（即直接称量法称得的数据 W_0）。

③ 取出称量瓶3号，用瓶盖轻轻地敲打称量瓶口上方，使样品落在1号锥形瓶中，估计倾出的试样在0.2g左右时停止。将称量瓶再放回天平中称其质量 W'_0，两次质量之差（$W_0-W'_0$）即为倾出试样的质量。若倒出的试样还少于0.2g，应再次敲取（注意不应一下敲取过多），直到倾出的试样在0.20～0.25g之间；重复操作，在2号锥形瓶中也倾入0.20～0.25g的样品。

④ 用直接称量法准确称量“1号锥形瓶＋样品”的质量 W'_1 与“2号锥形瓶＋样品”质量 W'_2，并计算绝对误差。

⑤ 数据记录与处理。

四、数据记录与处理

记录内容＼次数	Ⅰ	Ⅱ
（称量瓶＋样品）W_0		
倾出样品后质量 W'_0		
$W_0-W'_0$		
（锥形瓶＋样品）W'_1（W'_2）		
空锥形瓶质量 W_1（W_2）		
W'_1-W_1（W'_2-W_2）		
绝对误差		

五、注意事项

1. 电子天平属精密仪器，使用时注意细心操作。

2. 所称试样不准直接放置在秤盘上，以免沾污和腐蚀仪器。

3. 不管称取什么样的试样，都必须细心将试样置入接收器皿中，不得洒在天平箱板上或秤盘上。若发生了上述错误，当事人必须按要求处理好，并报告实验指导教师。

4. 天平称量练习为分析化学实验课的首次实验，学生必须做好预习，准备好实验报告本并将每页编上页码。

5. 实验数据只能记在实验报告上，不能随意记在纸片上。

6. 学生必须主动接受规范化的严格训练，掌握分析测试的基本操作技术，并进一步掌握有关的理论知识。

六、思考题

1. 使用电子天平应该注意些什么？

2. 减重法称样是怎样进行的？增重法称量是怎样进行的？它们各有什么优缺点？宜在何种情况下采用？

3. 在减重法称量过程中能否用小勺取样，为什么？

选做实验：台秤与分析天平的称量练习

一、实验目的

1. 熟悉分析天平的结构，熟练天平使用技巧。

2. 学会直接法和减量法称量试样。

3. 学会正确使用称量瓶。

二、实验内容

(1) 天平外观检查

取下天平罩→检查天平状态→插上电源→调分析天平的零点。

① 检查砝码是否齐全，各砝码位置是否正确，环码是否完好并正挂在环码钩上，读数盘读数是否在零位。

② 检查天平是否处于休止状态，天平是否处于水平位置。

③ 天平盘如有灰尘或其他落入的物体，应用软毛刷清扫干净。

④ 检查并插好电源，轻轻开启升降枢，观察读数屏上有无游标，拨动拨杆使空载数字指零。

（2）直接称量法练习

用台秤粗称两锥形瓶和一个装有样品的称量瓶，再用分析天平准确称出它们的质量。

调好分析天平零点后，取两个洁净、干燥并编有号码的锥形瓶（1 号、2 号）和 1 个装有样品的称量瓶（3 号）。将 1 号锥形瓶放在天平左盘中央，在右盘中添小砝码，直至达到平衡，记录称量结果 W_1；重复操作，分别称出 2 号锥形瓶质量 W_2 与 3 号称量瓶质量 W_0，记录在相应表格位置上。

为防止天平出现故障数字，应重复开启天平一次，当其数值变化不超过示值变动性误差时，方可进行记录，记录时应使天平处于休止状态。

（3）减量法称量练习

本实验要求用减量法从称量瓶（3 号）中准确称量出 0.20～0.25g 的固体试样（称准至±0.0002g）。

① 分别准确称取 1 号和 2 号锥形瓶的质量 W_1 和 W_2（即直接称量法称得的数据 W_1 和 W_2）。

② 准确称取 3 号称量瓶的质量 W_0（即直接称量法称得的数据 W_0）。

③ 取出 3 号称量瓶，用瓶盖轻轻地敲打称量瓶口上方，使样品落在 1 号锥形瓶中，估计倾出的试样在 0.2g 左右时停止。将称量瓶再放回天平中称其质量 W'_0，两次质量之差（$W_0-W'_0$）即为倾出试样的质量。若倒出的试样还少于 0.2g，应再次敲取（注意不应一下敲取过多），直到倾出的试样在 0.20～0.25g 之间；重复操作，在 2 号锥形瓶中也倾入 0.20～0.25g 的样品。

④ 用直接称量法准确称量“1 号锥形瓶＋样品”的质量 W'_1 与“2 号锥形瓶＋样品”质量 W'_2，并计算绝对误差。

⑤ 数据记录与处理（同电子天平实验）。

实验二　NaOH 标准溶液的配制与标定

一、实验目的

1. 掌握容量分析的基本操作及容量仪器的使用方法。
2. 练习标准碱液的配制与标定。
3. 进一步熟悉分析天平的称量操作。

二、实验原理

氢氧化钠难于提纯，在空气中极易吸收水分和 CO_2，因此只能用间接法配制标准溶液，常用邻苯二甲酸氢钾为基准物质进行标定。反应如下：

$$C_6H_4(COOH)(COOK) + NaOH = C_6H_4(COONa)(COOK) + H_2O$$

三、实验仪器和试剂

仪器　250mL 锥形瓶、25mL 滴定管。

试剂　NaOH（分析纯）；酚酞指示剂：1%的酒精溶液；邻苯二甲酸氢钾（基准试剂，在 130℃干燥 1h，贮于干燥器中备用）。

四、实验内容

（1）$0.1mol \cdot L^{-1}$ NaOH 溶液的配制

在台秤上称取 NaOH 1.8g，倒入试剂瓶中，加 400mL 蒸馏水（是否要求很精确?），溶解，摇匀备用。

（2）NaOH标准溶液的标定

用减量法准确称取3份邻苯二甲酸氢钾0.3700～0.4500g（取此量的依据是什么？）于锥形瓶中，加40～50mL蒸馏水溶解、摇匀；加酚酞指示剂一滴，以NaOH标准溶液滴定，边滴边摇，直至出现浅红色，摇动30s不褪色为终点。记录滴定体积V。结果按下式计算：

$$c_{NaOH}=\frac{m_{KHC_8H_4O_4}\times 1000}{204.22V}\text{mol}\cdot\text{L}^{-1}$$

平行测定三次。

（3）实验记录示例

NaOH标准溶液标定结果

项　目	Ⅰ	Ⅱ	Ⅲ
倾出前瓶与基准物质量/g 倾出后瓶与基准物质量/g 基准物 $KHC_8H_4O_4$ 的质量/g			
滴定终点的体积/mL 滴定开始时体积/mL 滴定消耗体积/mL			
NaOH标准溶液的浓度/$\text{mol}\cdot\text{L}^{-1}$			
平均浓度/$\text{mol}\cdot\text{L}^{-1}$			

五、注意事项

1. 每次滴定初始点均在“0.00”附近，以减少滴定管内径不均匀引起的仪器误差。

2. 滴定过程中可能有溶液溅起附于器壁，结束滴定前应用蒸馏水吹洗瓶壁一次，再滴定到终点，以减少误差。

六、思考题

1. 溶解基准物 $KHC_8H_4O_4$ 所用水的体积的量度，是否需要准确？为什么？

2. 标定用的锥形瓶，其内壁是否要预先干燥？为什么？

3. 用邻苯二甲酸氢钾为基准物质标定NaOH溶液时，基准物称取量是如何计算的？

4. 用邻苯二甲酸氢钾为基准物质标定NaOH溶液时，为什么用酚酞而不用甲基橙为指示剂？

5. 邻苯二甲酸氢钾是否可用作标定HCl溶液的基准物质？

实验三　草酸纯度的测定

一、实验目的

1. 用测定草酸的纯度的典型实验，使学生学会用碱滴酸的基本操作，并验证所标定碱浓度的准确度。

2. 进一步掌握酸碱滴定时如何恰当地选择指示剂。

二、实验原理

滴定反应　　$H_2C_2O_4+2NaOH=Na_2C_2O_4+2H_2O$

用NaOH标准溶液滴定一定量草酸试样溶液，并以酚酞为指示剂，根据所用NaOH标准溶液的体积和浓度求出草酸的纯度。

三、实验仪器和试剂

仪器　250mL 锥形瓶、25mL 碱式滴定管。

试剂　NaOH 标准溶液（0.1000mol·L^{-1}，准确浓度由学生自行标定）。

其他　酚酞指示剂（1%酒精溶液）。

四、实验内容

用减量法精确称取草酸试样 0.1000～0.1500g（m）3 份。直接倾入 250mL 锥形瓶中，加入 40mL 蒸馏水溶解，滴入酚酞指示剂 1～2 滴，摇匀，用 0.1000mol·L^{-1}（以学生自行标定的浓度为准）的 NaOH 标准溶液滴定，边滴边摇，直至呈现不褪的浅红色为止，用水冲洗瓶壁，并完成滴定过程，记下共用 NaOH 标准溶液的体积 V_{NaOH}（mL）。

五、计算

草酸的质量分数按下式计算

$$w_{H_2C_2O_4}=\frac{c_{NaOH}V_{NaOH}\times\frac{M_{H_2C_2O_4}}{2000}}{m}\times 100\%$$

式中，c_{NaOH}为 NaOH 标准溶液的浓度（学生自己标定的浓度），mol·L^{-1}；V_{NaOH}为 NaOH 标准溶液滴定用去的体积，mL；$M_{H_2C_2O_4}$为草酸的摩尔质量，g·mol^{-1}；m 为草酸试样的质量，g。

六、思考题

1. 草酸试样称取量 0.1000～0.1500g 是怎样计算出来的？根据什么确定的？
2. 溶解草酸试样为什么用 40mL 水？水量多少有什么关系？
3. 滴定草酸为什么用酚酞作指示剂？可否改用甲基橙作指示剂？说明理由。
4. 每次完成滴定过程时，为什么必须用水冲洗瓶壁？

实验四　盐酸标准溶液的配制与标定

一、实验目的

1. 练习酸标准溶液的配制与标定。
2. 进一步熟悉容量分析的基本操作及容量仪器的使用方法和操作技巧。

二、实验原理

以无水碳酸钠为基准标定盐酸标准溶液，以甲基橙为指示剂。反应如下：

$$Na_2CO_3+2HCl=\!=\!=2NaCl+H_2O+CO_2\uparrow$$

三、实验仪器和试剂

仪器　250mL 锥形瓶、25mL 滴定管。

试剂　HCl（分析纯）：12mol·L^{-1}；甲基橙指示剂：1%水溶液；无水碳酸钠（优级纯）：基准试剂，在 270℃灼烧 2h，贮于干燥器中备用。

四、实验内容

（1）0.1mol·L^{-1} HCl 溶液的配制

用洁净的量筒取分析纯的盐酸（相对密度 1.19，含量 37%）3.5mL，倒入加少量水的具塞细口瓶中，用蒸馏水稀释至 400mL，充分摇匀，并在瓶上贴好标签备用。

（2）标准溶液的标定

用减量法准确称取无水碳酸钠三份（其质量按消耗 20mL 左右 0.1mol·L^{-1} HCl 溶液计，请自己计算），置于 3 只 250mL 锥形瓶中，加 40mL 蒸馏水溶解，摇匀；加甲基橙指示剂 1 滴，用 HCl 标准溶液滴定至溶液由黄色转变为橙色。记录 HCl 标准溶液的耗用量，并计算出 HCl 标准溶液的浓度（自己列式计算）。

五、思考题

1. 配制 HCl 标准溶液时所需蒸馏水及浓盐酸的体积是否需要准确量取？为什么？

2. 用碳酸钠为基准物质标定 HCl 溶液时，用酚酞为指示剂是否可以？为什么？

实验五　碱灰中各组分与总碱度的测定

一、实验目的

1. 掌握碱灰总碱度及其组成成分的测定方法与原理。

2. 熟悉酸碱指示剂选用原则，了解单指示剂、双指示剂的使用方法。

3. 学习用容量瓶把固体试样配制成试液的方法，进一步掌握容量分析的操作技巧。

二、实验原理

碱灰为不纯的碳酸钠，由于制造方法和来源不同，其中所含成分也不同。其中可能含有 NaCl、Na_2SO_4、NaOH 或 $NaHCO_3$ 等。在用酸滴定时，除了其中主要成分 Na_2CO_3 被中和外，其他碱性的杂质如 NaOH 或 $NaHCO_3$ 也将被中和，这个测定结果是碱的总含量，通常以 Na_2O 的质量分数表示。在这个滴定过程中有下述几步反应发生。

当用酚酞或混合指示剂为指示剂时，可能有如下三步反应发生，所消耗的盐酸体积用 V_1 表示：

$$NaOH + HCl \xrightarrow{\text{酚酞}} NaCl + H_2O$$

$$Na_2CO_3 + HCl \xrightarrow{\text{酚酞}} NaHCO_3 + NaCl$$

在酚酞粉红色刚刚消退的试液中再滴一滴甲基橙指示剂，用盐酸标准溶液继续滴定，将发生下一步反应，在滴定终点时，滴定管的读数用 V_0 来表示：

$$NaHCO_3 + HCl \xrightarrow{\text{甲基橙}} NaCl + H_2CO_3$$

V_0 为滴定碱灰试样所有组成成分时所消耗盐酸标准溶液的总体积，用此体积可求出该碱灰试样的总碱度。

利用双指示剂两终点时所消耗的盐酸标准溶液的体积不同，可确定碱灰的组成成分。令 $V_0 - V_1 = V_2$。可能有三种情况出现：①$V_1 > V_2$，②$V_1 = V_2$，③$V_1 < V_2$。

① $V_1 > V_2$ 时则 Na_2CO_3 中含有 NaOH

滴定反应：

$$\left.\begin{aligned} NaOH + HCl &\xrightarrow[\text{酚酞指示剂}]{\text{滴定}} NaCl + H_2O \\ Na_2CO_3 + HCl &\xrightarrow[\text{酚酞指示剂}]{\text{滴定}} NaHCO_3 + NaCl \end{aligned}\right\}\text{第一段滴定}$$

$$NaHCO_3 + HCl \xrightarrow[\text{甲基橙指示剂}]{\text{滴定}} NaCl + H_2CO_3 \;(\downarrow H_2O + CO_2) \quad \text{第二段滴定}$$

② $V_1 = V_2$ 时则为纯 Na_2CO_3

滴定反应：

$$Na_2CO_3 + HCl \xrightarrow[\text{酚酞指示剂}]{\text{滴定}} NaHCO_3 + NaCl \quad \text{第一段滴定}$$

$$NaHCO_3 + HCl \xrightarrow[\text{甲基橙指示剂}]{\text{滴定}} NaCl + H_2CO_3 \;(\downarrow H_2O + CO_2) \quad \text{第二段滴定}$$

③ $V_1<V_2$时则 Na_2CO_3 中含有 $NaHCO_3$

滴定反应：

$$Na_2CO_3+HCl\xrightarrow[\text{酚酞指示剂}]{\text{滴定}}NaHCO_3+NaCl \qquad \text{第一段滴定}$$

$$NaHCO_3+HCl\xrightarrow[\text{甲基橙指示剂}]{\text{滴定}}NaCl+H_2CO_3 \qquad \text{第二段滴定}$$

$$H_2CO_3 \rightarrow H_2O+CO_2$$

注：此 $NaHCO_3$ 包括两部分，一是 Na_2CO_3 用标准 HCl 滴定后得到 $NaHCO_3$，另一部分是试样中含有 $NaHCO_3$。

三、实验仪器和试剂

仪器　250mL 锥形瓶、25mL 滴定管。

试剂　酚酞指示剂：1%酒精溶液；甲基橙指示剂：0.1%水溶液；盐酸标准溶液（上述实验标定的 $0.1mol\cdot L^{-1}$）。

四、实验内容

1. 称取试样及配制试样溶液

用减量法准确称取碱灰试样 1.0000～1.4000g，放在洁净的小烧杯中，加蒸馏水为 40～50mL，加热使之溶解，放冷，移至 250mL 容量瓶中，用水冲洗烧杯 4～5 次，每次冲洗都应将冲洗液倒入容量瓶中，勿使稍有损失（为什么?)，最后用水稀释至刻度，盖上瓶塞摇匀。

2. 碱灰总碱度及其所含成分的测定

用移液管准确移取试液 20.00mL，放入 250mL 锥形瓶中，加水 15mL，酚酞指示剂一滴，此时溶液呈粉红色，用 $0.1mol\cdot L^{-1}$（具体浓度通过实验四的标定结果确定）盐酸标准溶液缓慢滴定，至红色刚刚消褪。用蒸馏水吹洗瓶壁，如红色复现，再滴加标准盐酸溶液，使红色刚好消褪为止，记下所用盐酸标准溶液的体积 V_1，在试液中再加一滴甲基橙指示剂，摇匀，此时溶液呈浅黄色。继续用盐酸标准溶液滴定，边滴边摇，直至溶液呈现橙色为止，此即为终点，再记下耗用盐酸标准溶液的总体积 V_0。

滴定结果相差不得大于 0.2%，否则重做。

五、计算

1. 总碱度的质量分数按下式计算

$$w_{Na_2O}=\frac{c_{HCl}V_{HCl}\times\frac{M_{Na_2O}}{2000}}{m\times\frac{20}{250}}\times100\%$$

式中，c_{HCl}为盐酸标准溶液的浓度；V_{HCl}为盐酸标准溶液滴定所消耗的总体积，即 V_0；M_{Na_2O}为氧化钠的摩尔质量；m 为碱灰试样的质量。

2. 各组分质量分数计算

$$V_2=V_0-V_1$$

(1) $V_1>V_2$，碳酸钠中含有氢氧化钠

$$w_{NaOH}=\frac{c_{HCl}(V_1-V_2)M_{NaOH}}{m}$$

$$w_{Na_2CO_3}=\frac{c_{HCl}V_2M_{Na_2CO_3}}{m}$$

(2) $V_1<V_2$，碳酸钠中含有碳酸氢钠

$$w_{Na_2CO_3}=\frac{c_{HCl}V_1M_{Na_2CO_3}}{m}$$

$$w_{NaHCO_3}=\frac{c_{HCl}(V_2-V_1)M_{NaHCO_3}}{m}$$

（3）$V_1=V_2$，只含有碳酸钠

$$w_{Na_2CO_3}=\frac{c_{HCl}V_2M_{Na_2CO_3}}{m}$$

按照上述分段滴定操作步骤进行 2～3 次滴定实验，根据实验所得数据算出测定结果的平均值，并写出实验报告（报告的形式由同学各自拟定）。

六、思考题

1. 碱灰试样称取量 1.0000～1.4000g 是怎样计算出来的。

2. 在碱灰中 Na_2CO_3、NaOH 和 $NaHCO_3$ 三者是否可能共同存在？说明理由。

3. 在进行碳酸钠的分段滴定过程中，为什么先加酚酞指示剂，后加甲基橙指示剂？可否倒过来加入使用？说明理由。

4. 计算 0.1mol·L^{-1}HCl 分段滴定 $c_{\frac{1}{2}Na_2CO_3}=0.1mol\cdot L^{-1}$溶液时滴定前及化学计量点时溶液的 pH 值为多少？

5. 本实验中为什么要把试样溶解成 250mL 后再吸出 20mL 进行滴定？为什么不直接称取 0.1000～0.14000g 进行滴定？

实验六　EDTA 的配制与水的总硬度的测定

一、实验目的

1. 熟悉配位滴定法及其操作条件。

2. 学习用 EDTA 测定水的总硬度的原理和方法。

3. 掌握铬黑 T 指示剂的应用，了解金属指示剂的特点。

二、实验原理

天然水中含有各种可溶性的钙盐和镁盐，水的硬度就是由于这些盐类的存在而引起的。水的硬度的测定可分为水的总硬度的测定和钙、镁硬度的测定两种。总硬度的测定是滴定钙、镁总量，并以钙进行计算。

水的总硬度可用配位滴定法进行测定。即在 pH＝10 的氨性缓冲溶液中，以铬黑 T 为指示剂，用 EDTA 标准溶液进行滴定，溶液颜色由酒红色转变为纯蓝色即为终点。由 EDTA 溶液的浓度和用量可算出水的总硬度。

水的硬度的表示方法有很多，随各国的习惯而有所不同。本书采用我国目前常用的表示方法：以每升水中含 10mg 氧化钙（CaO）为 1 硬度单位。

三、实验仪器和试剂

仪器　250mL 锥形瓶、25mL 滴定管。

试剂　0.02mol·L^{-1}EDTA 标准溶液（实验室提供）；EDTA 标准溶液通常采用间接法配制。标定 EDTA 溶液的基准物有 Zn、ZnO、$CaCO_3$、Bi、Cu、$MgSO_4\cdot7H_2O$、Ni、Pb 等。一般选用与被测物具有相同组成的优级纯的物质作为基准物，这样，标定和测定的条件一致，可减少误差。pH＝10 的氨缓冲溶液：见 6.12 节。铬黑 T 指示剂：铬黑 T 固体与 NaCl 按 1∶100 研混。

四、实验内容

1. EDTA 标定

用减量法准确称取 $MgSO_4 \cdot 7H_2O$ 三份（其质量按消耗 20mL 左右 0.02mol · L^{-1} EDTA 溶液计，请自己计算），置于 3 支 250mL 锥形瓶中，加入 5mL 氨缓冲溶液，加 30～40mL 蒸馏水，加固体铬黑 T 指示剂少许溶解、摇匀；用 EDTA 标准溶液缓慢滴定，并充分振摇。滴定至溶液由酒红色转变为纯蓝色即为终点。

2. 水总硬度测定

量取澄清水样 100mL（用什么量器？为什么?），置于 250mL 锥形瓶中，加入 5mL 氨缓冲溶液，加 30～40mL 蒸馏水，加固体铬黑 T 指示剂少许溶解、摇匀；用 EDTA 标准溶液缓慢滴定，并充分振摇。滴定至溶液由酒红色转变为纯蓝色即为终点。

五、注意事项

配位反应的速率较慢（不像酸碱反应可瞬间完成），滴定时加入 EDTA 溶液的速度不能太快。特别是临近终点时，应逐滴加入，并充分振摇。

六、思考题

1. 配位滴定法与酸碱滴定法相比有哪些不同点？操作时应注意哪些问题？

2. 用 EDTA 法怎样测出水的总硬度？如何得到钙硬和镁硬？何为永久硬度及暂时硬度?

3. 若水样中混有 Fe^{3+} 或 Al^{3+}，用铬黑 T 作指示剂，将发生什么现象？

实验七 重铬酸钾法测铁盐中铁含量（氧化还原滴定法）

一、实验目的

1. 熟悉重铬酸钾法测铁的基本原理和分析方法。

2. 学习用直接法配制重铬酸钾标准溶液的方法。

3. 了解预氧化还原的目的和方法。

二、实验原理

用 $K_2Cr_2O_7$ 溶液滴定 Fe^{2+} 的方法测定合金、矿石、金属盐类等的含铁量时，有很大的应用价值。

试样溶解后生成 Fe^{3+}，必须用还原剂将它预先还原，才能用氧化剂 $K_2Cr_2O_7$ 溶液滴定。一般常用 $SnCl_2$ 作还原剂：

$$2FeCl_3 + SnCl_2 = 2FeCl_2 + SnCl_4$$

多余的 $SnCl_2$ 用 $HgCl_2$ 除去：

$$SnCl_2 + 2HgCl_2 = SnCl_4 + Hg_2Cl_2 \downarrow \text{（银丝状）}$$

然后在酸性介质中用 $K_2Cr_2O_7$ 溶液滴定生成的 Fe^{2+}，以二苯胺磺酸钠为指示剂。由于滴定过程中生成黄色的 Fe^{3+}，影响终点的正确判断，故加入 H_3PO_4 使与 Fe^{3+} 结合成无色的 $[Fe(PO_4)_2]^{3-}$ 配离子，这样既消除了 Fe^{3+} 的黄色影响，又降低了 Fe^{3+}/Fe^{2+} 电对的电极电位（为什么?），使电位突跃增大。

三、实验仪器和试剂

仪器 250mL 锥形瓶、25mL 滴定管、250mL 容量瓶。

试剂 固体 $K_2Cr_2O_7$（优级纯）、10% $SnCl_2$ 溶液（现用现配）、硫磷混酸（浓硫酸 150mL 与磷酸 100mL 混合后溶于 700mL 蒸馏水中）、6mol · L^{-1} HCl、饱和 $HgCl_2$ 溶液、0.2%二苯胺磺酸钠溶液。

四、实验内容

1. 0.02mol·L^{-1} $K_2Cr_2O_7$ 标准溶液的配制

用直接法配制 250mL 0.02mol·L^{-1} $K_2Cr_2O_7$ 标准溶液（自己拟订方案），你配制的溶液的准确浓度为多少？

2. 铁盐中铁含量的测定

精确称取铁盐试样 0.5300～0.6300g，放入 250mL 烧杯中，加 6mol·L^{-1} HCl 溶液 15～20mL，加热至试样溶解。趁热滴加 $SnCl_2$ 溶液至 Fe^{3+} 的黄色刚好完全消除，再多加 1～2 滴 $SnCl_2$ 溶液，冷却后再加入饱和 $HgCl_2$ 溶液 20mL（必须一下全部加入），以氧化稍过量的 $SnCl_2$。静置片刻后充分搅拌，溶液内出现银丝状的白色沉淀，加入 100mL 水稀释，再加硫磷混酸 20mL，滴加二苯胺磺酸钠指示剂 5～6 滴，立即用 $K_2Cr_2O_7$ 标准溶液进行滴定，至溶液呈蓝紫色为止。

五、注意事项

1. $SnCl_2$ 试剂过量不可过多，当溶液中淡黄色刚刚褪去，再多加 1～2 滴即可。

2. 加入 $HgCl_2$ 溶液后，如无沉淀出现，说明 $SnCl_2$ 试剂可能不足；如沉淀非银丝状，则是 $SnCl_2$ 试剂过量太多。两种情况均告失败，必须弃去重做。

六、思考题

1. 加入硫磷混酸的目的何在？

2. 还原后的 Fe^{2+} 为何必须立即滴定？

实验八　硫代硫酸钠溶液的配制与标定

一、实验目的

1. 掌握 $Na_2S_2O_3$ 溶液的配制方法和保存条件。

2. 理解碘量法的基本原理，掌握间接碘量法的测定条件。

二、实验原理

结晶 $Na_2S_2O_3 \cdot 5H_2O$ 一般都含有少量的杂质，如 S、Na_2SO_4、Na_2SO_3、Na_2CO_3 及 NaCl 等，同时还容易风化和潮解。因此，不能用直接法配制标准溶液。

$Na_2S_2O_3$ 溶液易受空气和微生物等的作用而分解。

1. 与溶解 CO_2 的作用

$Na_2S_2O_3$ 在中性或碱性溶液中较稳定，当 pH＜4.6 时即不稳定，溶液中含有 CO_2 会促进 $Na_2S_2O_3$ 分解：

$$Na_2S_2O_3 + H_2O + CO_2 \longrightarrow NaHCO_3 + NaHSO_3 + S\downarrow$$

此分解作用一般发生在溶液配成后的最初十天内。分解后一分子 $Na_2S_2O_3$ 变成一分子 $NaHSO_3$，一分子 $Na_2S_2O_3$ 能和一个碘原子作用，而一分子 $NaHSO_3$ 却能和两个碘原子作用，因此从反应能力看溶液浓度增加了。以后由于空气的氧化作用，溶液浓度又慢慢减少了。

$NaHSO_3$ 在 pH＝9～10 时溶液最为稳定，在 $Na_2S_2O_3$ 溶液中加入少量 Na_2CO_3（使其在溶液中的浓度＞0.02%），可防止 $Na_2S_2O_3$ 的分解。

2. 与空气氧化作用

$$2Na_2S_2O_3 + O_2 = 2Na_2SO_4 + 2S\downarrow$$

3. 与微生物作用

$$Na_2S_2O_3 \xrightarrow{\text{细菌}} Na_2SO_3 + S\downarrow$$

这是使 $Na_2S_2O_3$ 分解的主要原因。为避免微生物的分解作用，可加入少量 HgI_2 (10mg・L^{-1})。为了减少溶解在水中的 CO_2 和杀死水中的微生物，应用新煮沸冷却后的蒸馏水配制溶液。

日光能促进 $Na_2S_2O_3$ 溶液的分解，所以 $Na_2S_2O_3$ 溶液应贮存于棕色试剂瓶中，放置于暗处。经 8～14d 后再进行标定，长期使用的溶液应定期标定。

标定 $Na_2S_2O_3$ 溶液的基准物有 $K_2Cr_2O_7$、KIO_3、$KBrO_3$ 和纯铜等，本实验使用 $K_2Cr_2O_7$ 基准物标定 $Na_2S_2O_3$ 溶液的浓度，$K_2Cr_2O_7$ 先与 KI 反应析出：

$$Cr_2O_7^{2-}+6I^-+14H^+ = 2Cr^{3+}+3I_2+7H_2O$$

析出的 I_2 再用 $Na_2S_2O_3$ 溶液滴定：$I_2+2S_2O_3^{2-} = S_4O_6^{2-}+2I^-$

这个标定方法是间接碘法的应用实例。

三、实验用品

仪器　碱式滴定管（25mL），移液管（25mL），洗耳球，烧杯（250mL），容量瓶（250mL），带有磨口塞的锥形瓶或碘量瓶（250mL）。

药品　$Na_2S_2O_3 \cdot 5H_2O$（分析纯）、Na_2CO_3（分析纯）、$K_2Cr_2O_7$（分析纯或优级纯）、6mol・L^{-1} HCl、20％KI、0.2％淀粉溶液。

四、实验内容

1. 配制 0.1mol・L^{-1}的 $Na_2S_2O_3$ 溶液

(1) 计算出配制约 0.1mol・L^{-1}的 $Na_2S_2O_3$ 溶液 500mL 所需要 $Na_2S_2O_3 \cdot 5H_2O$ 的质量。

(2) 在台秤上称取所需 12.5g（如何计算？）$Na_2S_2O_3 \cdot 5H_2O$ 和 0.1g Na_2CO_3，放入小烧杯中，加入适量刚煮沸并已冷却的水使之溶解，并稀释至 500mL，混合均匀。贮藏在棕色细口瓶中，放置于暗处，8～10 天后再行标定。

2. $Na_2S_2O_3$ 溶液的标定

精确称取预先干燥过的 $K_2Cr_2O_7$ 基准试剂 0.1000～0.1100g 于 250mL 碘量瓶中，加蒸馏水 20～30mL，使之溶解。加入 5mL 6mol・L^{-1} HCl 和 10mL 20％KI 溶液，摇匀后，盖好塞子，以防止 I_2 挥发而损失。在暗处放置 5min，然后加 50mL 蒸馏水稀释摇匀，立即用 $Na_2S_2O_3$ 溶液滴定，随滴随摇，待到溶液呈浅黄绿色时，加 5mL 0.2％淀粉溶液摇匀，此时溶液为深蓝色，继续滴入 $Na_2S_2O_3$ 溶液，直至蓝色刚刚变为亮绿色即为终点。

五、数据记录与处理

自拟表格，记下 $Na_2S_2O_3$ 溶液的体积，计算 $Na_2S_2O_3$ 溶液的浓度。

六、注意事项

1. $K_2Cr_2O_7$ 与 KI 的反应不是立刻完成的，在稀溶液中反应更慢，因此应等反应完成后再加水稀释。在上述条件下，大约经 5min 反应即可完成。

2. 生成的 Cr^{3+} 显蓝绿色，妨碍终点的观察。滴定前预先稀释，可使 Cr^{3+} 浓度降低，蓝绿色变浅，终点时由蓝变绿，容易观察。同时稀释也使溶液的酸度降低，适于用 $Na_2S_2O_3$ 滴定 I_2。

3. 滴定完了的溶液放置后会再变蓝色。如果不是很快变蓝（经 5～10min），那就是由于空气氧化所致。如果很快而且又不断变蓝，说明 $K_2Cr_2O_7$ 与 KI 的作用在滴定前进行得不完全，溶液稀释得太早，遇此情况，实验应重做。

七、思考题

1. 标定 $Na_2S_2O_3$ 溶液时，加入的 KI 量要很精确吗？为什么？

2. 淀粉指示剂为什么一定要接近滴定终点时才能加入？加得太早或太迟有何影响？

3. 间接碘量法的主要误差来源是什么？应怎样消除？

4. 以下做法对标定有无影响？为什么？

① 某同学将基准物质加水后为加速溶解，用电炉加热后，未等冷却就进行下面的滴定。

② 某同学将三份基准物加水溶解后，同时都加入 5mL 6mol · L^{-1} HCl 和 10mL 20% KI，然后一份一份滴定。

③ 到达滴定终点后，溶液放置稍久又逐渐变蓝，某同学又以 $Na_2S_2O_3$ 标准溶液滴定，将滴定所消耗的体积又加到原滴定所消耗的体积中。

④ 某同学在滴定过程中剧烈摇动溶液。

实验九　间接碘量法测铜（氧化还原滴定法）

一、实验目的

掌握碘量法测定铜的基本原理及操作条件。

二、实验原理

Cu^{2+} 与 I^- 的反应：

$$2Cu^{2+} + 4I^- \xlongequal{} 2CuI\downarrow + I_2$$

$$I_2 + I^- \xlongequal{} I_3^-$$

析出的 I_2 以淀粉为指示剂，用 $Na_2S_2O_3$ 标准溶液滴定，再计算出铜的含量。

为使上述反应进行得完全，必须加入过量的 KI，在此 KI 是还原剂、沉淀剂，又是配位剂（将 I_2 配合为 I_3^-，可减少 I_2 挥发而产生误差）。但 KI 浓度太大，会妨碍终点的观察。

由于 CuI 沉淀表面吸附 I_2，使分析结果偏低。为了减小 CuI 对 I_2 吸附，可在大部分 I_2 被 $Na_2S_2O_3$ 溶液滴定后加入 KSCN，使 CuI 转化为溶度积更小的 CuSCN（$K_{sp}=4.8\times10^{-13}$）。

$$CuI + SCN^- \xlongequal{} CuSCN\downarrow + I^-$$

CuSCN 沉淀吸附 I_2 的倾向小，而且反应时再生出来的 I^- 与未反应的 Cu^{2+} 发生作用，可以使用较少的 KI 而能使反应进行得更完全。

为了防止铜盐水解，反应必须在酸性溶液中进行，酸度过低，Cu^{2+} 氧化 I^- 不完全，结果偏低，而且反应速率慢，终点拖长；酸度过高，则 I^- 被空气氧化为 I_2 的反应为 Cu^{2+} 催化，使结果偏高。

三、实验仪器和试剂

仪器　25mL 滴定管、250mL 碘量瓶。

试剂　$Na_2S_2O_3$ 标准溶液（0.1mol · L^{-1}）（以自行标定的为准）、H_2SO_4（1mol · L^{-1}）溶液、20%KI 溶液、0.2%淀粉溶液、10%KSCN 溶液。

四、实验内容

用直接称量法精确称取硫酸铜试样（自己计算应称取 $CuSO_4\cdot5H_2O$ 的量），置于 250mL 碘量瓶中，加 1mol · L^{-1} H_2SO_4 5mL 和蒸馏水 50mL，使之溶解，加入 20%KI 溶液 5mL，放置 5min，用 $Na_2S_2O_3$ 标准溶液滴定至呈浅黄色。然后加入 5mL 0.2%淀粉指示剂滴定至浅蓝色，再加入 10mL 10%KSCN 溶液，摇匀后溶液的蓝色转深（为什么?）。再用 $Na_2S_2O_3$ 标准溶液滴定到蓝色刚好消失为止，此时溶液为米色 CuSCN 悬浮液。

自己列出计算铜的质量分数的式子，并算出分析结果。

五、注意事项

测铜时，注意淀粉指示剂不要加入过早，否则终点不好观察。

六、思考题

1. 测铜含量时，为什么用硫酸酸化，而不用盐酸？

2. 本实验若不加 KSCN，将产生怎样的分析结果？

实验十　高锰酸钾标准溶液的配制与标定

一、实验目的

1. 练习高锰酸钾标准溶液的配制及标定。

2. 通过实验加深对高锰酸钾法原理及滴定条件的理解。

二、实验原理

市售高锰酸钾含有少量杂质。$KMnO_4$ 是一个很强的氧化剂，易和水中的有机物、NH_3 等微量的还原物质作用，还原产生 Mn^{2+} 及 $MnO(OH)_2$，又促进 $KMnO_4$ 溶液的分解。同时热、光、酸、碱也能促进 $KMnO_4$ 溶液的分解。

$$4KMnO_4+2H_2O \xlongequal{} 4MnO_2\downarrow+3O_2\uparrow+4KOH$$

故通常先配制一近似浓度的溶液。经煮沸放置 7～10d 后过滤除去 MnO_2，再以基准物标定，本实验采用 $Na_2C_2O_4$ 为基准物，其反应如下：

$$2KMnO_4+5Na_2C_2O_4+8H_2SO_4 \xlongequal{80℃} K_2SO_4+2MnSO_4+5Na_2SO_4+8H_2O+10CO_2\uparrow$$

高锰酸钾系自身指示剂，不需要其他指示剂。

三、实验仪器和试剂

仪器　250mL 锥形瓶、25mL 滴定管、250mL 容量瓶、250mL 烧杯。

试剂　$KMnO_4$（固体）、$Na_2C_2O_4$（分析纯或基准试剂）、H_2SO_4（$3mol\cdot L^{-1}$）溶液。

四、实验步骤

1. 配制（近似浓度 $0.02mol\cdot L^{-1}$）溶液

用粗天平称取 $KMnO_4$ 1.3g 放入小烧杯中，以 400mL 蒸馏水分次倒入，将 $KMnO_4$ 溶解，并将溶液全部转移到棕色细口瓶中，最后将剩余的全部倒入瓶中（不能用橡皮塞），摇匀，放置 7～10d 后过滤（除去 MnO_2 等杂质）。

2. 标定

精确称取纯 $Na_2C_2O_4$ 0.1300～0.1500g（如何计算?），放在 250～300mL 烧杯中，加蒸馏水 100mL 溶解并加 $3mol\cdot L^{-1}$ H_2SO_4 20mL 酸化，用温度计代替玻璃棒搅拌（注意：切勿把温度计碰坏），加热到 75～85℃，以酸式滴定管用 $KMnO_4$ 溶液滴定，直到溶液呈粉红色，在 30s 内不消失为止（滴定过程中注意观察自动催化现象），记下所消耗的 $KMnO_4$ 溶液的体积。如此重复 2～3 次。

3. 温度

在室温下，这个反应的速率缓慢，因此必须加热到 75～85℃时进行滴定，滴定完毕时，溶液的温度不低于 60℃，但是温度不宜过高，若高于 90℃会一部分 $H_2C_2O_4$ 分解。

$$H_2C_2O_4 \xlongequal{\triangle} CO_2\uparrow+CO\uparrow+H_2O$$

4. 酸度

溶液中应保持足够的酸度才能使反应能够正常进行，一般在开始时溶液的酸度为 $0.5\sim1mol\cdot L^{-1}$，滴定终了时的酸度为 $0.2\sim0.5mol\cdot L^{-1}$。酸度不够时，往往容易生成

$MnO_2 \cdot H_2O$ 沉淀，酸度过高时又会促进 $H_2C_2O_4$ 分解。

5. 滴定速度

滴定时的速度，特别是开始滴定时的速度不能太快，否则加入的 $KMnO_4$ 溶液来不及与 $C_2O_4^{2-}$ 反应，而在热的酸性溶液中分解，影响标定的准确度。

$$4MnO_4^- + 12H^+ = 4Mn^{2+} + 5O_2\uparrow + 6H_2O$$

6. 滴定终点的确定

终点时溶液中出现粉红色不能持久，因为空气中的还原性气体灰尘都能与 MnO_4^- 缓慢作用，使粉红色消失，所以滴定时溶液中出现粉红色在30s内不褪色即为终点。

五、计算

自行列出计算公式。

六、实验中注意事项

1. 温度计代替玻璃棒主要是为了测定温度，注意不要将温度计碰坏，以免造成损失，而使实验遭到失败。

2. $KMnO_4$ 溶液应在酸式滴定管中，由于 $KMnO_4$ 颜色很深，不易看清溶液凹液面的最低点。因此应该从液面最高处读数。

七、思考题

1. 配制400mL溶液为什么称取固体 $KMnO_4$ 1.3g？在标定时为什么称取 $Na_2C_2O_4$ 的质量在0.1300～0.1500g之间？

2. 标准溶液，可否用直接法配制？

3. 用 $KMnO_4$ 溶液滴定 $Na_2C_2O_4$ 时为何开始时必须让首先加入的2～3滴 $KMnO_4$ 褪色后才继续滴加 $KMnO_4$ 溶液。

4. 此实验为什么必须在酸性溶液中进行？且必须用 H_2SO_4 酸化而不能用HCl？

5. 为什么要加热，温度过高了有什么关系？（其结果是偏高还是偏低）。

实验十一　普通碳素钢中锰含量的测定（分光光度法）

一、实验目的

1. 了解分光光度计的基本结构，掌握其使用方法。

2. 学习分光光度法测定元素含量的方法。

二、实验原理

分光光度法的理论依据是朗伯-比耳定律：当一束平行单色光通过均匀的、非散射的吸光物质溶液时，溶液的吸光度与溶液浓度和液层厚度的乘积成正比。如果固定比色皿厚度，测定有色溶液的吸光度，则溶液的吸光度与浓度之间有简单的线性关系，可用标准曲线法进行定量分析。

普通碳素钢中锰含量约在0.3%～0.8%之间，在硝酸中被分解：

$$Fe + 4HNO_3 = Fe(NO_3)_3 + NO\uparrow + 2H_2O$$

$$3Mn + 8HNO_3 = 3Mn(NO_3)_2 + 2NO\uparrow + 4H_2O$$

在 Ag^+ 催化下，二价的锰可以被过硫酸铵氧化为+7价：

$$2Ag^+ + S_2O_8^{2-} + 2H_2O = Ag_2O_2 + 2SO_4^{2-} + 4H^+$$

$$2Mn^{2+} + 5Ag_2O_2 + 4H^+ = 10Ag^+ + 2MnO_4^- + 2H_2O$$

于是就可依据生成的 MnO_4^- 所呈现的紫色进行比色分析了。

三、实验仪器和试剂

仪器　721分光光度计、100mL锥形瓶、50mL容量瓶、250mL烧杯。

试剂　高锰酸钾溶液（$0.0025mol \cdot L^{-1}$）、硫磷混酸（H_2SO_4：H_3PO_4：H_2O=1：1：16）、硝酸（1：3）、15%过硫酸铵溶液（使用前配制）、硝磷混酸（500mL水中加浓H_3PO_4 30mL、浓HNO_3 60mL、$AgNO_3$ 2g，溶解后稀释至1000mL）。

四、实验内容

1. $KMnO_4$吸收曲线的绘制

取原$KMnO_4$溶液用硫磷混酸稀释至$0.00025mol \cdot L^{-1}$，再注入比色皿中，以蒸馏水为空白，在不同波长下测其吸光度，绘制吸收曲线，找出最大吸收波长。

2. $KMnO_4$工作曲线的绘制

取5个50mL容量瓶，按顺序编号，分别移入$KMnO_4$溶液1.00mL、2.00mL、3.00mL、4.00mL、5.00mL，以蒸馏水为空白，在最大吸收波长下分别测其吸光度，绘制工作曲线。

3. 试样分析

称取试样0.0500g于100mL锥形瓶中，加1：3硝酸5mL，小火加热分解，煮沸驱除氮的氧化物；加过硫酸铵溶液2mL，继续煮沸至小气泡停止发生，加硝磷混酸10mL、过硫酸铵5mL，加热煮沸，使Mn^{2+}完全氧化为MnO_4^-，待小气泡停止发生，再煮沸1～2min，冷却，稀释至50mL容量瓶中。

以测工作曲线相同的条件测其吸光度，从工作曲线上查出相应的Mn含量，计算钢中Mn的含量（以质量分数表示）。

五、思考题

1. 什么是吸收曲线？绘制吸收曲线的目的何在？
2. 测量吸光度时，为什么要用参比液？选择参比液的原则是什么？
3. 为什么绘制工作曲线和测定试样应在相同的条件下进行？这里主要指哪些条件？
4. 在选择标准系列的浓度时，应考虑哪些问题？

六、选作课题

以$Cr_2O_7^{2-}$和MnO_4^-的吸收为例，验证吸光度的加和性。

实验十二　电位滴定法测定醋酸的浓度及其离解常数

一、实验目的

1. 学会用酸度计测定溶液的pH值，了解复合电极的结构和使用方法。
2. 掌握用电位滴定法测定醋酸浓度的原理和方法。
3. 学会绘制滴定曲线并由滴定曲线确定终点时的体积，计算含量和离解常数的原理和方法。

二、实验原理

在酸碱电位滴定过程中，随着滴定剂的不断加入，被测物与滴定剂发生反应，绘制溶液的pH-V或$\Delta pH/\Delta V$-V曲线，由曲线确定滴定的终点，或根据滴定数据，由二阶微商法计算出滴定终点。

以NaOH标准溶液滴定HAc时，反应方程式为：

$$HAc + OH^- \longrightarrow Ac^- + H_2O$$

当被滴定了一半时，溶液中$[Ac^-]=[HAc]$

HAc在水溶液中的离解常数K_a为：

$$K_a=\frac{[H^+][Ac^-]}{[HAc]}$$

因此，当HAc被滴定50%时溶液pH值即为pK_a值。

三、实验仪器与试剂

1. 仪器

pHS-3C型酸度计、201复合电极、电磁搅拌器。

pHS-3C型酸度计实质上就是一个电位计，既可测量电池的电动势，也可直接利用对H^+有选择性响应的玻璃电极，直接测定溶液的pH值。

2. 试剂

0.1mol·L^{-1} NaOH标准溶液、0.1mol·L^{-1} HAc溶液、pH＝4.00邻苯二甲酸氢钾标准缓冲溶液[称取在115℃±5℃下烘干2～3h的邻苯二甲酸氢钾（$KHC_8H_4O_4$）10.21g，溶于蒸馏水，容量瓶中稀释至1L]、pH＝6.86磷酸盐标准缓冲溶液[分别称取在115℃±5℃下烘干2～3h的磷酸氢二钠（Na_2HPO_4）3.533g和磷酸二氢钾（KH_2PO_4）3.40g，溶于蒸馏水，在1000mL容量瓶中稀释至刻度]。

四、实验步骤

1. 酸度计预热20min后，按照使用说明书安装电极，调节零点，标定仪器。

2. 准确移取HAc试液20.00mL于50mL烧杯中，加蒸馏水10mL，放入搅拌磁子，插入电极。注意玻璃电极下端球泡应比甘汞电极稍高一些，以保护球泡免被碰碎。

3. 打开磁力搅拌器开关，待电表指针稳定后记下试液的pH值。然后，用NaOH标准溶液滴定，并测定各观察点的pH值。开始可以每滴加2mL或1mL测一次，在突变附近时，每滴加0.2mL或0.1mL测定一次，突变过后再逐渐增加滴加量以减少测量次数，至pH值无明显变化为止。

五、数据处理

1. 绘制pH-V及ΔpH/ΔV-V曲线，求出滴定终点，并计算HAc试液的浓度。

2. 用二阶微商法确定滴定终点，并计算HAc试液的浓度。

3. 计算醋酸的pK_a值并与文献值比较。

六、思考题

1. 电位法测定溶液pH值的原理是什么？为什么要用已知pH值的标准缓冲溶液校正？

2. 测定酸的pK_a值的准确度如何？与文献值有无差异？为什么？

3. 用酸碱电位滴定法能否分别滴定下列混合物中的各组分（假定浓度相等)？

（1）$HCl+HAc$　　（2）H_2SO_4+HAc

（3）$H_2SO_4+H_3PO_4$　　（4）$Na_2CO_3+NaHCO_3$

它们的pH-V曲线的特点如何？

七、选作课题

1. 磷酸或顺丁烯二酸的电位滴定。

2. 硼酸的电位滴定（线性滴定法）。

实验十三　离子选择性电极法测定水中微量氟

一、实验目的

1. 掌握用离子选择性电极测定微量离子的原理和方法。

2. 了解总离子强度调节缓冲溶液的意义和作用。

3. 学会标准曲线法和标准加入法测定水中微量氟的方法。

二、实验原理

离子选择性电极是一种电化学传感器，它将溶液中特定离子的活度转换成相应的电位。当F^-浓度在$1\sim10^{-6}mol\cdot L^{-1}$范围时，氟电极电位与pF成线性关系，可用标准曲线或标准加入法进行测定。能与F^-生成稳定配合物或难溶沉淀的元素（如Al、Fe、Ca、Mg等）会干扰测定，通常可用柠檬酸钠、EDTA、磺基水杨酸及大多数弱酸盐等掩蔽。

溶液的酸度对氟电极的测定有影响。在酸性溶液中，H^+与部分F^-形成HF或HF_2^-，会降低F^-的浓度；在碱性溶液中，LaF_3薄膜与OH^-发生交换作用而使测定值偏高。测定溶液的pH值宜为5～7。

测定时必须使用总离子强度调节缓冲液（TISAB）。总离子强度调节缓冲液通常由惰性电解质、pH缓冲液和掩蔽剂组成，可以起到控制一定的离子强度和酸度及掩蔽干扰离子等多种作用。

三、实验仪器与试剂

1. 仪器

测氟离子实验装置，pHS-3C型数字酸度计的测定装置见图4-13。

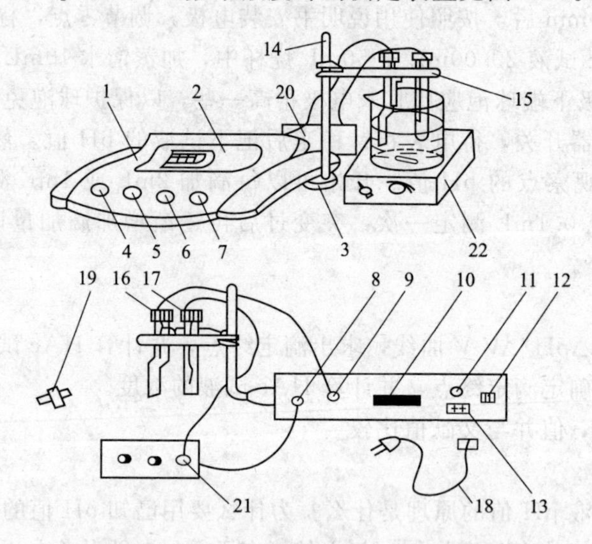

图4-13 pHS-3C型酸度计的测定装置

1—前面板；2—显示屏；3—电极梗插座；4—温度补偿调节旋钮；5—斜率补偿调节旋钮；6—定位调节旋钮；7—选择旋钮（pH或mV）；8—测量与转换电极插座；9—参比电极插座；10—铭牌；11—保险丝；12—电源开关；13—电源插座；14—电极梗；15—电极夹；16—甘汞电极；17—离子选择电极；18—电源线；19—短路插头Q；20—电极插转换器；21—转换器插座；22—磁力搅拌器

当酸度计用来测定离子浓度时，只要换上相应的离子选择电极，根据离子选择电极的电极电位值（mV）与被测物浓度关系，测其浓度。

2. 操作方法

(1) 测电位值（mV）

① 按下mV键，接上氟离子选择电极和甘汞电极。

② 用蒸馏水清洗电极，用滤纸吸干。

③ 把电极插在被测溶液内，开动磁力搅拌器，将溶液搅匀，即可读出该离子选择电极

的电极电位（mV），并自动显示正、负极性。

（2）测量值（基本同 pHS-2C 操作）

① 插上电极，按下 pH 按键，将斜率调节旋钮按顺时针旋到底（即调到 100%）。

② 先把电极用蒸馏水清洗，并用滤纸吸干，然后把电极插在标定用的已知 pH 的缓冲溶液中，调节温度补偿调节旋钮 4 使所指示的温度与溶液的温度相同，并开动磁力搅拌器使溶液搅拌均匀。

③ 调节定位调节旋钮 6，使仪器读数为标定用的缓冲溶液的 pH 值。

④ 将电极夹向上移，用蒸馏水清洗电极头部，并用滤纸吸干。

⑤ 把电极插入被测溶液内，开动磁力搅拌器，待溶液均匀后读出该溶液的 pH 值。

3. 试剂

0.0100mol·L^{-1}氟标准溶液（称取在 120℃干燥 2h 的 NaF 0.150g，溶于 100mL 煮沸的水中，加入 50mL TISAB，冷却后转移至 250mL 容量瓶中，稀释至刻度。此溶液浓度为 0.01mol·L^{-1}，贮于塑料瓶中）。

TISAB：于 1000mL 烧杯中，加入 500mL 蒸馏水和 57mL 冰醋酸、58g NaCl 及 12g 柠檬酸钠，搅拌至溶解，将烧杯置于冷水浴中，缓慢滴加 6mol·L^{-1} NaOH 溶液，直至溶液的 pH 值为 5.0～5.5，冷却至室温，转入 1000mL 容量瓶中，用蒸馏水稀释至刻度。

四、实验内容

1. 标准曲线法

（1）吸取 0.0100mol·L^{-1}氟标准溶液 1mL、3mL、5mL、7mL、9mL 于 100mL 容量瓶中，分别加入 20mL TISAB，用蒸馏水稀释至刻度，摇匀。上述溶液浓度分别为 1.00×10^{-4}mol·L^{-1}、3.00×10^{-4}mol·L^{-1}、5.00×10^{-4}mol·L^{-1}、7.00×10^{-4}mol·L^{-1}、9.00×10^{-4}mol·L^{-1}。

（2）将氟标准系列溶液由低浓度到高浓度逐个倒入测量杯中，将准备好的氟离子选择性电极和甘汞电极浸入溶液中，在电磁搅拌器中搅拌数分钟后，停止搅拌，读取平衡电位。注意每次更换溶液时，应以滤纸吸干电极上的原溶液。

（3）在坐标纸上做 mV-pF 图，即工作曲线或标准曲线。

（4）吸取试样 25mL 移入 100mL 容量瓶中，加入 20mL TISAB 溶液，用蒸馏水稀释至刻度，摇匀。在与测绘工作曲线相同的条件下，读取电位值 E_1。根据 E_1 从工作曲线上查出离子浓度，再计算试样中氟的含量。

2. 标准加入法

吸取试样 25mL 移入 100mL 容量瓶中，加入 20mL TISAB 溶液，再向该容量瓶中准确加入浓度为 1.00×10^{-2}mol·L^{-1}的氟标准溶液 1.00mL，用蒸馏水稀释至刻度，摇匀。测其平衡电位值 E_2。根据 E_1 和 E_2 计算试样中氟的含量。

五、思考题

1. 氟电极响应的是氟离子的浓度还是活度？

2. 实验中为什么要加入 TISAB？它是由哪些成分组成的？各起什么作用？

3. 直接电位法定量测定的方法有几种？试比较各种方法的优缺点及应用条件？

实验十四　排放水中铜、铬、锌及镍的测定（AAS 法）

一、实验目的

1. 掌握原子吸收分光光度法的基本原理。

2. 了解原子吸收分光光度计的基本构造，学习其操作及分析方法。

3. 学习排放水中铜、铬、锌和镍的测定方法。

二、实验原理

不同元素有一定波长的特征共振线，铜的灵敏线为 324.8nm，铬的灵敏线为 357.9nm。每种元素的原子蒸气对辐射光源的特征共振线有强烈的吸收，其吸收程度与试液中待测元素的浓度成正比，符合比耳定律。吸光度与待测元素的浓度关系可表示为：

$$A = K'c$$

式中，K'为在一定的实验条件下为常数。

利用 A 与 c 的关系，用已知不同浓度的待测离子标准溶液测出不同的吸光度，绘制成标准曲线。再测定试液的吸光度，从标准曲线上可查出试液中待测元素的含量。

不同元素的空心阴极灯用作锐线光源时，能辐射出不同的特征谱线。因此，用不同的元素灯，可在同一试液中分别测定几种不同元素，彼此干扰较少。这体现了原子吸收光谱分析法的优越性。

三、实验仪器和试剂

1. 仪器

WYX-402C 原子吸收分光光度计，主机具有内置微机系统，所有工作条件可以通过微感功能开关设定。其面板上的各功能键分布如图 4-14 所示。

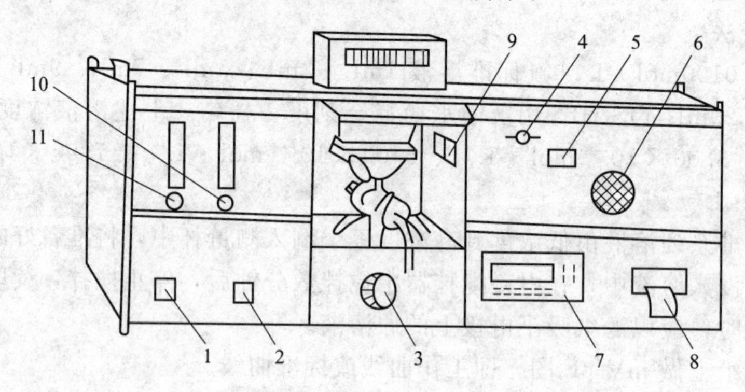

图 4-14　WYX-402C 原子吸收分光光度计

1—总电源开关；2—灯电源开关；3—燃烧器高度调节旋钮；4—通带选择旋钮；5—波长选择；6—波长选择手轮；7—控制显示功能盘；8—打印；9—通光透镜；10—燃气调节；11—助燃气调节

① 检查仪器各主要操作环节是否正常，并置于应有位置。

② 安装所需空心阴极灯，打开电源开关，通过液晶屏显示，选择能量调节功能，将所需灯电流设置相应挡，使灯预热 30min。

③ 启动空气压缩机及稳压乙炔发生器（具体操作见说明书）。

④ 初调灯位及外光路，适当选择狭缝。

⑤ 接好废液桶，用空白水喷雾到水封确定位，而后用滤纸将燃烧器缝口残液吸净。

⑥ 打开通风。

⑦ 点燃火焰，调整燃气流量到所需火焰状态，并预热燃烧器。

⑧ 选择分析条件，依次完成标准样品及测定样品的测定。

⑨ 工作结束时，首先熄灭火，切断燃气源，将乙炔放空，再切断压缩机电源，稍后关闭助燃气针形阀。

⑩ 将程序退回主目录能量调节挡，将高压、电流放到最低挡，关闭电源。

2. 试剂

金属铜、金属锌、重铬酸钾、硝酸镍（均为优级纯）；氯化铵、硝酸、盐酸等（均为分析纯）；去离子水。

铜标准溶液：溶解1.000g纯金属铜于15mL 1∶1硝酸中，转入容量瓶，用蒸馏水稀释至1000mL。此溶液1.00mL含铜1.00mg。

铬标准溶液：溶解重铬酸钾2.828g于200mL去离子水中，转入容量瓶中，加1∶1硝酸3mL，用去离子水稀释至1000mL。此溶液1.00mL含铬1.00mg。

锌标准溶液：溶解1.000g纯金属锌于20mL 1∶1硝酸中，转入容量瓶中，用去离子水稀释至1000mL。此溶液1.00mL含锌1.00mg。

镍标准溶液：溶解4.953g $Ni(NO_3)_2 \cdot 6H_2O$ 于200mL去离子水中，转入容量瓶中，加1∶1硝酸3mL，用去离子水稀释至1000mL。此溶液1.00mL含镍1.00mg。

混合标准溶液：准确吸取上述铜标准溶液10mL、铬标准溶液10mL、锌标准溶液5mL、镍标准溶液20mL于100mL容量瓶中，用去离子水稀释至刻度。此混合溶液1mL中含铜100μg、铬100μg、锌50μg、镍200μg。

四、实验内容

1. 仪器操作条件

项　目	铜	锌	镍	铬
波长/nm	324.8	213.9	232.0	357.9
灯电流/mA	3	4	8	8
光谱通带/nm	0.2	0.2	0.2	0.2
火焰	空气-乙炔	空气-乙炔	空气-乙炔	空气-乙炔
空气流量/$L \cdot min^{-1}$	10.2	10.2	10.2	10.2
乙炔流量/$L \cdot min^{-1}$	1.2	1.2	1.0	1.4

2. 标准曲线的绘制

吸取混合标准溶液0.0mL、1.0mL、2.0mL、3.0mL、4.0mL、5.0mL，分别置于6支50mL容量瓶中，每瓶中加入1∶1盐酸10mL，用去离子水稀释至刻度。按仪器操作条件，测定某一种元素时应换用该种元素的空心阴极灯作光源。用1%盐酸调节吸光度为零，测定各瓶溶液中铜、锌、镍的吸光度。记录每种金属浓度和相应的吸光度。

测定铬时，先取6支50mL干燥的比色管（或烧杯），每管中加0.2g氯化铵，再分别加入上述6个容量瓶中不同浓度的标准混合溶液20mL。待氯化铵溶解后，用1%盐酸调零。依次测定每瓶溶液中铬的吸光度，记录其浓度和相应的吸光度。

用坐标纸将铜、锌、镍、铬的含量（单位：μg）与相对的吸光度绘制出每种元素的标准曲线。

3. 排放水中铜、锌、镍和铬的测定

(1) 取样：用硬质玻璃瓶或聚乙烯瓶取样。取样瓶先用1∶10硝酸浸泡一昼夜，再用去离子水洗净。取样时，先用水样将瓶淌洗2～3次。然后立即加入一定量的浓硝酸（按每升水样加入2mL计算加入量），使溶液的pH值约为1。

(2) 试液的制备：取水样200mL于500～600mL烧杯中，加1∶1盐酸5mL，加热将溶液浓缩至20mL左右，转入50mL容量瓶中，用去离子水稀释至刻度，摇匀，用作测定试液。如有浑浊，应用快速定量干滤纸（滤纸应事先用1∶10盐酸洗过，并用去离子水洗净、晾干)，滤入干烧杯中备用。

(3) 测定：测定某一元素时应用该元素的空心阴极灯。

铬的测定：于干燥的50mL比色管中，加0.2g氯化铵，加上述制成的试液20mL，待其完全溶解后，按仪器操作条件用1%盐酸调零，测定铬的吸光度。

铜、锌和镍的测定：取制备试液，按仪器操作条件，用1%盐酸调零，分别测定铜、锌、镍的吸光度。

由标准曲线查出每种元素的含量 m，再根据水样体积 $V_{水}$ 计算出每种元素在原水样中的浓度 c：

$$c/\text{mg}\cdot\text{L}^{-1}=\frac{m/\mu\text{g}}{V/\text{mL}}$$

五、注意事项

1. 若水样中被测元素的浓度太低，则必须用萃取方法才能加以测定。萃取时可用吡咯烷二硫代氨基甲酸铵作萃取配合剂，用甲基异丁基酮作萃取剂，在萃取液中进行测定。

2. 若水样中含有大量的有机物，则需先消化除去大量有机物后才能进行测定。试液的制备方法如下：取200mL水样于400mL烧杯中，在电热板上蒸发至约10mL，冷却，加入10mL浓硝酸及5mL浓高氯酸，于通风橱内消化至冒浓白烟。若溶液仍不清澈，再加少量硝酸消化，直到溶液清澈为止（注意！消化过程中要防止蒸干)。消化完成后，冷却，加去离子水约20mL，转入50mL容量瓶中，用去离子水稀释至刻度，此溶液即可用作为试液。

六、思考题

1. 用原子吸收光谱分析法测定不同的元素时，对光源有什么要求？

2. 为什么要用混合标准溶液来绘制标准曲线？

3. 测定铬时，为什么要加入氯化铵？它的作用是什么？

4. 从这个实验了解到原子吸收光谱分析法的优点在哪里？如果用比色法来测定水样中这四种元素，它和本方法比较，有何优缺点？

实验十五　气相色谱法测定苯的同系物

一、实验目的

1. 熟悉气相色谱分析法的基本原理及定量分析的基本操作。

2. 了解气相色谱仪的基本构造及分析流程。

二、实验原理

苯、甲苯、对二甲苯、邻二甲苯等称为苯同系物，可以采用气相色谱法进行分析，采用峰面积归一化法进行定量分析。

三、实验仪器和试剂

本实验所采用的仪器（见图4-15)，为北京北分瑞利公司提供的SP-2100型气相色谱仪，带有热导池、氢火焰离子化两种检测器，并附有程序升温装置。本实验以氢气为载气，采用热导池检测器。

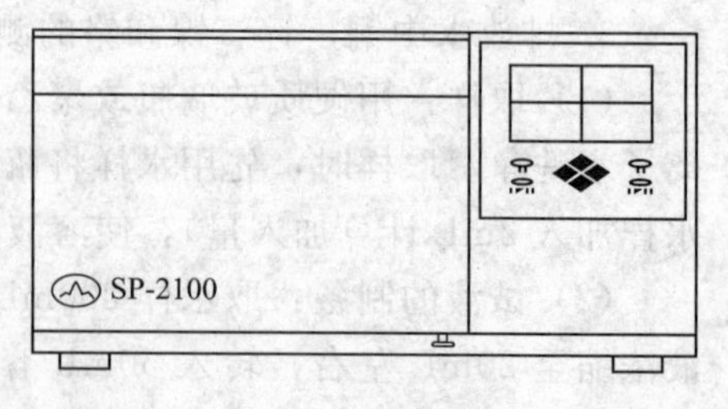

图4-15　仪器外形

仪器操作步骤如下：

1. 打开氢气钢瓶总阀，调分压阀到0.1MPa后，检查气路是否漏气，检漏后将检漏液擦干净。

2. 检查电路、气路无误后，打开仪器开关，按“状态1设定”按键切换到“设定”页面，按“←”或“→”和“↑”或“↓”按键，依次设定恒温、柱箱温度、进样器温度、检测器温度、热丝温度，按“状态/设定”按键切换到“状态”页面，检查仪器的状态是否符合所设定的工作参数，当仪器的各个温度区达到设定的温度时，仪器显示“就绪”，预热2h。

3. 打开计算机软件，选择谱图采集，观察基线是否稳定，当基线足够稳定后，按仪器前面板上“调零”按键，将基线调到零后，即可分析样品。

4. 测量完毕后，切断仪器的电源，打开柱箱门，使柱箱内冷却，最后关闭载气气源。

四、实验内容

1. 色谱柱的制备

(1) 称取邻苯二甲酸二壬酯（DNP）1g于蒸发皿中，加乙醚溶解；再将20g已烘干的60～80目红色载体倾入，所加乙醚以刚好浸过载体为宜。在红外灯下轻轻搅拌，使乙醚挥发至无醚气味为止。

(2) 称取有机皂土（Bentone-34）1g于蒸发皿中，加苯溶解；再将20g上述载体倾入，按(1)的条件操作至苯挥发干净。涂制后若有结块或过于破碎，用60目与80目两种筛子过滤，留取中间层。

(3) 将上述涂制好的固定相等量混合，装入内径3mm、长1.2m的不锈钢色谱柱中，在柱温稍高于使用温度的条件下，老化4h。

2. 操作条件

温度：柱箱100℃，检测室150℃，汽化室120℃；

载气：氢气，流速100mL·min^{-1}；

检测器：热导池，桥流150mA；

色谱柱：内径3mm，柱长1.2m，不锈钢；

固定相：60～80目6210红色载体，邻苯二甲酸二壬酯，有机皂土，液载比5%；

满屏时间：5min；

满屏量程：600～1000mV。

3. 测定

(1) 取已知各组分质量分数的苯、甲苯、对二甲苯和邻二甲苯混合液1μL注入汽化室，根据定量结果给出的峰面积，求出校正因子。

(2) 取试液1μL注入汽化室，用归一化法求出各组分的质量分数。

五、思考题

1. 校正因子的物理意义是什么？

2. 本实验为何可以采用归一化法原理测定各组分的含量？

3. 本实验中苯、甲苯、对二甲苯和邻二甲苯4组分的出峰顺序是如何？

实验十六 固体与液体有机化合物的红外光谱定性分析

一、实验目的

1. 了解红外吸收光谱的基本原理。

2. 初步掌握红外光谱测定的主要实验技术。

3. 学习用红外光谱图推断化合物的结构。

二、实验原理

所有的分子都是由化学键连接的原子组成的。当分子受到红外线照射时，则化学键产生伸缩振动和弯曲振动。此时所产生的红外吸收谱带的位置、强度、形状与化学键的性质有关，因而不同化合物中相同的基团，其吸收频率总是在一定范围内。化合物基团的这一特性即成为红外光谱定性分析的依据，因此可以用红外吸收光谱来推断样品化合物可能的结构。

三、制样方法

要获得一张质量较高的红外光谱图，除仪器本身的因素外，还需要具备两个条件：一是正确地操作仪器（选择操作条件）；二是要有适当的样品制备方法。样品的制备方法在红外光谱测试技术中占有重要地位。

制样注意事项如下。

1. 样品必须纯化

混合样品测得的红外光谱呈加和性，即各组分的吸收谱带都会在红外光谱中呈现，因此在制样前必须分离，除去杂质。

2. 除去微量水分

红外吸收光谱对水是很敏感的。只要有极微量的水分存在于样品中，就会在 $3400cm^{-1}$ 附近出现强的—OH 基谱带，影响 N—H、C—H 等键的鉴定。

3. 样品的浓度和试样厚度要适当

一张好的红外光谱图，大部分吸收谱带的透过率在 20%～80%范围内。过低的浓度或过薄的厚度往往会使弱吸收谱带和中等强度谱带消失，不能得到一张完整的吸收光谱图。反之，吸收过强，则会产生平头峰，这样就不能测得该峰的极大值，而且该平头峰可能是相距很近的双峰，因平头而无法观测到。

4. 固体样品必须磨碎

样品颗粒一定不能太粗。如果太粗，在粒子表面散乱反射就较多，结果在高频区的透过率不好，测出的谱图基线也不好。

四、各种样品的制备

各种形态的样品制样方法不同，一般可分为三类（具体方法参见配套教材）：

1. 液体样品

2. 固体样品

3. 气体样品

测试样品

1. $C_7H_6O_2$	白色晶体	熔点：122℃
2. C_7H_8	无色液体	沸点：约 110℃
3. $C_3H_8O_2$	无色黏状液体	沸点：188.2℃
4. $C_8H_8O_3$	白色晶体	熔点：125～128℃
5. $C_{16}H_{22}O_4$	无色黏状液体	沸点：340℃

五、测试步骤

首先让仪器通电预热。当仪器升温到一定温度后，再稳定 15min 左右，使仪器达到充分热平衡后，选择仪器操作条件以满足测试要求。然后选择适当的制样方法将上述欲测试的样品进行制样，置于样品光路中，将基线调至 80%左右，扫描，测得样品的红外光谱图。

六、谱图解析

由分子式求出不饱和度。由红外光谱的特征吸收谱带确定分子中存在的官能团和结构单元。根据分子式、不饱和度和其他物理、化学性质，组合结构单元，推出样品分子可能的结构式。最后将所测得的红外光谱与标准红外光谱进行对照，以确定所推结构式是否正确。将以上结果写在实验报告上。

实验十七　不同介质中苯、苯酚和胺的紫外光谱的测定

一、实验目的

1. 掌握紫外-可见分光光度计的操作方法。

2. 绘制苯、苯酚和胺的紫外光谱图，并用实验数据计算出 λ_{max} 和 ε_{max}，指出各谱带的归属。

3. 观察不同介质对这些化合物紫外光谱的影响，并作出解释。

二、实验原理

紫外-可见分光光度计的工作原理参见教材。

目前广泛使用的各种型号的紫外-可见分光光度计的光学系统大部分如图 4-16 所示。

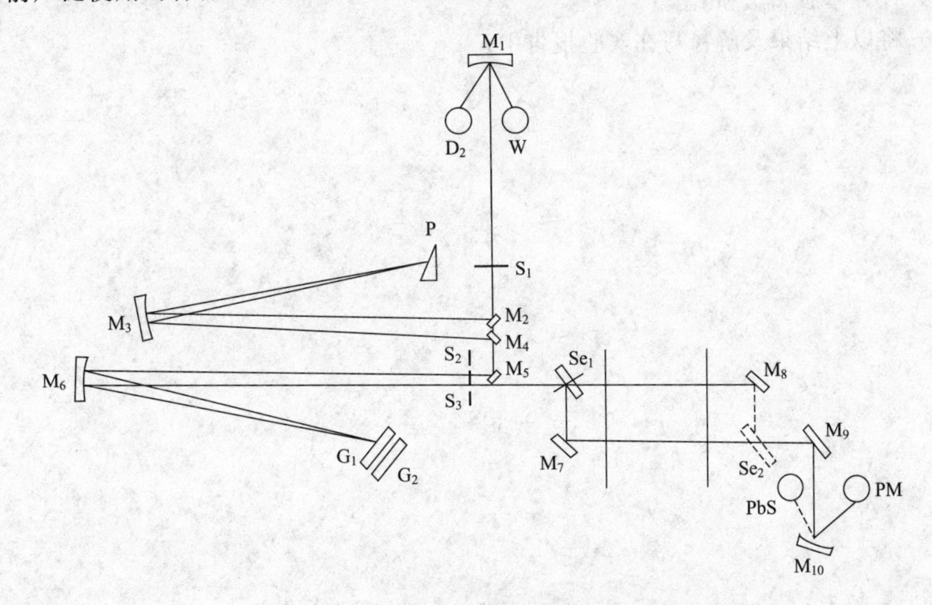

图 4-16　日立 UV340 型紫外-可见分光光度计

W—钨灯；D_2—氘灯；M_1—凹面反射镜；S_1—入射狭缝；M_2，M_4，M_5，M_6，M_7，M_8，M_9—平面反射镜；M_3，M_{10}—准直镜；P—棱镜；G_1，G_2—光栅；S_2，S_3—中间狭缝；Se_1，Se_2—扇形旋转镜；PM—光电倍增管；PbS—PbS 管

可见光由钨灯提供，紫外线由氘灯提供，按不同需要选用。光线反射到凹面光栅上进行色散分光和聚焦，经过入射狭缝到达一个以一定转速转动的切光器上，切光器交替地令分光的光束通过样品池和参比（空白）池。然后这两束光合并，在光电倍增器上给出一个交流信号。放大后送到一个显示或记录系统，即可获得光谱吸收强度信号。由凹面光栅或其他装置的连续转动即构成波长扫描。结合光谱的吸收强度变化就可获得紫外-可见光谱。

三、实验步骤

1. 紫外光谱的测定

按表 4-3 配制 6 种测试液。

表 4-3　紫外光谱测试溶液的配制

25mL 容量瓶编号	1	2	3	4	5	6
取用贮备液(2.50mL)	苯-正己烷	苯-乙醇	苯酚-乙醇	苯酚-乙醇	苯胺-乙醇	苯胺-乙醇
稀释溶剂	正己烷	乙醇	乙醇	0.1mol·L^{-1} NaOH 乙醇溶液	乙醇	0.1mol·L^{-1} HCl 乙醇溶液

2. 贮备液（准确浓度约 0.5g/L）和稀释溶剂由实验室事先准备。

3. 分别以各溶液的稀释溶剂为参比液，用 10mm 比色皿测定上述 6 种测试溶液的紫外光谱（扫描范围：200～400nm 或出现吸收峰的波长范围），并作如下比较和计算：

(1) 比较苯的正己烷溶液和苯的乙醇溶液的紫外光谱，指出它们的不同之处，为什么不同？

(2) 求出苯的 λ_{max} 和 ε_{max}。指出各吸收峰所属的吸收带类型及由何种跃迁所致？

(3) 比较苯酚和苯酚-氢氧化钠溶液的紫外光谱。指出它们的差别并解释之。

(4) 计算苯酚 λ_{max} 和 ε_{max}。

(5) 比较苯胺和苯胺-HCl 溶液的紫外光谱。指出它们的差别并解释之。

(6) 计算苯胺 λ_{max} 和 ε_{max}。

(7) 将以上结果及解释写在实验报告中。

第5章

综合、研究性实验部分

实验一 无机未知物的定性鉴定

一、实验目的

1. 学习用化学方法判别未知纯物质的化学成分的方法。

2. 加深理解元素及其化合物的性质。

3. 综合练习阴、阳离子定性分析技术。

二、实验原理

对于无机未知物的鉴定，主要通过以下步骤进行。

(1) 观察物质的颜色、气味和外形。盐类一般为结晶形的固体，而加热会分解成氧化物固体。把少量固体放在干燥的试管中用小火加热，观察它是否会分解或升华。

(2) 物质溶解性试验。

① 在试管中加少量试样和 1mL 蒸馏水，放在水浴中加热，如果看不出它有显著的溶解，可取出上层清液放在表面皿上，小火蒸干，若表面皿上没有明显的残迹就可判断试样不溶于水。对可溶于水的试样，应检查溶液的酸碱性。

② 试样中不溶于水的部分依次用稀 HCl、浓 HCl、稀 HNO_3、浓 HNO_3 和王水试验它的溶解性，然后取最容易溶解的酸作为溶剂。

(3) 阳离子检测。将少量试样溶于少量蒸馏水中，如果试样不溶于水，则取少量试样，用尽量少的酸溶解，分为两部分（一部分用于阴离子检测），先检出 NH_4^+、Fe^{3+} 和 Fe^{2+}，然后按阳离子系统分析的步骤检出各种阳离子。

(4) 阴离子检测。把清液移到另一支试管中，按阴离子分析步骤，检出各种阴离子。

三、实验仪器和试剂

仪器 离心机；酒精灯；试管；点滴板；表面皿；量筒。

试剂 H_2SO_4 (2mol·L^{-1})；HCl (6mol·L^{-1}，2mol·L^{-1})；HNO_3 (6mol·L^{-1}，2mol·L^{-1})；$NH_3 \cdot H_2O$ (2mol·L^{-1}，6mol·L^{-1})；NaOH (2mol·L^{-1}，6mol·L^{-1})；乙醇 (95%)；NH_4Cl (2mol·L^{-1}，3mol·L^{-1})；H_2O_2 (3%)；$K_4[Fe(CN)_6]$ (0.1mol·L^{-1})；NH_4Ac (3mol·L^{-1})；$KMnO_4$ (0.01mol·L^{-1})；KI (0.1mol·L^{-1})；$NaNO_2$ (0.1mol·L^{-1})；$BaCl_2$ (1mol·L^{-1})；$AgNO_3$ (0.1mol·L^{-1})；淀粉溶液，丁二酮肟；pH 试纸。

四、实验步骤

(1) 现有 3 种未知白色晶体：A 可能是 $NaNO_2$ 或 $NaNO_3$，B 可能是 $NaNO_3$ 或 NH_4NO_3，C 可能是 $NaNO_3$ 或 Na_3PO_4。试设计一操作程序将它们分别确认。

(2) 试用最简单的方法鉴别下列固体物质：Na_2CO_3、$NaHCO_3$、Na_2SO_4、Na_2SO_3、Na_2SiO_4、NaCl、Na_3PO_4。

(3) 判别下列 4 种固体金属氧化物：CuO，MnO_2，PbO_2，Co_2O_3。

要求画出鉴定步骤流程图、记录实验现象并写出反应方程式。

实验二 植物中某些元素的分离与鉴定

一、实验目的

了解从周围植物中分离和鉴定化学元素的方法。

二、实验原理

植物是有机体，主要由 C、H、O、N 等元素组成，此外，还含有 P、I 和某些金属元素，如 Ca、Mg、Al、Fe 等。把植物烧成灰烬，然后用酸浸溶，即可从中分离和鉴定出某些元素。本实验只要求分离和检出植物中 Ca、Mg、Al、Fe 四种金属元素和 P、I 两种非金属元素。

三、仪器和药品

试剂　HCl ($2mol \cdot L^{-1}$)，HNO_3 (浓)，HAc ($1mol \cdot L^{-1}$)，NaOH ($2mol \cdot L^{-1}$)，广泛 pH 试纸及鉴定 Ca^{2+}、Mg^{2+}、Al^{3+}、Fe^{3+}、PO_4^{3-}、I^- 所用的试剂。

材料　松枝、柏枝、茶叶、海带。

四、实验步骤

1. 从松枝、柏枝、茶叶等植物中任选一种鉴定 Ca、Mg、Al、Fe

取约 5g 已洗净且干燥的植物枝叶（青叶用量适当增加），放在蒸发皿中，在通风橱内用煤气灯加热灰化，然后用研钵将植物灰研细。取一勺灰粉（约 0.5g）于 10mL $2mol \cdot L^{-1}$ HCl 中，加热并搅拌促使溶解，过滤。

自拟方案鉴定滤液中 Ca^{2+}、Mg^{2+}、Al^{3+}、Fe^{3+}。

2. 从松枝、柏枝、茶叶等植物中任选一种鉴定磷

用同上的方法制得植物灰粉，取一勺溶于 2mL 浓 HNO_3 中，温热并搅拌促使溶解，然后加水 30mL 稀释，过滤。

自拟方案鉴定滤液中的 PO_4^{3-}。

3. 海带中碘的鉴定

将海带用上述方法灰化，取一勺溶于 10mL $1mol \cdot L^{-1}$ HAc 中，温热并搅拌促使溶解，过滤。

自拟方案鉴定滤液中的 I^-。

五、提示

1. 以上各离子的鉴定方法可参考附录，注意鉴定的条件及干扰离子。

2. 由于植物中以上欲鉴定元素的含量一般都不高，所得滤液中这些离子浓度往往较低，鉴定时取量不宜太少，一般可取 1mL 左右进行鉴定。

3. Fe^{3+} 对 Mg^{2+}、Al^{3+} 鉴定均有干扰，鉴定前应加以分离。可采用控制 pH 值的方法先将 Ca^{2+}、Mg^{2+} 与 Al^{3+}、Fe^{3+} 分离（参照第 6 章附录），然后再将 Al^{3+} 与 Fe^{3+} 分离。

六、思考题

1. 植物中还可能含有哪些元素？如何鉴定？

2. 为了鉴定 Mg^{2+}，某学生进行如下实验：植物灰用较浓的 HCl 浸溶后，过滤。滤液用 $NH_3 \cdot H_2O$ 中和至 pH=7，过滤。在所得的滤液中加几滴 NaOH 溶液和镁试剂，发现得不到蓝色沉淀。试解释实验失败的原因。

实验三　三草酸合铁（Ⅲ）酸钾的合成和组成分析

一、实验目的

1. 了解三草酸合铁（Ⅲ）酸钾的合成方法。

2. 掌握确定化合物化学式的基本原理和方法。

3. 巩固无机合成、滴定分析和重量分析的基本操作。

二、实验原理

三草酸合铁（Ⅲ）酸钾 $K_3[Fe(C_2O_4)_3] \cdot 3H_2O$ 为亮绿色单斜晶体，易溶于水而难溶于乙醇、丙酮等有机溶剂。受热时，在110℃下可失去结晶水，到230℃即分解。该配合物为光敏物质，光照下易分解。

本实验首先利用 $(NH_4)_2Fe(SO_4)_2$ 与 $H_2C_2O_4$ 反应制取 FeC_2O_4

$$(NH_4)_2Fe(SO_4)_2 + H_2C_2O_4 \xlongequal{} FeC_2O_4(s) + (NH_4)_2SO_4 + H_2SO_4$$

在过量 $K_2C_2O_4$ 存在下，用 H_2O_2 氧化 FeC_2O_4，即可制得产物：

$$6FeC_2O_4 + 3H_2O_2 + 6K_2C_2O_4 \xlongequal{} 4K_3[Fe(C_2O_4)_3] + 2Fe(OH)_3(s)$$

反应中产生的 $Fe(OH)_3$ 可加入适量的 $H_2C_2O_4$，将其转化为产物：

$$2Fe(OH)_3 + 3H_2C_2O_4 + 3K_2C_2O_4 \xlongequal{} 2K_3[Fe(C_2O_4)_3] + 6H_2O$$

利用如下的分析方法可测定该配合物中各组分的含量，通过推算便可确定其化学式。

1. 用重量分析法测定结晶水含量

将一定量产物在125℃下干燥，根据质量减少的情况即可计算出结晶水的含量。

2. 用高锰酸钾法测定草酸根含量

$C_2O_4^{2-}$ 在酸性介质中可被 MnO_4^- 定量氧化，反应式为：

$$5C_2O_4^{2-} + 2MnO_4^- + 16H^+ \xlongequal{} 2Mn^{2+} + 10CO_2\uparrow + 8H_2O$$

用已知浓度的 $KMnO_4$ 标准溶液滴定 $C_2O_4^{2-}$，由消耗 $KMnO_4$ 的量，便可计算出 $C_2O_4^{2-}$ 的含量。

3. 用高锰酸钾法测定铁含量

先用过量的 Zn 粉将 Fe^{3+} 还原为 Fe^{2+}，然后用 $KMnO_4$ 标准溶液滴定 Fe^{2+}：

$$Zn + 2Fe^{3+} \xlongequal{} 2Fe^{2+} + Zn^{2+}$$

$$5Fe^{2+} + MnO_4^- + 8H^+ \xlongequal{} 5Fe^{3+} + Mn^{2+} + 4H_2O$$

由消耗 $KMnO_4$ 的量，便可计算出 Fe^{3+} 的含量。

4. 确定钾含量

配合物减去结晶水、$C_2O_4^{2-}$、Fe^{3+} 的含量便可计算出 K^+ 含量。

三、仪器和药品

仪器　分析天平、烘箱。

试剂　H_2SO_4（$6mol \cdot L^{-1}$）、$H_2C_2O_4$（饱和）、$K_2C_2O_4$（饱和）、H_2O_2（5%）、C_2H_5OH（95%和50%）、$KMnO_4$ 标准溶液（$0.02mol \cdot L^{-1}$）、$(NH_4)_2Fe(SO_4)_2 \cdot 6H_2O$（s）、Zn 粉、丙酮。

四、实验步骤

1. 三草酸合铁（Ⅲ）酸钾的合成

将5g $(NH_4)_2Fe(SO_4)_2 \cdot 6H_2O$（s）溶于20mL去离子水中，加入5滴$6mol \cdot L^{-1}$ H_2SO_4酸化，加热使其溶解。在不断搅拌下再加入25mL饱和$H_2C_2O_4$溶液，然后将其加热至沸，静置。待黄色的FeC_2O_4沉淀完全沉降后，用倾析法弃去上层清液，洗涤沉淀2～3次，每次用水约15mL。

在上述沉淀中加入10mL饱和$K_2C_2O_4$溶液，在水浴上加热至40℃，用滴管缓慢地滴加12mL质量分数为5%的H_2O_2溶液，边加边搅拌并维持温度在40℃左右，此时溶液中有棕色的$Fe(OH)_3$沉淀产生。加完H_2O_2后将溶液加热至沸，分两批共加入8mL饱和$H_2C_2O_4$溶液（先加入5mL，然后慢慢滴加3mL），这时体系应该变成亮绿色透明溶液（体积控制在30mL左右）。如果体系浑浊，可趁热过滤。在滤液中加入10mL质量分数为95%的乙醇，这时溶液如果浑浊，微热使其变清。放置暗处，让其冷却结晶。抽滤，用质量分数为50%的乙醇溶液洗涤晶体，再用少量的丙酮淋洗晶体两次，抽干，在空气中干燥。称量，计算产率。产物应避光保存。

2. 组成分析

（1）结晶水含量的测定

自行设计分析方案测定产物中结晶水含量。

提示：

① 产物在125℃下烘1h，结晶水才能全部失去。

② 有关操作可参考“基本操作训练”单元。

（2）草酸根含量的测定

自行设计分析方案测定产物中$C_2O_4^{2-}$含量。

提示：

① 用高锰酸钾滴定$C_2O_4^{2-}$时，为了加快反应速率需升温至75～85℃，但不能超过85℃，否则，$H_2C_2O_4$易分解。

$$H_2C_2O_4 \xlongequal{} H_2O + CO_2 + CO$$

② 滴定完成后保留滴定液，用来测定铁含量。

（3）铁含量的测定

自行设计分析方案测定保留液中的铁含量。

提示：

① 加入的还原剂Zn粉需过量。为了保证Zn能把Fe^{3+}完全还原为Fe^{2+}，反应体系需加热。Zn粉除与Fe^{3+}反应外，也与溶液中H^+反应，因此溶液必须保持足够的酸度，以免Fe^{3+}、Fe^{2+}等水解而析出。

② 滴定前过量的Zn粉应过滤除去。过滤时要做到使Fe^{2+}定量地转移到滤液中，因此过滤后要对漏斗中的Zn粉进行洗涤。洗涤液与滤液合并用来滴定。另外，洗涤不能用水而要用稀H_2SO_4（为什么）？

（4）钾含量确定

由测得H_2O、$C_2O_4^{2-}$、Fe^{3+}的含量可计算出K^+的含量，并由此确定配合物的化学式。

五、思考题

1. 合成过程中，滴完H_2O_2后为什么还要煮沸溶液？

2. 合成产物的最后一步，加入质量分数为95%的乙醇，其作用是什么？能否用蒸干溶液的方法提高产率？为什么？

3. 产物为什么要经过多次洗涤？洗涤不充分对其组成测定会产生怎样的影响？

4. $K_3[Fe(C_2O_4)_3]\cdot 3H_2O$ 可用加热脱水法测定其结晶水含量，含结晶水的物质能否都可用这种方法进行测定？为什么？

实验四　含铬废液的处理

一、实验目的

了解含铬废液的处理方法。

二、实验原理

铬化合物对人体的毒害很大，能引起皮肤溃疡、贫血、肾炎及神经炎。所以含铬的工业废水必须经过处理达到排放标准才准排放。

Cr(Ⅲ) 的毒性远比 Cr(Ⅵ) 小，所以可用硫酸亚铁石灰法来处理含铬废液，使 Cr(Ⅵ) 转化成 $Cr(OH)_3$ 难溶物除去。

Cr(Ⅵ) 与二苯碳酰二肼作用生成紫红色配合物，可进行比色测定，确定溶液中 Cr(Ⅵ) 的含量。Hg(Ⅰ，Ⅱ) 也与配合剂生成紫红色化合物，但在实验的酸度下不灵敏。Fe(Ⅲ) 浓度超过 $1mg\cdot L^{-1}$时，能与试剂生成黄色溶液，后者可用 H_3PO_4 消除。

三、实验仪器和试剂

仪器　721 型分光光度计，抽滤装置，移液管（10mL，20mL），吸量管（10mL，5mL），比色管（25mL）。

试剂　含铬（Ⅵ）废液，混酸（15％H_2SO_4＋15％H_3PO_4＋70％H_2O_2），$FeSO_4\cdot 7H_2O$（固），NaOH（固），二苯碳酰二肼溶液，H_2O_2。

四、实验内容

1. 氢氧化物沉淀

在含铬（Ⅵ）废液中逐滴加入 3mol/L H_2SO_4 使呈酸性，然后加入 $FeSO_4\cdot 7H_2O$ 固体充分搅拌使溶液中 Cr(Ⅵ) 转变成 Cr(Ⅲ)。加入 CaO 或 NaOH 固体，将溶液调至 pH 值近似为 9 生成 $Cr(OH)_3$和 $Fe(OH)_3$等沉淀，可过滤除去。

2. 残留液的处理

将除去 $Cr(OH)_3$ 的滤液，在碱性条件下加入 H_2O_2，使溶液中残留的 Cr(Ⅲ) 转化为 Cr(Ⅵ)。然后除去过量的 H_2O_2。

3. 标准曲线的绘制

用移液管量取 10mL Cr(Ⅵ) 贮备液［此液含 Cr(Ⅵ) $0.100mg\cdot mL^{-1}$］，放入 1000mL 的容量瓶中，用蒸馏水稀释至刻度，摇匀备用。

用吸量管或移液管分别量取 1.00mL、2.00mL、4.00mL、6.00mL、8.00mL、10.00mL 上面配制的 Cr(Ⅵ) 标准溶液，加入 6 个 25mL 的比色管中，加上了 5 滴混酸（H_3PO_4 ∶ H_2SO_4＝1∶1），摇匀后再分别加入 15mL 二苯碳酰二肼溶液，再摇匀。用水稀释至刻度。用分光光度计、以 540nm 波长，2cm 比色皿测定各溶液的吸光度，绘制标准曲线，从曲线上查出含铬废液中 Cr(Ⅳ) 的含量。

五、思考题

1. 本实验中加入 CaO 或 NaOH 固体后，首先生成的是什么沉淀？

2. 在实验内容步骤 2 中，为什么要除去过量的 H_2O_2？

实验五　化学反应热效应的测定

一、实验目的

1. 了解化学反应热效应的测定法。

2. 进一步练习分析天平的使用，熟悉溶液的配制方法。

二、实验原理

在化学反应过程中，体系吸收或放出的热量称为反应热。本实验通过锌粉和硫酸铜溶液的反应测定反应热。锌是一种活泼金属，它在金属活动顺序表中处于铜的前面，所以它可以从铜盐的溶液中将铜置换出来。反应如下：

$$Zn+CuSO_2 \xlongequal{} ZnSO_4+Cu+Q$$

$$Q_{(298K)}=216.8kJ \cdot mol^{-1}$$

该反应是放热反应，每摩尔锌置换铜离子时所放出的热量，就是这个反应热。通过溶液的比热容和反应过程中溶液的温度改变的测定进行计算，可以求得它的反应热。计算公式如下：

$$Q=\Delta TcVd\ \frac{1}{n}\times\frac{1}{1000}kJ \cdot mol^{-1}$$

式中，Q 为反应热，$kJ \cdot mol^{-1}$；ΔT 为溶液的温升，℃；c 为溶液的比热容，$J \cdot g^{-1} \cdot ℃^{-1}$；$V$ 为 $CuSO_4$ 溶液的体积，mL；d 为溶液的密度，$g \cdot mL^{-1}$；n 为 V 体积溶液中 $CuSO_4$ 的物质的量，mol。

三、仪器和试剂

仪器　分析天平、台秤、温度计（－5～＋50℃，1/10℃）1 支、保温杯 1 只（也可以用 250mL 塑料烧杯放在 1000mL 大烧杯中，两杯间填以泡沫塑料），配上聚苯乙烯泡沫塑料盖、250mL 容量瓶 1 只、50mL 移液管 1 支。

试剂　$CuSO_4 \cdot 5H_2O$ 晶体（分析纯）锌粉（化学纯）。

四、实验步骤（本实验需两人一组）

1. 实验装置的准备

① 实验装置如图 5-1 所示。

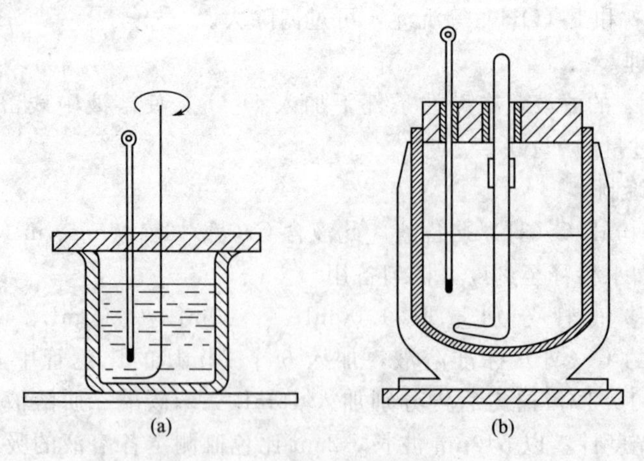

图 5-1　反应热测定装置示意图

② 用台秤称取 3g 锌粉。

③ 在分析天平上称出配制 250mL 0.2mol·L^{-1} $CuSO_4$ 溶液所需要 $CuSO_4 \cdot 5H_2O$ 晶体的质量，用 250mL 容量瓶配制成溶液，准确计算 $CuSO_4$ 溶液的浓度。

④ 用 50mL 移液管准确量取 0.2mol·L^{-1} $CuSO_4$ 溶液 100mL，放入外套泡沫塑料的烧杯［见图 5-1（a）］或保温杯［见图 5-1（b）］中，在泡沫塑料盖中插入 1/10℃温度计和有外套塑料管的铁丝搅棒。

⑤ 用搅棒不断搅动溶液，每隔 20s 记录一次温度。

⑥ 在测定开始 2min 后迅速添加 3g 锌粉（注意仍需不断搅动溶液），并继续每隔 20s 记录一次温度。记录温度至上升到最高点后再继续测定 2min。

数据记录如下：

时间 t	
温度 T	

2. 作图

用坐标纸按图 5-2 所示，以 T（温度）对 t（时间）作图。横坐标表示的时间每 20s 用 1cm，纵坐标表示的温度每度用 1cm，按图 5-2 所示求得反应溶液的温度变化 ΔT。

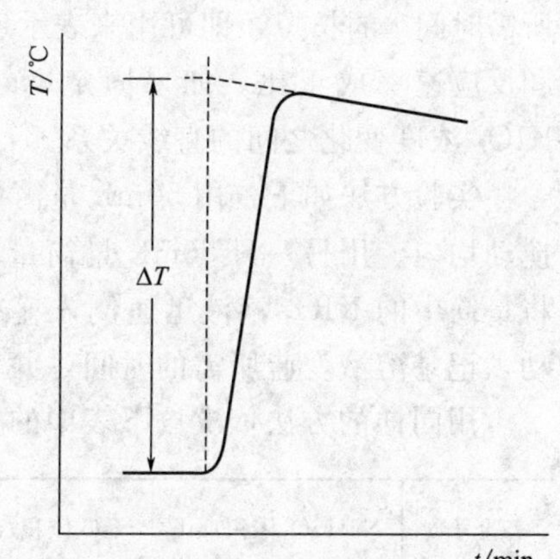

图 5-2　反应时间与温度变化的关系

3. 根据实验原理中的公式计算反应热 Q

设：① 溶液的比热容为 4.18J·g^{-1}·$℃^{-1}$；

② 每毫升 $CuSO_4$ 溶液的质量为 1g；

③ 反应器热容量忽略不计。

4. 原因分析

试分析造成实验误差的主要原因。

五、思考题

1. 如何在容量瓶中配制 0.2mol·L^{-1} $CuSO_4$ 溶液？
2. 实验中所用锌粉为何只需用台秤称取？
3. 如何根据实验结果计算反应的热效应？

实验六　化学反应速率和化学平衡

一、实验目的

1. 了解浓度、温度、催化剂对反应速率的影响。
2. 了解浓度、温度对化学平衡移动的影响。
3. 练习在水浴中保持恒温的操作。
4. 根据实验数据练习作图。

二、实验原理

化学反应速率是以单位时间内反应物浓度或生成物浓度的改变来计算的。影响化学反应速率的因素有浓度、温度、催化剂等。化学反应速率与各反应物浓度幂的乘积成正比。根据经验速率方程式，温度对反应速率有显著的影响。催化剂的存在可以剧烈地改变反应速率。

在可逆反应中，当正逆反应速率相等时，即达到了化学平衡。当外界条件例如浓度、压力或温度等改变时，平衡将发生移动。吕·查德里原理（当条件改变时，平衡就向能减弱这个改变的方向移动）可用来判断平衡移动的方向。

三、仪器和试剂

仪器　秒表 1 只、温度计（100℃）2 支、烧杯（100mL、400mL）各 2 只、NO_2 平衡

仪 1 只、量筒（50mL）2 只。

试剂　固体试剂：MnO_2。溶液：0.05mol·L^{-1} KIO_3（称取 10.7g 分析纯 KIO_3 晶体溶于 1L 水中）、0.05mol·L^{-1} $NaHSO_3$（称取 5.2g 分析纯 $NaHSO_3$ 和 5g 可溶性淀粉，配制成 1L 溶液。配制时先用少量水将 5g 淀粉调成浆状，然后倒入 100～200mL 沸水中，煮沸，冷却后加入 $NaHSO_3$ 溶液，然后加水稀释到 1L）、$FeCl_3$（0.01mol·L^{-1}，饱和）、KSCN（0.03mol·L^{-1}，饱和）、3%H_2O_2。

四、实验内容

1. 浓度对反应速率的影响（需两人合做）

碘酸钾 KIO_3 可氧化亚硫酸氢钠而本身被还原，其反应如下：

$$2KIO_3+5NaHSO_3 \xlongequal{} Na_2SO_4+3NaHSO_4+K_2SO_4+I_2+H_2O$$

反应中生成的碘可使淀粉变为蓝色。如果在溶液中预先加入淀粉作指示剂，则淀粉变蓝所需时间 t 的长短，即可用来表示反应速率的快慢。时间 t 是和反应速率成反比，而 $1/t$ 则和反应速率成正比。如果固定 $NaHSO_3$ 的浓度，改变 KIO_3 的浓度，则可以得到 $1/t$ 和 KIO_3 浓度变化之间的直线关系。

实验方法如下：用 50mL 量筒量取 10mL $NaHSO_3$ 和 35mL 水，倒入 100mL 小烧杯中，搅动均匀。用另一只 50mL 量筒量取 5mL 0.05mol·L^{-1} KIO_3 溶液。准备好秒表和搅棒，将量筒中的 KIO_3 溶液迅速倒入盛有 $NaHSO_3$ 溶液的小烧杯中，立刻看秒表计时并加以搅动，记录溶液变蓝所需的时间，并填入下面表格中。

用同样的方法依次按下表中的实验号数进行。

实验号数	$NaHSO_3$体积/mL	H_2O体积/mL	KIO_3体积/mL	浓液变蓝时间 t/s	$(1/t)\times100$	KIO_3 的浓度×200/mol·L^{-1}
1	10	35	5			
2	10	30	10			
3	10	25	15			
4	10	20	20			
5	10	25	25			

根据上列实验数据，以 KIO_3 的浓度（mol·L^{-1}）×200 为横坐标，$(1/t)\times100$ 为纵坐标，坐标图纸绘制曲线。

2. 温度对反应速率的影响（需两人合做）

在一只 100mL 小烧杯中加入 10mL $NaHSO_3$ 和 35mL 水，用量筒量取 1mL KIO_3 溶液加入另一试管中，将小烧杯和试管同时放在热水浴中，加热到比室温高 10℃左右，拿出，将 KIO_3 溶液倒入 $NaHSO_3$ 溶液中，立刻看秒表计时，记录淀粉变蓝时间，并填入下面表格中。

实验号数	$NaHSO_3$ 体积/mL	H_2O 体积/mL	KIO_3 体积/mL	实验温度 T/℃	淀粉变蓝时间 t/s

水浴可用 400mL 烧杯加水，用小火加热，控制温度高出要测定的温度约 10℃，不宜过

高。如果在室温30℃以上做本实验时，用冰浴来代替热水浴温度要比室温低10℃左右，记录淀粉变蓝时间，并与室温时淀粉变蓝时间作比较。

根据实验结果，作出温度对反应速率影响的结论。

3. 催化剂对反应速率的影响

H_2O_2 溶液在常温能分解而放出氧，但分解很慢，如果加入催化剂（如二氧化锰、活性炭等），则反应速率立刻加快。在试管中加入3mL 3% H_2O_2 溶液，观察是否有气泡发生。用角匙的小端加入少量 MnO_2 观察气泡发生的情况，试证明放出的气体是氧气。

4. 浓度对化学平衡的影响

取稀 $FeCl_3$ 溶液（0.01mol·L^{-1}）和稀KSCN溶液（0.03mol·L^{-1}）各6mL，倒入小烧杯内混合，由于生成 $Fe(SCN)_n^{3-n}$ 而使得溶液呈深红色：$Fe^{3+}+nSCN^- \rightleftharpoons Fe(SCN)_n^{3-n}$

将所得溶液平均分装在三支试管中，在两支试管中分别加入少量饱和 $FeCl_3$ 溶液、饱和KSCN溶液，充分振荡使混合均匀，注意它们颜色的变化，并与另一支试管中的溶液进行比较。

根据质量作用定律，解释各试管中溶液的颜色变化。

5. 温度对化学平衡的影响

取一只带有两个玻璃球的平衡仪（见图5-3），其中二氧化氮和四氧化二氮处于平衡状态，其反应如下：

$$2NO_2 \rightleftharpoons N_2O_4 + 54.431kJ \cdot mol^{-1}$$

NO_2 为深棕色气体，N_2O_4 为无色气体，这两种气体混合物则视二者的相对含量而具有由淡棕至深棕的颜色。

将一只玻璃球浸入热水中，另一只玻璃球浸入冰水中，观察两只玻璃球内气体颜色的变化。试从观察到的现象，指出玻璃球中气体的平衡各向哪一方向移动？并用吕·查德里原理说明。

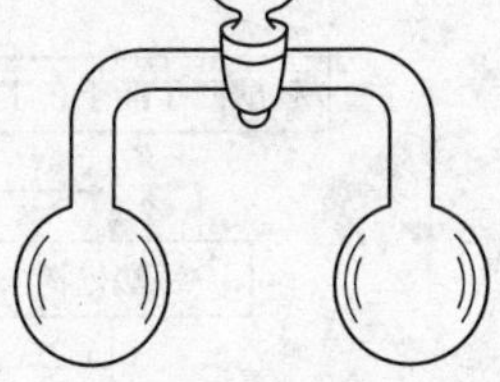

图5-3　平衡仪

五、思考题

1. 何谓化学反应速率？影响化学反应速率的因素有哪些？本实验中如何试验浓度、温度、催化剂对反应速度的影响？

2. 何谓化学平衡？化学平衡在什么情况下将发生移动？如何判断化学平衡移动的方向？本实验中如何试验浓度、温度对化学平衡的影响？

实验七　纳米 $BaTiO_3$ 的制备与表征

一、实验目的

1. 学习和掌握溶胶-凝胶法制备纳米粉体材料的技术。

2. 学习纳米粉体材料表征的方法。

3. 了解纳米粉体材料的应用和纳米技术的发展。

二、实验原理

纳米材料和纳米技术将在21世纪发挥重大作用。纳米粉是纳米材料的基础，而溶胶-凝胶（sol-gel）法是制备纳米粉的有效方法之一。

该方法的简单原理是：钛酸四丁酯吸收空气或体系中的水分而逐渐水解，水解产物发生失水缩聚形成三维网络状凝胶，而 Ba^{2+} 或 $Ba(Ac)_2$ 的多聚体均匀分布于网络中。高温热处理时，溶剂挥发或灼烧-Ti-O-Ti-多聚体与 $Ba(Ac)_2$ 分解产生的 $BaCO_3$（X射线衍射分析表明，在形成 $BaTiO_3$ 前有 $BaCO_3$ 生成），生成 $BaTiO_3$。

纳米粉的表征方法可以用X射线衍射（XRD）、透射电子显微镜（TEM）、比表面积测定和红外透射光谱等方法，本实验仅采用XRD技术。

三、实验步骤

1. 溶胶-凝胶的制备

准确称取钛酸四丁酯10.2108g（0.03mol）置于小烧杯中，倒入30mL正丁醇使其溶解，搅拌下加入10mL冰醋酸，混合均匀。另准确称取等物质的量已干燥过的无水醋酸钡（0.03mol，7.6635g），溶于15mL蒸馏水中，形成$Ba(Ac)_2$水溶液。将其加入钛酸四丁酯的正丁醇溶液中，边滴加边搅拌，混合均匀后用冰醋酸调pH值为3.5，即得到淡黄色澄清透明的溶胶。用普通分析滤纸将杯口盖上、扎紧，在室温下静置24h，即可得到近乎透明的凝胶。

干凝胶的制备：将凝胶捣碎，置于烘箱中，在100℃温度下充分干燥（24h以上），去除溶剂和水分，即得凝胶。研细备用。

2. 高温灼烧处理

将研细的干凝胶置于坩埚中进行热处理。先以4℃·min^{-1}的速度升温至250℃，保温1h后彻底除去粉料中的有机溶剂。然后以8℃·min^{-1}的速度升温至1000℃，高温灼烧保温2h，然后自然降至室温，即得到白色或淡黄色固体，研细即可得到结晶态$BaTiO_3$纳米粉。$BaTiO_3$纳米粉的制备流程如图5-4所示。

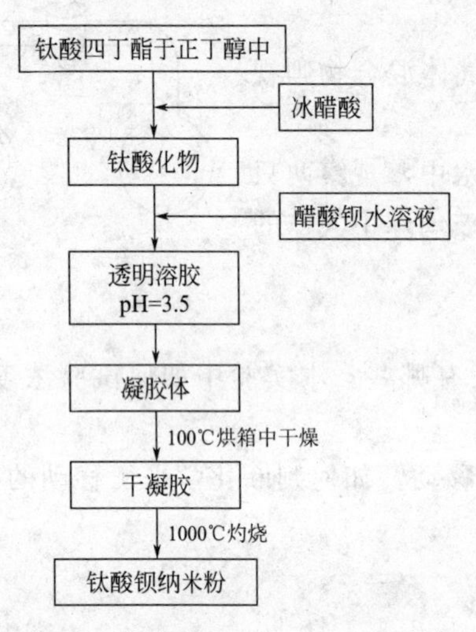

图5-4 溶胶-凝胶（sol-gel）法制备$BaTiO_3$纳米粉的工艺过程

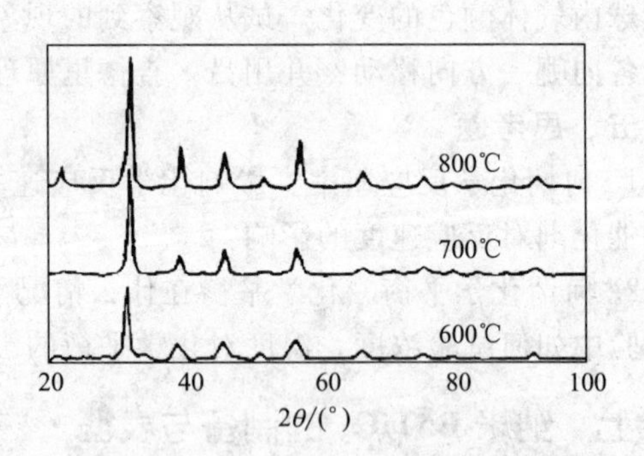

图5-5 $BaTiO_3$纳米粉XRD标准谱图

3. 纳米粉的表征

将$BaTiO_3$粉涂于专用样品板上，于X射线衍射仪上测定衍射图，对得到的数据进行计算机检索或与标准图谱对照，可以证实所制$BaTiO_3$粉是否为结晶态，同时还可以根据已给的公式计算所得$BaTiO_3$粉是否为纳米粒子。$BaTiO_3$纳米粉XRD标准谱图见图5-5。

$BaTiO_3$纳米粉的平均晶粒尺寸可以由下式计算：

$$D=0.9\lambda/(\beta\cos\theta)$$

式中，D为晶粒尺寸，纳米微粒一般在1～100nm之间；λ为入射X射线波长，对Cu靶，$\lambda=0.1542$nm；θ为X射线衍射的布拉格角，(°)；β为θ处衍射峰的半高宽（以rad计），其中β和θ可由X射线衍射数据直接给出。

四、注意事项

1. 本实验所用溶胶-凝胶法为广义的溶胶-凝胶法，水解得到的干凝胶并非无定形的 $BaTiO_3$，而是一种混合物，只有经过适当的热处理才成为纯相的 $BaTiO_3$ 纳米粉。

2. 确定热处理温度要通过 DTA 曲线。教师在实验课上应对 DTA 曲线及其意义进行分析说明。

3. 在制备前驱体溶胶时，应清澈透明略有黄色并有一定黏度，若出现分层或沉淀，则表示失败。

实验八 纳米 TiO_2 的低温制备、表征及光催化活性检测

一、实验目的

1. 学习蒸汽-水热法制备纳米 TiO_2 的基本过程。
2. 了解纳米材料表征的基本参数和数据处理方法。
3. 学习和了解一些现代仪器的基本情况。
4. 了解半导体光催化的基本原理及应用。

二、实验原理

1. 纳米 TiO_2 的制备（蒸汽-水热法）

(1) 以 $Ti(SO_4)_2$ 为钛源：

$$Ti(SO_4)_2+4H_2O\xrightarrow{p,T}Ti(HO)_4\downarrow+2H_2SO_4$$

$$Ti(HO)_4\xrightarrow{p,T}TiO_2+2H_2O$$

(2) 以酞酸丁酯（TBOT）为钛源：

$$Ti(OC_4H_9)_4+4H_2O\xrightarrow{p,T}Ti(HO)_4\downarrow+4C_4H_9OH$$

$$Ti(HO)_4\xrightarrow{p,T}TiO_2+2H_2O$$

(3) 以 $Ti(Cl)_4$ 为钛源：

$$Ti(Cl)_4+4H_2O\xrightarrow{p,T}Ti(HO)_4\downarrow+4HCl$$

$$Ti(HO)_4\xrightarrow{p,T}TiO_2+2H_2O$$

2. 光催化机理

TiO_2 光生空穴的氧化电位以标准氢电位计为 3.0V，比臭氧的 2.07V 和氯气的 1.36V 高许多，具有较强的氧化性。高活性的光生空穴具有很强的氧化能力，可以将吸附在半导体表面的 OH^- 和 H_2O 进行氧化，生成具有强氧化性的 $\cdot OH$。光生电子可将吸附在催化剂表面的分子氧转化成过氧根（$\cdot O_2^-$），最后生成具有强氧化性的 $\cdot OH$。同时空穴本身也可以夺取吸附在 TiO_2 表面的有机污染物中的电子，使原本不吸光的物质能直接氧化。在光催化反应体系中，这两种氧化方式可能单独起作用，也可能同时起作用。

三、仪器及试剂

催化剂的 X 射线粉末衍射（XRD）在德国 Bruker 公司 D8-Advance 型 XRD 仪上测定，电压 40kV，电流 40mA。催化剂的形貌用美国 FEI 公司 TECNAI G^2 STWin 型透射电子显微镜（TEM）观察。紫外-可见漫反射光谱在日本日立公司 UV-3010 型紫外-可见分光光度仪上测定。X 射线光电子能谱（XPS）在美国 VG 公司 Multilab 2000 型 X 射线光电子能谱仪上测定。

内衬聚四氟乙烯的反应釜（100mL，3 套），内衬聚四氟乙烯的反应釜内胆（25mL，3

个），烧杯（50mL）以及玻璃棒若干，恒温箱，抽滤装置，圆柱形硬质石英瓶（70mL，4个），容量瓶（50mL，2个），搅拌子（2个），自制光反应器，pH计，移液管（2mL，2支），洗耳球2个，洗瓶，EP管（5mL，若干），离心机，Lambda25型紫外-可见分光光度计（美国PE），计算机。

$Ti(SO_4)_2$（分析纯），酞酸丁酯（TBOT）（分析纯），HCl（分析纯），无水乙醇（分析纯），$0.01mol \cdot L^{-1}$ $BaCl_2$ 溶液，$0.01mol \cdot L^{-1}$ $AgNO_3$ 溶液，$5.00 \times 10^{-4} mol \cdot L^{-1}$ RhB溶液，$5.00 \times 10^{-4} mol \cdot L^{-1}$ SRB溶液，1∶100的高氯酸溶液，二次蒸馏水。

四、实验步骤

1. 纳米 TiO_2 的制备（蒸汽-水热法）

（1）以 $Ti(SO_4)_2$ 为钛源

配制10mL $0.4mol \cdot L^{-1}$ 的 $Ti(SO_4)_2$ 溶液，将10mL $0.4mol \cdot L^{-1}$ 的 $Ti(SO_4)_2$ 溶液盛装于25mL反应釜内胆中，将25mL反应釜内胆置于装有20mL蒸馏水的100mL外胆高压反应釜中密封，置于恒温箱中，180℃恒温12h。待反应釜自然冷却之后，取出反应釜内胆，得到的白色沉淀进行真空抽滤，用去离子水清洗，反复进行多次，利用 $BaCl_2$ 溶液检测无 SO_4^{2-} 为止，最后用无水乙醇清洗一次，于80℃干燥。

（2）以酞酸丁酯（TBOT）为钛源

将10mL TBOT盛装于25mL反应釜内胆中，将25mL反应釜内胆置于装有20mL蒸馏水的100mL外胆高压反应釜中密封，置于恒温箱中180℃恒温12h。待反应釜自然冷却之后，取出反应釜内胆，得到的白色沉淀进行真空抽滤，用去离子水清洗，反复进行3次，最后用无水乙醇清洗一次，于80℃干燥。

（3）以 $Ti(Cl)_4$ 为钛源

边搅拌边将5mL $Ti(Cl)_4$ 溶于5mL浓HCl中，将此混合溶液盛装于25mL反应釜内胆中，将25mL反应釜内胆置于装有20mL蒸馏水的100mL外胆高压反应釜中密封，置于恒温箱中180℃恒温12h。待反应釜自然冷却之后，取出反应釜内胆，得到的白色沉淀进行真空抽滤，用去离子水清洗，反复进行多次，利用 $AgNO_3$ 溶液检测无 Cl^- 为止，最后用无水乙醇清洗一次，于80℃干燥。

2. 纳米 TiO_2 的表征

（1）利用X射线衍射仪（XRD）对纳米 TiO_2 进行晶型和粒径分析

利用Scherrer公式计算粉体的平均晶粒尺寸：

$$D_{平均} = K\lambda / \beta\cos\theta$$

式中，$D_{平均}$ 为晶粒大小，nm；K 为常数，$K=0.89$；λ 为X射线波长（$\lambda=0.15406nm$）；θ 为布拉格衍射角；β 为衍射角的半高峰宽。

（2）利用X射线光电子能谱（XPS）对纳米 TiO_2 的价键结构进行分析。

（3）利用透射电镜分析纳米 TiO_2 的形貌和分散度。

（4）利用紫外-可见漫反射光谱分析纳米 TiO_2 的禁带宽度。

3. 光催化降解有机染料

纳米 TiO_2 对有机染料RhB及SRB的紫外光催化降解：在70mL圆柱形硬质石英瓶中，加入1.5mL $5.00 \times 10^{-4} mol \cdot L^{-1}$ RhB溶液定容到50mL，然后加入10mg纳米 TiO_2，用1∶100的高氯酸调节pH值为3.00，均匀混合后将其转入反应器中计时进行反应，暗反应30min后，开始加外光，间隙一定的时间，取约3mL样品置于离心管中，$8000r \cdot min^{-1}$ 离心10min。测其吸光度，并作图。以同样的方法同时进行SRB的暗反应降解。

五、数据记录与处理

1. 光催化降解的动力学曲线分析

以 t-(A_t/A_0) 作图，得出体系褪色率。

2. XRD晶相纳米尺寸分析

纳米 TiO_2 的粒径分析（专用软件及 Origin 软件），利用 Scherrer 公式计算粉体的平均晶粒尺寸。

3. 利用X射线光电子能谱（XPS）对纳米 TiO_2 的价键结构进行分析（专用软件及 Origin 软件）。

4. 利用透射电镜分析纳米 TiO_2 的形貌和分散度。

5. 利用紫外-可见漫反射光谱分析纳米 TiO_2 的禁带宽度（Origin 软件）。

六、注意事项

1. 使用聚四氟乙烯的反应釜反应时压力较大，为防止发生意外，请注意溶液体积不要超过总体积的 4/5。

2. 光催化活性实验中需注意所有降解实验都要在同一光照强度下进行。

七、思考题

1. 不同钛源对制得的纳米 TiO_2 的光催化活性有何影响？

2. 不同钛源对 TiO_2 的晶相、晶型、分散性等有何影响？

实验九　高盐废水可溶性氯化物中氯含量的测定（莫尔法）

一、实验目的

1. 掌握沉淀滴定法的原理及滴定方法。

2. 掌握 $AgNO_3$ 标准溶液的配制、标定及滴定的基本操作。

3. 掌握可溶性氯化物中氯含量的测定方法。

二、实验原理

废水中可溶性氯化物中氯含量的测定常采用莫尔法。此方法是在中性或弱碱性溶液中，以 K_2CrO_4 为指示剂，用 $AgNO_3$ 标准溶液进行滴定。由于 AgCl 的溶解度比 Ag_2CrO_4 的溶解度略小，因此溶液中首先析出 AgCl 沉淀，当 AgCl 定量沉淀后，过量一滴 $AgNO_3$ 溶液即与 ${CrO_4}^{2-}$ 生成砖红色 Ag_2CrO_4 沉淀，指示达到终点。主要反应如下：

$$Ag^+ + Cl^- \xlongequal{} AgCl\downarrow \text{（白色）} \qquad K_{sp}=1.8\times10^{-10}$$

$$2Ag^+ + CrO_4^{2-} \xlongequal{} Ag_2CrO_4\downarrow \text{（砖红色）} \qquad K_{sp}=2.0\times10^{-12}$$

滴定必须在中性或弱碱性溶液中进行，最适宜 pH 值范围为 6.5～10.5。如有铵盐存在，溶液的 pH 值必须控制在 6.5～7.2 之间。

指示剂的用量对滴定有影响，一般以 $5\times10^{-3}mol\cdot L^{-1}$ 为宜。凡是能与 Ag^+ 生成难溶性化合物或配合物的阴离子，如 PO_4^{3-}、AsO_4^{3-}、AsO_3^{3-}、S^{2-}、CO_3^{2-}、$C_2O_4^{2-}$ 等都干扰测定。其中 H_2S 可加热煮沸除去，将 SO_3^{2-} 氧化成 SO_4^{2-} 后不再干扰测定。大量的 Cu^{2+}、Ni^{2+}、Co^{2+} 等有色金属离子将影响终点的观察。凡是能与 ${CrO_4}^{2-}$ 指示剂生成难溶化合物的阳离子也干扰测定，如 Ba^{2+}、Pb^{2+} 能与 CrO_4^{2-} 分别生成 $BaCrO_4$ 和 $PbCrO_4$ 沉淀。Ba^{2+} 的干扰可加入过量 Na_2SO_4 消除。Al^{3+}、Fe^{3+}、Bi^{3+}、Sn^{4+} 等高价金属离子在中性或弱碱性溶液中易水解产生沉淀，也不应存在。

三、仪器及试剂

25mL 酸式滴定管一支，5mL、20mL 移液管各一个，小烧杯，100mL、500mL 容量瓶各一个，250mL 锥形瓶 3 个，电子天平，pH 计，洗耳球两个，洗瓶一个。

$AgNO_3$（分析纯），NaCl（优级纯，使用前在高温炉中于 500～600℃下干燥 2h，贮于干燥器内备用），K_2CrO_4 溶液（$50g \cdot L^{-1}$）。

四、实验步骤

1. 配制 $0.10mol \cdot L^{-1}$ $AgNO_3$ 溶液

称取 $AgNO_3$ 晶体 8.5g 于小烧杯中，用少量水溶解后，转入棕色试剂瓶中，稀释至 500mL 左右，摇匀置于暗处，备用。

2. $0.10mol \cdot L^{-1}$ $AgNO_3$ 溶液浓度的标定

准确称取 0.5500g 基准试剂 NaCl 于小烧杯中，用水溶解完全后，完全转移到 100mL 容量瓶中，用水稀释至刻度，摇匀。

用移液管准确移取 20.00mL NaCl 溶液，置于 250mL 锥形瓶中，加 20mL 水、$50g \cdot L^{-1}$ K_2CrO_4 1mL，在不断摇动下，用 $AgNO_3$ 溶液滴定至溶液呈砖红色即为终点。平行做三份，计算 $AgNO_3$ 溶液的准确浓度。

根据 NaCl 标准溶液的浓度和滴定中所消耗的 $AgNO_3$ 的体积，计算 $AgNO_3$ 的浓度（$mol \cdot L^{-1}$）。

3. 试样分析

准确量取废水试样 20.00mL 三份，移入 250mL 锥形瓶中，加 20mL 水、$50g \cdot L^{-1}$ K_2CrO_4 1mL，在不断摇动下，用 $AgNO_3$ 溶液滴定至溶液呈砖红色即为终点。平行测定三份。

根据试样的质量和滴定中消耗的 $AgNO_3$ 标准溶液的体积，计算试样中 Cl^- 的含量。

五、数据记录与处理

（1）滴定体积记录

实验数据记录表格可以根据学生对实验的理解自行设计，如表 5-1。

表 5-1　滴定记录表格设计

实验序号	1	2	3
标定消耗 $AgNO_3$ 溶液的体积 V_1/L			
试样分析消耗 $AgNO_3$ 溶液的体积 V_2/L			

（2）按式（1）计算 $AgNO_3$ 溶液浓度 c，取平均值 Δc；再根据式（2）计算试样中 Cl^- 的含量 x。

$$c=(0.55/58.5)\times(20/100)\times(1/V_1) \tag{1}$$

$$x=(V_2\Delta c/M)\times 35.5 \tag{2}$$

六、注意事项

1. K_2CrO_4 指示剂的浓度要适合。

2. 测定 Cl^- 时要控制合适的 pH 值范围（6.5～10.5）。

3. 滴定过程中要充分摇动溶液。

实验十　水样中化学需氧量的测定

一、实验目的

了解化学需氧量测定的意义与测定方法。

二、实验原理

化学需氧量（COD）是指水样在一定条件下，氧化1L水样中还原性物质所消耗氧化剂的量，以氧的含量$mg \cdot L^{-1}$表示。水中还原性物质包括有机物和亚硝酸盐、硫化物、亚铁盐等无机物。化学需氧量反映了水中受还原性物质污染的程度。基于水体被有机物污染是很普通的现象，该指标也作为有机物相对含量的综合指标之一。

对废水化学需氧量的测定，我国规定用重铬酸钾法，记为COD_{Cr}。在强酸性溶液中，用重铬酸钾氧化水样中的还原性物质，过量的重铬酸钾以试亚铁灵作指示剂，用硫酸亚铁铵标准溶液回滴，根据其用量计算水中还原性物质消耗氧的量，反应式如下：

$$C_nH_aO_b + cCr_2O_7^{2-} + 8cH^+ \xrightarrow[\triangle]{\text{回流}} nCO_2 + \frac{a+8c}{2}H_2O + 2cCr^{3+}$$

式中，$C_nH_aO_b$代表有机物。

$$c=\frac{2}{3}n+\frac{a}{6}-\frac{b}{3}\text{（按氧化数推出）}$$

$$Cr_2O_7^{2-} + 14H^+ + 6Fe^{2+} = 6Fe^{3+} + 2Cr^{3+} + 7H_2O$$

本法的最低检出浓度为$50mg \cdot L^{-1}$，测定上限为$400mg \cdot L^{-1}$。

三、仪器和试剂

（1）仪器

① 回流装置：24mm或29mm标准磨口500mL全玻璃回流装置。球形冷凝器，长度为30cm（见图5-6）。

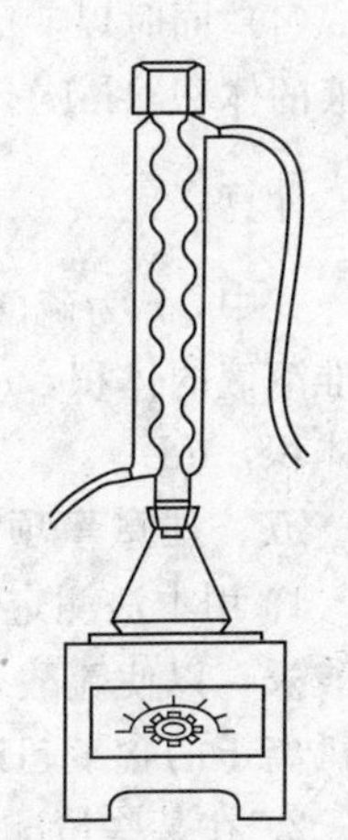

图5-6　重铬酸钾法测定COD的回流装置

② 加热装置：功率大于$1.4W \cdot cm^{-2}$的电热板或电炉，以保证回流液充分沸腾。

③ 25mL酸式滴定管。

（2）试剂

① $0.25mol \cdot L^{-1}\ \frac{1}{6}K_2Cr_2O_7$标准溶液：称取12.25g重铬酸钾（预先在105～110℃烘箱中干燥2h，并贮存于干燥器中冷却至室温）溶于水中，移入100mL容量瓶中，用水稀释至标准线，摇匀。

② 试亚铁灵指示剂：称取1.40g邻菲啰啉（$C_{12}H_8N_2 \cdot H_2O$，1,10-Phenanthroline），0.695g硫酸亚铁（$FeSO_4 \cdot 7H_2O$）溶于水中，稀释至100mL，贮于棕色试剂瓶中。

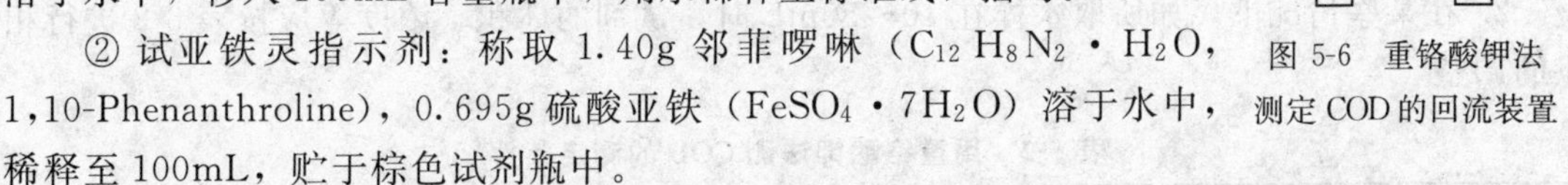

③ $0.25mol \cdot L^{-1}$硫酸亚铁铵标准溶液：称取98g硫酸亚铁铵［$FeSO_4 \cdot (NH_4)_2SO_4 \cdot 6H_2O$］溶于水中，加入20mL浓硫酸，冷却后稀释至1000mL。摇匀。临用前用重铬酸钾标准溶液标定。

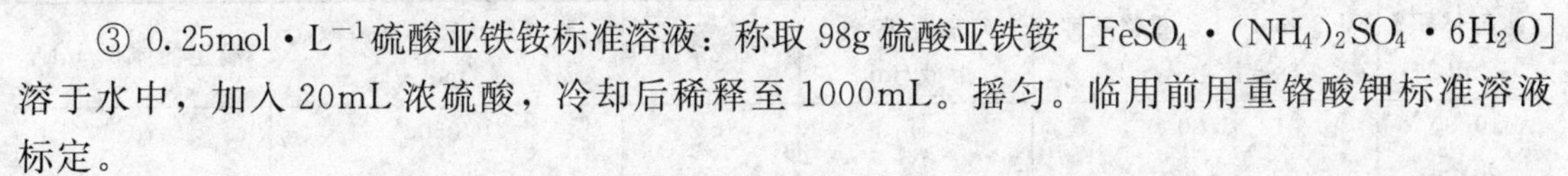

标定方法：吸取25.00mL重铬酸钾标准溶液于500mL锥形瓶中，用水稀释至250mL，加20mL浓硫酸，冷却后加2～3滴试亚铁灵指示剂，用硫酸亚铁铵标准溶液滴定到溶液由黄色经蓝绿刚变为红褐色为止。

硫酸亚铁铵溶液的浓度，可由下式计算：

$$c=\frac{c_1V_1}{V}$$

式中，c_1为重铬酸钾标准溶液的浓度，$mol \cdot L^{-1}$；V_1为吸取的重铬酸钾标准溶液的体积，mL；V为消耗的硫酸亚铁铵标准溶液的体积，mL。

④ 硫酸银硫酸溶液：于2500mL浓硫酸中加入33.3g硫酸银，放置1～2d，不时摇动，

使其溶解（每 75mL 硫酸中含 1g 硫酸银）。

⑤ 硫酸汞（结晶状）。

四、实验内容

(1) 吸取 50.00mL 的均匀水样（或吸取适量的水样，用水稀释至 50.00mL，其中 COD 值为 50～400mg·L^{-1}），置于 500mL 磨口锥形瓶中，加入 25.00mL 重铬酸钾标准溶液，慢慢加入 75mL 硫酸银-硫酸溶液和数粒玻璃珠（以防暴沸），轻轻摇动锥形瓶使溶液混匀，加热回流 2h。

若水样中氯离子大于 30mg·L^{-1}时，取水样 50.00mL，加 0.4g 硫酸汞和 5mL 浓硫酸，摇匀，待硫酸汞溶解后，再依次加 25.00mL 重铬酸钾溶液、75mL 硫酸-硫酸银溶液和数粒玻璃珠，加热回流 2h。

(2) 冷却后，先用少许水冲洗冷凝器壁，然后取下锥形瓶，再用水稀释至 350mL（溶液体积不应小于 350mL，否则因酸度太大终点不明显）。

(3) 冷却后，加 2～3 滴（0.10～0.15mL）试亚铁灵指示剂，用硫酸亚铁铵标准溶液滴定到溶液由黄色经蓝绿刚变为红褐色为止。记录消耗的硫酸亚铁铵标准溶液的体积(mL)。

(4) 同时以 50.00mL 水作空白，其操作步骤和水样相同，记录消耗的硫酸亚铁铵标准溶液的体积（mL)。

计算：

$$\text{化学需氧量}(O_2,\text{mg/L})=\frac{(V_0-V_1)c\times 8\times 100}{V_2}$$

式中，c 为硫酸亚铁铵标准溶液的浓度，mol·L^{-1}；V_1 为滴定水样消耗的硫酸亚铁铵标准溶液的体积，mL；V_0 为滴定空白消耗的硫酸亚铁铵标准溶液的体积，mL；V_2 为水样的体积，mL。

五、注意事项

1. 用本法测定时，0.4g 硫酸汞可与 40mg 氯离子结合，如果氯离子浓度更高，应补加硫酸汞，以使硫酸汞与氯离子的质量比为 10∶1，如果产生轻微沉淀也不影响测定。如水样中氯离子的含量超过 1000mg·L^{-1}时，则需要按其他方法处理。

2. 在某些情况下，如所取水样在 10～50mL 时，试剂的体积、浓度等应按表 5-2 进行相应的调整。

表 5-2 用重铬酸钾法测 COD 的测定条件

水样体积/mL	0.25mol·L^{-1}重铬酸钾标准溶液①/mL	硫酸银-硫酸溶液/mL	硫酸汞/g	硫酸亚铁铵标准溶液的 c②/mol·L^{-1}	滴定前体积/mL
10.00	5.00	15	0.2	0.0500	70
20.00	10.00	30	0.4	0.1000	140
30.00	15.00	45	0.6	0.1500	210
40.00	20.00	60	0.8	0.2000	280
50.00	25.00	75	1.0	0.2500	350

① 重铬酸钾溶液以$\frac{1}{6}K_2Cr_2O_7$为单位。

② c 为物质的量浓度。

3. 回流过程中若溶液颜色变绿，说明水样的化学需氧量太高，需将水样适当稀释后重新测定。

4. 水样加热回流后，溶液中重铬酸钾剩余量以原加入量的 1/5～4/5 为宜。

5. 若水样中含易挥发有机物，在加硫酸银硫酸溶液时，应在冰浴或冷水浴中进行，或者从冷凝器顶端慢慢加入，以防易挥发性物质损失，使结果偏低。

6. 水样中的亚硝酸盐对测定有干扰，每毫克亚硝酸盐氮相当1.14mg化学需氧量。可按每毫克亚硝酸盐氮加入10mg氨基磺酸来消除。蒸馏水空白中也应加入等量的氨基磺酸。

实验十一　工业废水BOD的测定

一、实验目的

1. 掌握BOD测定的基本原理。

2. 熟练掌握水体BOD测定仪的使用及其他基本操作。

二、实验原理

生化需氧量（BOD）是指在有氧条件下（溶解氧≥10^{-6}），微生物分解有机物质的生物化学氧化过程中所需要的溶解氧量。BOD是反映水体被有机物污染程度的综合指标，也是废水的可生化降解性和生化处理研究，以及生化处理废水工艺设计和动力学研究中的重要参数。微生物分解有机物质缓慢，若将可分解的有机物全部分解，约需20d以上的时间。目前国内外普遍采用20℃培养5d所需要的氧为指标，称为BOD_5，以氧的$mg \cdot L^{-1}$表示，它成为水质监测的重要指标。有机物在微生物作用下好氧分解大体上分为两个阶段。

（1）氧化阶段，主要是含碳有机物氧化为二氧化碳和水。

（2）硝化阶段，主要是含氮有机化合物在硝化菌的作用下分解为亚硝酸盐和硝酸盐，约在5～7d后才显著进行。故目前常用的20℃ 5d培养法（BOD_5法）测定BOD值一般不包括硝化阶段。

测定原理：将待测水样中和到pH值在6.5～7.5之间，可用不同量的含有充足溶解氧和需氧微生物菌种的稀释水稀释。取两份水样分别置于溶解氧瓶中，须全充满，无气泡，加塞，水封。取一份放入20℃培养箱中培养5d，测定溶解氧；另一份当天测定。然后计算每升水中所消耗的氧量。

三、仪器及试剂

BOD测定仪（OxiTop-OC100，上海亚荣生化仪器厂），BOD培养瓶、培养箱等配套装置，10mL、100mL量筒各一支，pH计。

$0.5mol \cdot L^{-1}$的H_2SO_4溶液，$1mol \cdot L^{-1}$的NaOH溶液。

四、实验步骤

1. 样品的预处理

（1）含有悬浮物质的试样混匀后，取适当的体积分析。

（2）冬季采取水样，冷却保存时含氧量较高，藻类多的江、河、湖泊因光合作用也含有较多的氧，要注意夏季易使溶解氧出现过饱和，对于其他溶解性气体多的水样也要曝气处理。

（3）试样中和：呈酸性或碱性的试样要用$1mol \cdot L^{-1}$的NaOH溶液或用$0.5mol \cdot L^{-1}$的H_2SO_4溶液中和至pH值为7左右（6.5～7.5）。

（4）试样中余氯低于$0.1mol \cdot L^{-1}$时短时间放置有时也会消失。氯含量高时需用硫代硫酸钠除去。

2. 确定水样稀释倍数

由于水中有机物含量高，为了确定BOD的稀释度，首先需测定耗氧量或化学需氧量值再推测出 BOD 值，为了防止失败，通常采用不同阶段稀释法。

可先测定水样的总有机碳（TOC）或重铬酸盐法化学需氧量（COD），根据 TOC 或 COD 估计 BOD_5 可能值，再围绕预期的 BOD_5 值做几种不同的稀释比，最后从所得测定结果中选取合乎要求条件者。

一般认为稀释过的培养液在 20℃温度下，经培养 5d 后溶氧量减少 40%～70%较为合适。减少量过多或过少都会带来较大误差，所以一份水样应同时做 2～3 稀释度，最后只采用溶解氧降低在 40%～70%之间的平均值为测定结果。

3. 测试

将达到测试量程范围内的样品移入培养瓶，用 BOD 测定仪进行激活记录，后放置培养箱内 20℃培养 5d，5d 后再次用 BOD 测定仪激活，即读取所对应的 BOD 值。

五、数据记录与处理

本实验采用 BOD 测定仪进行测定，相关的数据处理过程是仪器本身的程序完成的。试样的 BOD 值可以直接通过测定仪读出。

六、注意事项

1. 为了测定可靠，最好同时培养 2～3 瓶，从测定值算出平均值；稀释用的量器具及 BOD 培养瓶要充分洗净，因为高倍稀释时，即使轻微的污染，也能影响 BOD 值。

2. 样品稀释时，水样及稀释水用虹吸管插入容器底部，轻轻流入，防止产生气泡。

3. 水样储存过程中 BOD 值会发生明显变化，因此，水样需及时测定。一般认为在 15～20℃下放置数小时，可使 BOD 的含量减少 1/2；冰冻条件下保存 3d 时，其 BOD 值减少 5%。

实验十二　沉淀重量法测定钡（微波干燥恒重法）

一、实验目的

1. 了解测定 $BaCl_2 \cdot 2H_2O$ 中钡的含量的原理和方法。

2. 掌握晶形沉淀的制备、过滤、洗涤、灼烧及恒重的基本操作技术。

3. 了解微波技术在样品干燥方面的应用。

二、实验原理

称取一定量的 $BaCl_2 \cdot 2H_2O$，以水溶解，加稀 HCl 溶液酸化，加热至微沸，在不断搅动的条件下，慢慢地加入稀、热的 H_2SO_4，Ba^{2+} 与 SO_4^{2-} 反应，形成晶形沉淀。沉淀经陈化、过滤、洗涤、烘干、炭化、灰化、灼烧后，以 $BaSO_4$ 形式称量。可求出 $BaCl_2 \cdot 2H_2O$ 中钡的含量。

为了获得颗粒较大、纯净的结晶形沉淀，应在酸性、较稀的热溶液中缓慢加入沉淀剂，以降低相对过饱和度，沉淀完成后还需陈化；为保证沉淀完全，沉淀剂必须过量，并在自然冷却后再过滤；沉淀前试液经酸化可防止碳酸盐等钡的弱酸盐沉淀产生。选用稀硫酸为洗涤剂可减少 $BaSO_4$ 的溶解损失，H_2SO_4 在灼烧时可被分解除掉。

微波干燥恒重法与传统方法不同之处是本实验使用微波干燥 $BaSO_4$ 沉淀。与传统的灼烧干燥法相比，后者既可节省 1/3 以上的实验时间，又可节省能源。在使用微波法干燥 $BaSO_4$ 沉淀时，包藏在 $BaSO_4$ 沉淀中的高沸点杂质如 H_2SO_4 等不易在干燥过程中被分解或挥发而除去，所以在对沉淀条件和沉淀洗涤操作要求更加严格。沉淀时应将 Ba^{2+} 试液进一步稀释，并且使过量的沉淀剂控制在 20%～50%之间，沉淀剂的滴加速度要缓慢，尽可能减少包藏在沉淀中的杂质。

三、实验仪器和试剂

仪器　玻璃坩埚（G4号或P16号）、淀帚（1把）、循环水真空泵（配抽滤瓶）、微波炉。

试剂　H_2SO_4（0.5mol·L^{-1}）、HCl（2mol·L^{-1}）、$AgNO_3$（0.1mol·L^{-1}）、$BaCl_2\cdot 2H_2O$（分析纯）。

四、实验内容

（1）玻璃坩埚的准备：将两只洁净的坩埚放在微波炉内于500W的输出功率（中高火）下进行干燥。第一次干燥10min，第二次灼烧4min。每次干燥后放入干燥器中冷却12～15min，然后在分析天平上快速称量。两次干燥后所得质量之差若不超过0.4mg，即已恒重。

（2）准确称取两份0.4000～0.6000g $BaCl_2\cdot 2H_2O$试样，分别置于250mL烧杯中，加150mL水及3mL 2mol·L^{-1} HCl溶液，搅拌溶解，加热至近沸。另取5～6mL H_2SO_4两份于两个100mL烧杯中，加水40mL，加热至近沸，趁热将两份H_2SO_4溶液分别用小滴管逐滴地加入到两份热的钡盐溶液中，并用玻璃棒不断搅拌，直至两份H_2SO_4溶液加完为止。待$BaSO_4$沉淀下沉后，于上层清液中加入1～2滴0.1mol·L^{-1} H_2SO_4溶液，仔细观察沉淀是否完全。沉淀完全后，盖上表面皿（切勿将玻璃棒拿出杯外），放置过夜陈化或在水浴上陈化1h。

（3）准备洗涤液：在100mL水中加入3～5滴H_2SO_4溶液，混匀。

（4）称量形的获得：$BaSO_4$沉淀冷却后，用倾泻法在已恒重的玻璃坩埚中进行减压过滤。滤完后，用洗涤液洗涤沉淀3次，每次用15mL，再用水洗一次。然后将沉淀转移到坩埚中，并用玻棒“擦”、“活”黏附在杯壁上的沉淀，再用水冲洗烧杯和玻棒直至沉淀转移完全。最后用水淋洗沉淀及坩埚内壁数次（6次以上），这时沉淀基本已洗涤干净（如何检验?）。继续抽干2min以上至不再产生水雾，将坩埚放入微波炉进行干燥（第一次10min，第二次4min），冷却、称量，直至恒重。根据$BaSO_4$的质量，计算钡盐试样中钡的百分含量W_{Ba}（%）。

五、注意事项

1. 干、湿坩埚不可在同一微波炉内加热，因炉内水分不挥发，加热恒重的时间很短，湿度的影响过大。并且，本实验中，可考虑先用滤纸吸去坩埚外壁的水珠，再放入微波炉中加热，以减少加热的时间。

2. 干燥好的玻璃坩埚稍冷后放入干燥器，先要留一小缝，30s后盖严，用分析天平称量，必须在干燥器中自然冷却至室温后方可进行。

3. 由于传统的灼烧沉淀可除掉包藏的H_2SO_4等高沸点杂质，而用微波干燥时不能分解或挥发掉，故应严格控制沉淀条件与操作规范。应把含Ba^{2+}的试液进一步稀释，过量的沉淀剂H_2SO_4控制在20%～50%，滴加H_2SO_4速度缓慢，且充分搅拌，可减少H_2SO_4及其他杂质被包裹的量，以保证实验结果的准确度。

4. 坩埚使用前用稀HCl抽滤，不用稀HNO_3，防止NO_3^-成为抗衡离子。本实验中，使用后的坩埚可即时用稀H_2SO_4洗净，不必用热的浓H_2SO_4。

六、思考题

1. 为什么要在稀热HCl溶液中且不断搅拌条件下逐滴加入沉淀剂沉淀$BaSO_4$? HCl加入太多有何影响?

2. 为什么要在热溶液中沉淀$BaSO_4$，但要在冷却后过滤？晶形沉淀为何要陈化?

3. 什么叫倾泻法过滤？洗涤沉淀时，为什么用洗涤液或水都要少量多次？

4. 什么叫灼烧至恒重？

5. 使用微波炉时有哪些注意事项？

实验十三　分光光度法测定铁（Ⅲ）——磺基水杨酸配合物的组成

一、实验目的

1. 了解分光光度法测定配合物组成的常用方法——摩尔比法及等摩尔连续变化法。

2. 掌握方法的原理及测定步骤。

二、实验原理

配合物组成（配合比）的确定是研究配合反应平衡的基本问题之一。金属离子 M 和配位体形成配合物的反应为：

$$M+nL \Longrightarrow ML_n \text{（忽略离子的电荷）}$$

式中，n 为配合物的配位数，它可用分光光度法按摩尔比法或等摩尔连续变化法测定。

1. 摩尔比法

配制一系列溶液，维持各溶液的金属离子浓度、酸度、离子强度、温度恒定，只改变配位体的浓度，在配合物的最大吸收波长处测定各溶液的吸光度，以吸光度对摩尔比 R（即 c_L/c_M）作图（见图 5-7）。由图可见，当 $R<n$ 时，L 全部转变成 ML_n，吸光度随 L 浓度的增大而增高，且与 R 呈线性关系；当 $R>n$ 时，M 全部转变成 ML_n，继续增大 L 的浓度，吸光度不再变化。将曲线的线性部分延长相交于一点，该点对应的 R 值即为 n。本法适用于稳定性较高的配合物的组成的测定。

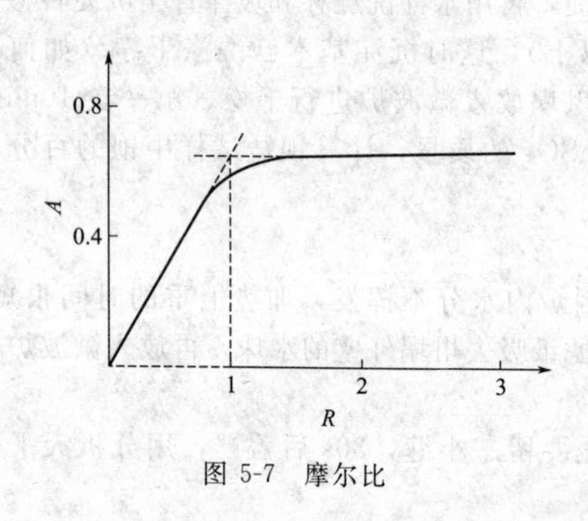

图 5-7　摩尔比

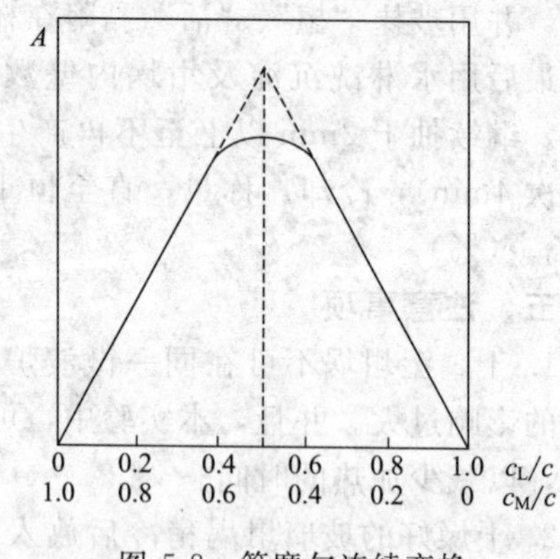

图 5-8　等摩尔连续变换

2. 等摩尔连续变化法

配制一系列溶液，在保持实验条件相同的情况下，使所有溶液中 M 和 L 的总物质的量不变，即

$$c_L+c_M=c \text{（常数）}$$

只改变 M 或 L 在总摩尔数中所占的比例（即摩尔分数 c_M/c 或 c_L/c），在配合物的最大吸收波长处测定吸光度，以吸光度对摩尔分数 c_L/c 或（c_M/c）作图（见图 5-8）。吸光度曲线的极大值所对应的摩尔分数之比（即 c_L/c_M）即为 n。

为方便起见，实验时配制浓度相同的 M 和 L 溶液，在维持溶液总体积不变的条件下，按不同体积比配成一系列 M 和 L 的混合溶液，它们的体积比就是摩尔分数之比。

在 pH2～2.5 的酸性溶液中，磺基水杨酸与 Fe^{3+} 生成紫红色配合物：

$$Fe^{3+} + \text{(HO}_3\text{S-C}_6\text{H}_3\text{(OH)COOH)} \rightleftharpoons [\text{Fe(O}_3\text{SC}_6\text{H}_3\text{(O)COO)}]^{+} + 2H^{+}$$

配合物的最大吸收波长约为 500nm。

三、实验仪器和试剂

仪器　721 型（或 722 型）分光光度计；50mL 容量瓶 9 只；5mL 吸量管 2 支。

试剂　$0.01000\mathrm{mol \cdot L^{-1}}\ Fe^{3+}$：称取 0.4822g $NH_4Fe(SO_4)_2 \cdot 12H_2O$，以 $HClO_4$ 溶液溶解后，转入 100mL 容量瓶中，以 $HClO_4$ 稀释至刻度。$0.01000\mathrm{mol \cdot L^{-1}}$ 磺基水杨酸：称取 0.2542g 磺基水杨酸 [$C_6H_2(OH)(COOH)SO_3H \cdot 2H_2O$]，以 $HClO_4$ 溶液溶解后，转入 100mL 容量瓶，以 $HClO_4$ 稀释至刻度。$0.025\mathrm{mol \cdot L^{-1}}\ HClO_4$ 溶液：移取 2.2mL 70% $HClO_4$，稀释至 1000mL。

四、实验内容

1. 摩尔比法

取 9 支 50mL 容量瓶，编号。按表 5-3 配制溶液，用去离子水稀释至刻度。用 1cm 比色皿，以水为参比，在 500nm 处测定各溶液的吸光度。以 A 对 R（即 c_L/c_M）作图，将曲线的两直线部分延长相交，确定 n 值。

表 5-3　摩尔比法中溶液的配制及吸光度的测定

编号	V_{HClO_4}/mL	$V_{Fe^{3+}}$/mL	$V_{磺基水杨酸}$/mL	A
1	7.50	2.00	0.50	
2	7.00	2.00	1.00	
3	6.50	2.00	1.50	
4	6.00	2.00	2.00	
5	5.50	2.00	2.50	
6	5.00	2.00	3.00	
7	4.50	2.00	3.50	
8	4.00	2.00	4.00	
9	3.50	2.00	4.50	

2. 等摩尔连续变化法

取 7 支 50mL 容量瓶，编号。按表 5-4 配制溶液，用去离子水稀释至刻度。用 1cm 比色皿，以水为参比，在 500nm 处测定各溶液的吸光度。以 A 对摩尔分数（即 c_L/c 或 c_M/c）作图，将曲线的两侧的直线部分延长，由交点确定 n 值。

表 5-4　等摩尔连续变化法中溶液的配制及吸光度的测定

编号	V_{HClO_4}/mL	$V_{Fe^{3+}}$/mL	$V_{磺基水杨酸}$/mL	A
1	5.00	5.00	0.00	
2	5.00	4.50	0.50	
3	5.00	3.50	1.50	
4	5.00	2.50	2.50	
5	5.00	1.50	3.50	
6	5.00	0.50	4.50	
7	5.00	0.00	5.00	

五、思考题

1. 在什么情况下，才可以使用摩尔比法或等摩尔连续变化法测定配合物的组成？

2. 酸度对测定配合物的组成有什么影响？如何确定适宜的酸度条件？

3. 根据摩尔比法和等摩尔连续变化法的实验曲线，可以确定实验条件下的配合物的表观形成常数。试根据你的实验结果计算 Fe^{3+} 磺基水杨酸的表观形成常数，并与手册上查得的数据对比。

实验十四 邻二氮杂菲分光光度法测定铁条件的研究

一、实验目的

1. 掌握邻二氮杂菲分光光度法测定铁的原理和方法。

2. 学习分光光度法实验条件的选择方法。

二、实验原理

应用分光光度法测定物质的含量时，通常要经过取样、显色及测量等步骤。显色反应受多种因素的影响，为了使被测离子全部转化为有色化合物，应当通过试验确定显色剂用量、显色时间、显色温度、溶液酸度及加入试剂的顺序等。本实验通过对邻二氮杂菲-Fe^{2+}反应的几个基本条件实验，研究分光光度法测定条件的选择。严格控制反应条件是提高灵敏度的有效办法。

邻二氮杂菲是测定微量铁（Ⅱ）的灵敏度高的显色剂。在 pH＝2～9 的溶液中，邻二氮杂菲与 Fe^{2+} 生成稳定的橙红色配合物。此配合物的 $\lg K_{稳}=21.3$，摩尔吸光系数 $\varepsilon_{510}=1.1\times10^4$。

三、实验仪器和试剂

仪器　721 型分光光度计。

试剂　$100\mu g\cdot mL^{-1}$铁标准溶液［准确称取 0.864g 分析纯 $NH_4Fe(SO_4)_2\cdot12H_2O$ 置于烧杯中，以 30mL $2mol\cdot L^{-1}$ 盐酸溶解后，移入 1000mL 容量瓶，稀释至刻度，摇匀］、0.12％邻二氮杂菲水溶液（新鲜配制）、10％盐酸羟胺水溶液（新鲜配制）、HAc-NaAc 缓冲溶液（pH＝4.5）。

四、实验内容

（1）$10\mu g\cdot mL^{-1}$铁标准溶液的配制：由 $100\mu g\cdot mL^{-1}$铁标准溶液准确稀释 10 倍而得。

（2）吸收曲线的绘制

取 $10\mu g\cdot mL^{-1}$铁标准溶液 3.00mL 于 50mL 容量瓶中，加入 10％盐酸羟胺溶液，摇匀。2min 后，加入 HAc-NaAc 缓冲溶液 5mL，0.12％邻二氮杂菲溶液 2mL，以水稀释至刻度摇匀，记下时间，用 2cm 比色皿，以空白溶液为参比，测定并绘制吸收曲线，找出最大吸收波长。

（3）邻二氮杂菲-亚铁配合物的稳定性

用上面的溶液继续进行测定，并绘制 A-t 曲线。

（4）显色剂浓度的影响

设计实验研究显色剂浓度的影响，绘制 A-c 曲线，从曲线上确定显色剂的最适宜加入量。提示：显色剂加入量在 0.20～3.00mL 之间进行实验。

五、思考题

1. 加入显色剂之前为什么要预先加入盐酸羟胺和 HAc-NaAc 缓冲溶液？

2. 实验中哪些试剂的加入量必须很准确？哪些不必很准？

3. 根据测试数据计算邻二氮杂菲亚铁溶液在最大吸收波长处的摩尔吸光系数。

六、选做课题

设计实验研究邻二氮杂菲测定铁的最佳酸度条件，并绘制工作曲线，对试样中的铁含量进行测定。

实验十五　气相色谱法测定邻二甲苯中的杂质（内标法）

一、实验目的

学习内标法定量的基本原理和测定试样中杂质含量的方法。

二、实验原理

对于试样中少量杂质的测定或仅需测定试样中的某些组分时，可采用内标法定量。用内标法测定时，需在试样中加入一种已知的纯物质作内标物。内标物应符合下列条件：

① 应是试样中不存在的纯物质，且能与试样很好混匀；

② 其色谱峰位置应位于被测组分色谱峰的附近，并完全分离；

③ 其物理性质及物理化学性质应与被测组分相近；

④ 加入量应与被测组分含量接近。

设样品质量为 $m_{样}$，加入内标物的质量为 m_s，被测组分质量为 m_i，可根据测得的被测组分与内标物色谱峰面积之比 A_i/A_s 或峰高之比 h_i/h_s 进行定量计算：

$$\frac{m_i}{m_s}=\frac{f''_i h_i}{f''_s h_s} \tag{1}$$

$$m_i=m_s\frac{f''_i h_i}{f''_s h_s} \tag{2}$$

$$m_i=\frac{m_i}{m_{样}}\times 100\% \tag{3}$$

$$m_i=\frac{m_s}{m_{样}}\times\frac{f''_i h_i}{f''_s h_s}\times 100\% \tag{4}$$

式中，f''_i、f''_s为峰高相对质量校正因子。若以内标物为标准，设 $f''_s=1.00$，则

$$m_i=\frac{m_s}{m_{样}}\times\frac{f''_i h_i}{h_s}\times 100\% \tag{5}$$

若采用内标标准曲线，可在校正因子未知的情况下进行定量测定。方法如下：配制一系列标准溶液，即 m_i、m_s 已知，测得相应的 h_i、h_s，根据式(4) 绘制 h_i/h_s-m_i/m_s 标准曲线（见图 5-9）。称取一定量的未知样和内标物质混匀，进行测得相应的 h_i/h_s，便可根据标准曲线获知样品的 m_i/m_s，代入下式求得 m_i(%)。

$$m_i=\frac{m_s}{m_{样}}\times\frac{m_i}{m_s}\times 100\%$$

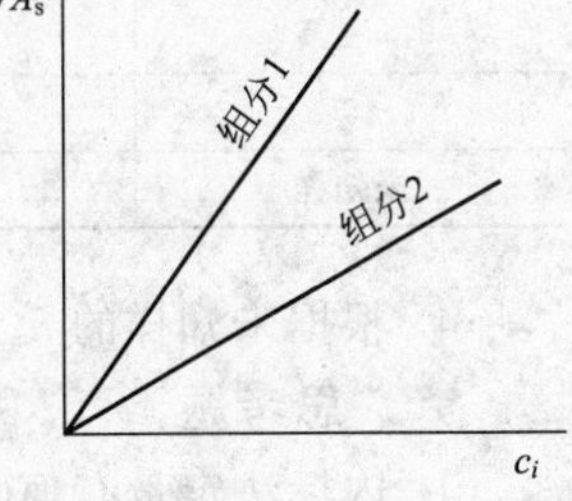

图 5-9　内标标准曲线

内标法定量结果准确，对于进样量及操作条件不需严格控制，内标标准曲线法更适用于工厂的控制分析。

本实验选用甲苯作内标物质，测定邻二甲苯中苯、乙苯、1,2,3-三甲苯杂质含量。

三、实验仪器和试剂

仪器　气相色谱仪（任一型号，色谱柱条件同第 4 章中实验十五）；氢气、氦气或氮气钢瓶；微量进样器。

试剂　分析纯苯、甲苯、乙苯、邻二甲苯、1,2,3-三甲苯、乙醚。

四、实验内容

1. 色谱条件　同第4章中实验十五。

2. 操作步骤

(1) 标准系列的配制与测定

取5只容量瓶编序，分别准确称入一定量的甲苯，再分别准确称入不同量的苯、乙苯、邻二甲苯和1,2,3-三甲苯，以乙醚定容，充分摇匀，作标准系列（列表记录）。然后，在选定色谱条件下分别进样，记录色谱图。重复进样两次。

(2) 未知样的测定

准确称取一定质量的未知试样及适量的甲苯于容量瓶内，以乙醚定容，充分摇匀，在同上色谱条件下进样测定，重复进样两次。

五、数据处理

1. 记录实验条件（项目同第4章实验十七）

2. 测量色谱图上各组分色谱峰高值，列表。

h_i / 编号	$h_{苯}$				$h_{甲苯}$				$h_{乙苯}$				$h_{1,2,3\text{-}三甲苯}$			
	1	2	3	平均值	1	2	3	平均值	1	2	3	平均值	1	2	3	平均值
1																
2																
3																
4																
5																
未知样																

3. 以甲苯作为内标物质，计算 m_i/m_s、h_i/h_s 值，列表，并作标准曲线。

h_i / 编号	苯/甲苯		乙苯/甲苯		1,2,3-三甲苯/甲苯	
	m_i/m_s	h_i/h_s	m_i/m_s	h_i/h_s	m_i/m_s	h_i/h_s
1						
2						
3						
4						
5						
未知样						

4. 根据未知样的 h_i/h_s 值，在标准曲线上查出相应的 m_i/m_s 值，代入公式求得 m_i。

六、思考题

1. 内标法定量有何特点？它对内标物有何条件要求？

2. 内标标准曲线法中，为什么不需要知道各组分校正因子值？

实验十六　铵盐中氮含量的测定（甲醛法）

一、实验目的

1. 掌握以甲醛强化间接法测定铵盐中氮含量的原理和方法。

2. 学会除去试剂中的甲酸和试样中的游离酸的方法。

二、实验原理

铵盐 NH_4Cl 和 $(NH_4)_2SO_4$ 是常用的无机化肥，为强酸弱碱盐，可用酸碱滴定法测定其含氮量，但由于 NH_4^+ 的酸性太弱（$K_a=5.6\times10^{-10}$），故不能用 NaOH 标准溶液直接滴定。因此生产和实验室中广泛采用甲醛法测定铵盐中的含氮量。

将甲醛与一定量的铵盐作用，生成一定量的酸（H^+）和六亚甲基四胺，反应如下：

$$4NH_4^+ + 6HCHO = (CH_2)_6N_4 + 4H^+ + 6H_2O$$

生成的 H^+ 可被 NaOH 标准溶液准确滴定：

$$4H^+ + 4OH^- = 4H_2O$$

化学计量点时，溶液中存在六亚甲基四胺，这种极弱的有机碱使溶液呈弱碱性，可选用酚酞作指示剂，滴定至溶液呈现微红色即为终点。

铵盐与甲醛的反应在室温下进行较慢，加甲醛后，需放置几分钟，使反应完全。

注意：

(1) 若甲醛中含有游离酸（甲醛受空气氧化所致），应事先以酚酞作指示剂，用 NaOH 溶液中和至微红色（pH≈8）。

(2) 若试样中含有游离酸（应除去，否则会产生正误差），应事先以甲基红为指示剂，用 NaOH 溶液中和至黄色（pH≈6）（能否用酚酞作指示剂?）。

三、实验仪器和试剂

仪器　滴定管、烧杯。

试剂　1∶1 甲醛溶液、0.1mol·L^{-1} NaOH 溶液、0.2%酚酞乙醇溶液、$(NH_4)_2SO_4$ 肥料、0.2%甲基红溶液。

四、实验内容

1. 甲醛溶液的处理

取原装甲醛（40%）的上层清液于烧杯中，用一倍水稀释，加入 2～3 滴酚酞指示剂，用 0.1mol·L^{-1} NaOH 溶液中和至甲醛溶液呈微红色。

2. 试样中含氮量的测定

准确称取 1.2～1.6g $(NH_4)_2SO_4$ 肥料于小烧杯中，用适量蒸馏水溶解。然后定量地转移至 250mL 容量瓶中，用蒸馏水稀释至刻度，摇匀。用移液管移取试液 25.00mL 于锥形瓶中，加入 1～2 滴甲基红指示剂，用 0.1mol·L^{-1} NaOH 溶液中和至黄色。然后加入 10mL 已中和的 1∶1 甲醛溶液，再加入 1～2 滴酚酞指示剂摇匀，静置 1min 后，用 0.1mol·L^{-1} NaOH 标准溶液滴定至溶液呈微橙红色，并持续 30s 不褪色，即为终点（终点为甲基红的黄色和酚酞的红色的混合色），记录滴定所消耗的 NaOH 标准溶液的体积。平行测定 3 次，根据 NaOH 标准溶液的浓度和滴定消耗的体积，计算试样中氮的含量 W_N。

五、思考题

1. NH_4^+ 是 NH_3 的共轭酸，为什么不能直接用 NaOH 标准溶液滴定?

2. NH_4NO_3、NH_4Cl 或 NH_4HCO_3 中的含氮量能否用甲醛法测定?

3. 为什么中和甲醛中的游离酸用酚酞作指示剂，而中和 $(NH_4)_2SO_4$ 中的游离酸用甲基红作指示剂?

实验十七　食用醋中醋酸含量的测定

一、实验目的

1. 了解强碱滴定弱酸过程中的 pH 值变化，化学计量点以及指示剂的选择。

2. 进一步掌握移液管、滴定管的使用方法和滴定操作技术。

二、实验原理

食用醋的主要成分是醋酸（HAc），此外还含有少量其他弱酸如乳酸等。醋酸的解离常数 $K_a=1.8\times10^{-5}$，用 NaOH 标准溶液滴定醋酸，其反应式是：

$$NaOH+HAc=\!=\!=NaAc+H_2O$$

滴定化学计量点的 pH 值约为 8.7，应选用酚酞作指示剂，滴定终点时由无色变为微红色，且 30s 内不褪色。滴定时，不仅 HAc 与 NaOH 反应，食醋中可能存在的其他各种形式的酸也与 NaOH 反应，故滴定所得为总酸度，以 ρ_{HAc}（$g\cdot L^{-1}$）表示。

三、实验仪器和试剂

仪器　移液管、滴定管、锥形瓶。

试剂　邻苯二甲酸氢钾（$KHC_8H_4O_4$）基准试剂、NaOH 溶液（$0.1mol\cdot L^{-1}$）、酚酞指示剂（$2g\cdot L^{-1}$乙醇溶液）、食醋试液。

四、实验内容

1. $0.1mol\cdot L^{-1}$ NaOH 溶液的标定

以减量法准确称取邻苯二甲酸氢钾 0.37～0.45g 三份，分别置于 250mL 锥形瓶中，加入 20～30mL 蒸馏水溶解后，加入 1～2 滴酚酞指示剂，用 NaOH 滴定至溶液呈微红色且 30s 内不褪色即为终点。根据所消耗的 NaOH 标准溶液的体积，计算 NaOH 标准溶液的浓度及平均值。

2. 食用醋总酸度的测定

准确吸取食用醋试液 10.00mL 于 100mL 容量瓶中，用新煮沸并冷却的蒸馏水稀释至刻度，摇匀。用移液管吸取 25.00mL 上述稀释后溶液于 250mL 锥形瓶中，加入 25mL 新煮沸并冷却的蒸馏水，再加入 1～2 滴酚酞指示剂。用 $0.1mol\cdot L^{-1}$ NaOH 标准溶液滴至溶液呈微红色且 30s 内不褪色即为终点。根据 NaOH 标准溶液的用量，计算食醋的总酸量。

五、思考题

1. 写出本实验中标定 c_{NaOH} 和测定 ρ_{HAc} 的计算公式。
2. 以 NaOH 溶液滴定 HAc 溶液，属于哪类滴定？怎样选择指示剂？
3. 草酸、柠檬酸、酒石酸等多元有机酸能否用 NaOH 溶液分步滴定？
4. 为什么称取的 $KHC_8H_4O_4$ 基准物质要在 0.37～0.45g 范围内？

实验十八　蛋壳中钙、镁含量的测定

一、实验目的

1. 学习固体试样的酸溶方法。
2. 掌握配位滴定法测定蛋壳中钙、镁含量的方法和原理。
3. 了解配位滴定中，指示剂的选用原则和应用范围。

二、实验原理

鸡蛋壳的主要成分为 $CaCO_3$，其次为 $MgCO_3$、蛋白质、色素以及少量 Fe 和 Al。由于试样中含酸不溶物较少，可用 HCl 溶液将其溶解，制成试液，采用配位滴定法测定钙、镁的含量，特点是快速、简便。

试样经溶解后，Ca^{2+}、Mg^{2+}共存于溶液中。Fe^{3+}、Al^{3+}等干扰离子，可用三乙醇胺或酒石酸钾钠掩蔽。调节溶液的酸度至 pH>12，使 Mg^{2+}生成氢氧化物沉淀，以钙试剂作指示剂，用 EDTA 标准溶液滴定，单独测定钙的含量。另取一份试样，调节其酸度至 pH=10，以铬黑T作指示剂，用EDTA标准溶液滴定，可直接测定溶液中钙和镁的总量。由总量减去钙的含量即得镁的含量。

三、实验仪器与试剂

仪器 小型台式破碎机、标准筛（80目）。

试剂 EDTA标准溶液（0.02mol・L^{-1}）、HCl溶液（6mol・L^{-1}）、NaOH溶液（10%）、钙试剂［应配成1∶100（NaCl）的固体指示剂］、铬黑T指示剂［也应配成1∶100（NaCl）的固体指示剂］、NH_3-NH_4Cl缓冲溶液（pH＝10）、三乙醇胺水溶液（33%）。

四、实验内容

1. 试样的溶解及试液的制备

将鸡蛋壳洗净并除去内膜，烘干后用小型台式破碎机粉碎，使其通过80目的标准筛，装入广口瓶或称量瓶中备用。准确称取上述试样0.25～0.30g，置于250mL烧杯中，加少量水润湿，盖上表面皿，从烧杯嘴处用滴管滴加约5mL HCl溶液，使其完全溶解，必要时用小火加热。冷却后转移至250mL容量瓶中，用水稀释至刻度，摇匀。

2. 钙含量的测定

准确吸取25.00mL上述待测试液于锥形瓶中，加入20mL蒸馏水和5mL三乙醇胺溶液，摇匀。再加入10mL NaOH溶液、少量钙指示剂，摇匀后，用EDTA标准溶液滴定至由红色恰好变为蓝色，即为终点。根据所消耗的EDTA标准溶液的体积，自己推导公式计算试样中CaO的质量分数。

3. 钙、镁总量的测定

准确吸取25.00mL待测试液于锥形瓶中，加入20mL水和5mL三乙醇胺溶液，摇匀。再加入10mL NH_3-NH_4Cl缓冲溶液，摇匀。最后加入铬黑T指示剂少许，然后用EDTA标准溶液滴定至溶液由紫红色恰好变为纯蓝色，即为终点，测得钙、镁的总量。自己推导公式计算试样中钙、镁的总量，由总量减去钙的含量即得镁的含量，以镁的质量分数表示。

钙、镁总量的测定也可用K-B指示剂，终点的颜色变化是由紫红色变为蓝绿色。

五、数据记录与处理

记录相关数据，表格自行设计。

六、思考题

1. 将烧杯中已经溶解好的试样转移到容量瓶以及稀释到刻度时，应注意什么问题？

2. 查阅资料，说明还有哪些方法可以测定蛋壳中钙、镁的含量。

实验十九 维生素C片中抗坏血酸含量的测定（直接碘量法）

一、实验目的

1. 掌握碘标准溶液的配制及标定。

2. 了解直接碘量法测定维生素C的原理及操作过程。

二、实验原理

抗坏血酸又称维生素C，分子式为$C_6H_8O_6$，由于分子中的烯二醇基具有还原性，能被氧化成二酮基，维生素C的半反应式为：

$$C_6H_8O_6 = C_6H_6O_6 + 2H^+ + 2e \qquad \varphi^{\ominus} \approx +0.18V$$

1mol维生素C与1mol I_2定量反应，维生素C的摩尔质量为176.12g・mol^{-1}。该反应可以用于测定药片、注射液及果蔬中维生素C的含量。由于维生素C的还原性很强，在空气中极易被氧化，尤其在碱性介质中，测定时加入 HAc 使溶液呈弱酸性，减少维生素 C 的副反应。维生素 C 在医药和化学上应用非常广泛。在分析化学中常用在分光光度法和配位滴定法中作为还原剂，如使 Fe^{3+} 还原为 Fe^{2+}，Cu^{2+} 还原为 Cu^{+}，硒（Ⅳ）还原为硒（Ⅲ）等。

三、实验仪器和试剂

仪器　分析天平、酸式滴定管、容量瓶、移液管、洗瓶等常规分析仪器。

试剂　I_2 溶液$\left[c\left(\frac{1}{2}I_2\right)=0.10mol\cdot L^{-1}、0.01mol\cdot L^{-1}\ I_2\ 标准溶液\right]$、$As_2O_3$ 基准物质（于 105℃干燥 2h）、$0.01mol\cdot L^{-1}$ $Na_2S_2O_3$ 标准溶液、$5g\cdot L^{-1}$ 淀粉溶液、$2mol\cdot L^{-1}$ 醋酸、$NaHCO_3$ 固体、$6mol\cdot L^{-1}$ NaOH。

四、实验内容

(1) $0.05mol\cdot L^{-1}$ I_2 溶液和 $0.1mol\cdot L^{-1}$ $Na_2S_2O_3$ 溶液的配制

用台式天平称取 $Na_2S_2O_3\cdot 5H_2O$ 约 6.2g，溶于适量刚煮沸并已冷却的水中，加入 Na_2CO_3 约 0.05g 后，稀释至 250mL，倒入细口瓶中，放置 1～2 周后标定。

在台式天平上称取 I_2（预先磨细过）约 3.2g，置于 250mL 烧杯中，加 6g KI，再加少量水，搅拌，待 I_2 全部溶解后，加水稀释至 250mL，混合均匀。储藏在棕色细口瓶中，放于暗处。

(2) $Na_2S_2O_3$ 溶液的标定

准确称取 0.15～0.16g $K_2Cr_2O_7$ 基准试剂三份，分别置于 250mL 锥形瓶中，加入 10～20mL 蒸馏水使之溶解。加 2g KI，10mL $2mol\cdot L^{-1}$的盐酸，充分混合溶解后，盖好塞子以防止 I_2 因挥发而损失。在暗处放置 5min，然后加 50mL 水稀释，用 $Na_2S_2O_3$ 溶液滴定到溶液呈浅绿黄色时，加 2mL 淀粉溶液。继续滴入 $Na_2S_2O_3$ 溶液，直至蓝色刚刚消失而 Cr^{3+} 绿色出现为止。记下消耗 $Na_2S_2O_3$ 溶液的体积，计算 $Na_2S_2O_3$ 溶液的浓度。

(3) 用 $Na_2S_2O_3$ 标准溶液标定 I_2 溶液

分别移取 25.00mL $Na_2S_2O_3$ 溶液 3 份，分别依次加入 50mL 水、2mL 淀粉溶液，用 I_2 溶液滴定至稳定的蓝色 30s 不褪，记下 I_2 溶液的体积，计算 I_2 溶液的浓度。

(4) 维生素 C 片中抗坏血酸含量的测定

将准确称取好的维生素 C 片约 0.2g 置于 250mL 锥形瓶中，加入煮沸过的冷却蒸馏水 50mL，立即加入 10mL $2mol\cdot L^{-1}$ HAc，加入 3mL 淀粉溶液，立即用 I_2 标准溶液滴定呈现稳定的蓝色。记下消耗 I_2 标准溶液的体积，计算维生素 C 含量（平行三份）。

五、实验数据的记录与处理

1. $Na_2S_2O_3$ 溶液的标定

项目 \ 实验编号	Ⅰ	Ⅱ	Ⅲ
$m(K_2Cr_2O_7)/g$			
$V(Na_2S_2O_3)/mL$			
$c(Na_2S_2O_3)/mol\cdot L^{-1}$			
平均 $c(Na_2S_2O_3)/mol\cdot L^{-1}$			
相对平均偏差/%			
$V(Na_2S_2O_3)/mL$			
$V(I_2)/mL$			
平均 $c(I_2)/mol\cdot L^{-1}$			
相对平均偏差/%			

2. 维生素C片中抗坏血酸含量的测定

实验编号 项目	Ⅰ	Ⅱ	Ⅲ
维生素C片/g			
$V(I_2)$/mL			
维生素C/%			
维生素C平均含量/%			
相对平均偏差/%			

六、思考题

1. 果浆中加入醋酸的作用是什么？
2. 配制 I_2 溶液时加入KI的目的是什么？
3. 以 As_2O_3 标定 I_2 溶液时，为什么加入 $NaHCO_3$？

第6章

附　录

6.1 相对原子质量表（2005 年）

元素		原子序数	相对原子质量	元素		原子序数	相对原子质量
符号	名称			符号	名称		
Ac	锕	89	[227]	Co	钴	27	58.933195(5)
Ag	银	47	107.8682(2)	Cr	铬	24	51.9961(6)
Al	铝	13	26.9815386(8)	Cs	铯	55	132.9054519(2)
Am	镅	95	[243]	Cu	铜	29	63.546(3)
Ar	氩	18	39.948(1)	Db	𬭊	105	[262]
As	砷	33	74.92160(2)	Ds	鐽	110	[271]
At	砹	85	[209.9871]	Dy	镝	66	162.500(1)
Au	金	79	196.966569(4)	Er	铒	68	167.259(3)
B	硼	5	10.811(7)	Es	锿	99	[252]
Ba	钡	56	137.327(7)	Eu	铕	63	151.964(1)
Be	铍	4	9.012182(3)	F	氟	9	18.9984032(5)
Bh	𬭛	107	[264]	Fe	铁	26	55.845(2)
Bi	铋	83	208.98040(1)	Fm	镄	100	[257]
Bk	锫	97	[247]	Fr	钫	87	[223]
Br	溴	35	79.904(1)	Ga	镓	31	69.723(1)
C	碳	6	12.017(8)	Gd	钆	64	157.25(3)
Ca	钙	20	40.078(4)	Ge	锗	32	72.64(1)
Cd	镉	48	112.411(8)	H	氢	1	1.00794(7)
Ce	铈	58	140.116(1)	He	氦	2	4.002602(2)
Cf	锎	98	[251]	Hf	铪	72	178.49(2)
Cl	氯	17	35.453(2)	Hg	汞	80	200.59(2)
Cm	锔	96	[247]	Ho	钬	67	164.93032(2)

续表

元素		原子序数	相对原子质量	元素		原子序数	相对原子质量
符号	名称			符号	名称		
Hs	𬭶	108	[265]	Ra	镭	88	[226]
I	碘	58	126.90447(3)	Rb	铷	37	85.4678(3)
In	铟	49	114.818(3)	Re	铼	75	186.207(1)
Ir	铱	77	192.217(3)	Rf	𬬻	104	[261]
K	钾	19	39.0983(1)	Rg	轮	111	[272]
Kr	氪	36	83.798(2)	Rh	铑	45	102.90550(2)
La	镧	57	138.90547(7)	Rn	氡	86	[222.0176]
Li	锂	3	6.941(2)	Ru	钌	44	101.07(2)
Lr	铹	103	[262]	S	硫	16	32.065(5)
Lu	镥	71	174.967(1)	Sb	锑	51	121.760(1)
Md	钔	101	[258]	Sc	钪	21	44.955912(6)
Mg	镁	12	24.3050(6)	Se	硒	34	78.96(3)
Mn	锰	25	54.938045(5)	Sg	𬭳	106	[266]
Mo	钼	42	95.94(2)	Si	硅	14	28.0855(3)
Mt	鿏	109	[268]	Sm	钐	62	150.36(2)
N	氮	7	14.0067(2)	Sn	锡	50	118.710(7)
Na	钠	11	22.98976928(2)	Sr	锶	38	87.62(1)
Nb	铌	41	92.90638(2)	Ta	钽	73	180.94788(2)
Nd	钕	60	144.242(3)	Tb	铽	65	158.92535(2)
Ne	氖	10	20.1797(6)	Tc	锝	43	[97.9072]
Ni	镍	28	58.6934(2)	Te	碲	52	127.60(3)
No	锘	102	[259]	Th	钍	90	232.03806(2)
Np	镎	93	[237]	Ti	钛	22	47.867(1)
O	氧	8	15.9994(3)	Tl	铊	81	204.3833(2)
Os	锇	76	190.23(3)	Tm	铥	69	168.93421(2)
P	磷	15	30.973762(2)	U	铀	92	238.02891(3)
Pa	镤	91	231.03588(2)	V	钒	23	50.9415(1)
Pb	铅	82	207.2(1)	W	钨	74	183.84(1)
Pd	钯	46	106.42(1)	Xe	氙	54	131.293(6)
Pm	钷	61	[145]	Y	钇	39	88.90585(2)
Po	钋	84	[208.9824]	Yb	镱	70	173.04(3)
Pr	镨	59	140.90765(2)	Zn	锌	30	65.409(4)
Pt	铂	78	195.084(9)	Zr	锆	40	91.224(2)
Pu	钚	94	[244]				

注：1. 本表数据源自2005年IUPAC元素周期表（IUPAC 2005 standard atomic weights），以$^{12}C=12$为标准。

2. 本表方括号内的原子质量为放射性元素的半衰期最长的同位素质量数。

3. 相对原子质量末位数的不确定度加注在其后的括号内。

4. 112～118号元素数据未被IUPAC确定。

6.2 常用化合物相对分子质量表

分子式	相对分子质量	分子式	相对分子质量
$AgBr$	187.78	$H_2C_2O_4$	90.04
$AgCl$	143.32	HCl	36.46
AgI	234.7	$HClO_4$	100.46
$AgCN$	133.84	HNO_2	47.01
$AgNO_3$	169.87	HNO_3	63.01
Al_2O_3	101.96	H_2O	18.02
$Al_2(SO_4)_3$	342.15	H_2O_2	34.02
As_2O_3	197.84	H_3PO_4	98.00
$BaCl_2$	208.25	H_2S	34.08
$BaCl_2 \cdot 2H_2O$	244.28	HF	20.01
$BaCO_3$	197.35	HCN	27.03
BaO	153.34	H_2SO_4	98.08
$Ba(OH)_2$	171.36	$HgCl_2$	271.50
$BaSO_4$	233.40	KBr	19.01
$CaCO_3$	100.09	KCl	74.56
CaC_2O_4	128.10	K_2CO_3	138.21
CaO	56.08	$KMnO_4$	158.04
$Ca(OH)_2$	74.09	K_2O	94.20
$CaSO_4$	136.14	KOH	56.11
$Ce(SO_4)_2$	332.25	$KSCN$	97.18
$Ce(SO_4)_2 \cdot (HN_4)_2SO_4 \cdot 2H_2O$	632.56	K_2SO_4	174.26
CO_2	44.01	$KAl(SO_4)_2 \cdot 12H_2O$	474.39
CH_3COOH	60.05	KNO_3	85.10
$C_6H_8O_7 \cdot H_2O$(柠檬酸)	210.11	$K_2Fe(CN)_6$	368.36
$C_4H_8O_6$(酒石酸)	150.09	$K_3Fe(CN)_6$	329.26
CH_3COCH_3	58.08	KCN	65.12
C_6H_5OH	94.11	K_2CrO_4	194.20
$C_2H_2(COOH)_2$(丁二烯二酸)	116.07	$K_2Cr_2O_7$	294.19
CuO	79.54	$C_6H_4COOHCOOK$	204.23
$CuSO_4$	159.60	KI	166.01
$CuSO_4 \cdot 5H_2O$	249.68	KIO_3	214.00
$CuSCN$	121.62	$MgSO_4 \cdot 7H_2O$	246.47
FeO	71.85	$MgCl_2 \cdot 6H_2O$	203.23
Fe_2O_3	159.69	$MgCO_3$	84.32
Fe_3O_4	231.54	MgO	40.31
$FeSO_4 \cdot 7H_2O$	278.02	$MgNH_4PO_4$	137.33
$Fe_2(SO_4)_3$	399.87	$Mg_2P_2O_7$	222.60
$FeSO_4 \cdot (NH_4)_2SO_4 \cdot 6H_2O$	392.14	MnO_2	86.94
$NH_4Fe(SO_4)_2 \cdot 12H_2O$	482.19	$Na_2B_4O_7 \cdot 10H_2O$	381.37
$HCHO$	30.03	$NaBr$	102.90
$HCOOH$	46.03	Na_2CO_3	105.99

续表

分子式	相对分子质量	分子式	相对分子质量
$Na_2C_2O_4$	134.00	$NH_3 \cdot H_2O$	36.05
$NaCl$	58.44	$(NH_4)_2SO_4$	132.14
$NaCN$	49.01	P_2O_5	141.95
$Na_2C_{10}H_{14}O_6N_2 \cdot 2H_2O$	372.09	PbO_2	239.19
Na_2O	61.98	$PbCrO_4$	323.18
$NaOH$	40.01	SiF_4	104.08
Na_2SO_4	142.01	SiO_2	60.08
$Na_2S_2O_3 \cdot 5H_2O$	248.18	SO_2	64.06
Na_2SiF_6	188.06	SO_3	80.06
Na_2S	78.04	$SnCl_2$	189.60
Na_2SO_3	126.04	TiO_2	79.90
NH_4Cl	53.49	ZnO	81.39
NH_3	17.03	$ZnSO_4 \cdot 7H_2O$	287.54

6.3 化学中与国际单位并用的一些单位

量的名称	单位名称	单位代号		相互关系
		中文	国际	
压力(压强)	帕斯卡 毫米汞柱 标准大气压	帕 毫米汞柱 标准大气压	Pa mmHg atm	1atm＝760mmHg＝101325Pa(1标准大气压＝760毫米汞柱＝101325帕)
能、功、热量	焦耳	焦 千焦	J kJ	$1J=1N\cdot m=1Pa\cdot m^3$ (1焦＝1牛·米＝1帕·米^3) 1kJ＝1000J
面积	平方米	米^2	m^2	
体积(容积)	立方米 立方分米(升) 立方厘米 (毫升)	米^3 分米^3(升) 厘米^3 (毫升)	m^3 dm^3(L) cm^3 (mL)	$1m^3=10^3dm^3(L)=10^6cm^3(mL)$ 1米^3＝10^3分米^3＝10^6厘米^3 $1L=10^3mL$
密度	千克每立方米 克每立方分米 克每立方厘米	千克·米$^{-3}$ 克·分米$^{-3}$ (克·升$^{-1}$) 克·厘米$^{-3}$ (克·毫升$^{-1}$)	$kg\cdot m^{-3}$ $g\cdot dm^{-3}$ $(g\cdot L^{-1})$ $g\cdot cm^{-3}$ $(g\cdot mL^{-1})$	$1kg\cdot m^{-3}=1g\cdot dm^{-3}=1g\cdot L^{-1}=1mg\cdot mL^{-1}$ $1g\cdot L^{-1}=10^{-3}g\cdot mL^{-1}$
温度	热力学温度(T) 摄氏温度(t)	开尔文 摄氏度	K ℃	$T=273.15+t$(K) $t=T-273.15$(℃)
摩尔质量	千克每摩尔	千克·摩$^{-1}$	$kg\cdot mol^{-1}$	
摩尔体积	立方米每摩尔	米^3·摩$^{-1}$	$m^3\cdot mol^{-1}$	
质量	克、毫克 微克、纳克	克、毫克 微克、纳克	g,mg μg,ng	$1g=10^3mg=10^6\mu g=10^9ng$
物质的量	摩尔	摩尔	mol	

续表

量的名称	单位名称	单位代号		相互关系
		中文	国际	
体积摩尔浓度(c)	摩尔每立方米	摩·米$^{-3}$	$mol \cdot m^{-3}$	
	摩尔每立方分米	摩·分米$^{-3}$	$mol \cdot dm^{-3}$	$1mol \cdot m^{-3} = 10^{-3} mol \cdot dm^{-3} = 10^{-6} mol \cdot cm^{-3}$
		(摩·升$^{-1}$)	($mol \cdot L^{-1}$)	$1mol \cdot dm^{-3} = 1mol \cdot L^{-1}$
	摩尔每立方厘米	摩·厘米$^{-3}$	$mol \cdot cm^{-3}$	$1mol \cdot cm^{-3} = 1mol \cdot mL^{-1}$
		(摩·毫升$^{-1}$)	$mol \cdot mL^{-1}$	
质量摩尔浓度(m)	摩尔每千克	摩·千克$^{-1}$	$mol \cdot kg^{-1}$	
滴定度($T_{X/S}$)	克每毫升	克·毫升$^{-1}$	$g \cdot mL^{-1}$	滴定度是指1mL标准溶液相当于被测组分的质量 $1mg \cdot L^{-1} = 10^3 \mu g \cdot L^{-1} = 10^6 ng \cdot L^{-1}$
微量组分浓度	毫克每升	毫克·升$^{-1}$	$mg \cdot L^{-1}$	$1mg \cdot L^{-1}$=1ppm(百万分之一)
(浓度＜$0.1mg \cdot$	微克每升	微克·升$^{-1}$	$\mu g \cdot L^{-1}$	$1\mu g \cdot L^{-1}$=1ppb(十亿分之一)
L^{-1}时常用)	纳克每升	纳克·升$^{-1}$	$ng \cdot L^{-1}$	$1ng \cdot L^{-1}$=1ppt(万亿分之一)

6.4 几种常见酸碱的浓度和密度

酸或碱	分子式	密度/$g \cdot mL^{-1}$	溶质质量分数	浓度/$mol \cdot L^{-1}$
冰醋酸	CH_3COOH	1.05	0.995	17
稀醋酸		1.04	0.341	6
浓盐酸	HCl	1.18	0.36	12
稀盐酸		1.10	0.20	6
浓硝酸	HNO_3	1.42	0.72	16
稀硝酸		1.19	0.32	6
浓硫酸	H_2SO_4	1.84	0.96	18
稀硫酸		1.18	0.25	3
磷酸	H_3PO_4	1.69	0.85	15
浓氨水	$NH_3 \cdot H_2O$	0.90	0.28～0.30(NH_3)	15
稀氨水		0.96	0.10	6
稀氢氧化钠	$NaOH$	1.22	0.20	6

6.5 常用基准物及其干燥条件

基准物	干燥后的组成	干燥温度/℃及时间
$Na_2B_4O_7 \cdot 10H_2O$	$Na_2B_4O_7 \cdot 10H_2O$	NaCl-蔗糖饱和溶液干燥器中室温保存
$KHC_6H_4(COO)_2$	$KHC_6H_4(COO)_2$	105～110℃干燥
$Na_2C_2O_4$	$Na_2C_2O_4$	105～110℃干燥2h
$K_2Cr_2O_7$	$K_2Cr_2O_7$	130～140℃加热0.5～1h
$KBrO_3$	$KBrO_3$	120℃干燥1～2h
KIO_3	KIO_3	105～120℃干燥
As_2O_3	As_2O_3	硫酸干燥器中干燥至恒重
$(NH_4)_2Fe(SO_4)_2 \cdot 6H_2O$	$(NH_4)_2Fe(SO_4)_2 \cdot 6H_2O$	室温空气干燥
$AgNO_3$	$AgNO_3$	120℃干燥2h
$CuSO_4 \cdot 5H_2O$	$CuSO_4 \cdot 5H_2O$	室温空气干燥
无水Na_2CO_3	Na_2CO_3	260～270℃加热0.5h
$CaCO_3$	$CaCO_3$	150～110℃干燥
ZnO	ZnO	约800℃灼烧至恒重

6.6 常见离子的鉴定方法

(1) 常见阳离子的鉴定方法

阳离子	鉴定方法	条件及干扰
Na^+	取2滴Na^+试液,加8滴醋酸铀酰锌试剂,放置数分钟,用玻璃棒摩擦器壁,淡黄色的晶状沉淀出现,表示有Na^+ $3UO_2^{2+}+Zn^{2+}+Na^++9Ac^-+9H_2O \xlongequal{} 3UO_2(Ac)_2\cdot Zn(Ac)_2\cdot NaAc\cdot 9H_2O(s)$	1. 鉴定宜在中性或HAc酸性溶液中进行,强酸、强碱均能使试剂分解 2. 大量K^+存在时,可干扰鉴定,Ag^+、Hg^{2+}、Sb^{3+}有干扰,PO_4^{3-}、AsO_4^{3-}能使试剂分解
K^+	取2滴K^+试液,加入3滴六硝基合钴酸钠$Na_3[Co(NO_2)_6]$溶液,放置片刻,黄色的$K_2Na[Co(NO_2)_6]$沉淀析出,表示有K^+	1. 鉴定宜在中性、微酸性溶液中进行。因强酸、强碱均能使$[Co(NO_2)_6]^{3-}$分解 2. NH_4^+与试剂生成橙色沉淀而干扰,但在沸水浴中加热1～2min后,$(NH_4)_2Na[Co(NO_2)_6]$完全分解,而$K_2Na[Co(NO_2)_6]$不变
NH_4^+	气室法:用干燥、洁净的表面皿两块(一大一小),在大的一块表面皿中心放3滴NH_4^+试液,再加3滴$6mol\cdot L^{-1}$ NaOH溶液,混合均匀。在小的一块表面皿中心黏附一小条润湿的酚酞试纸,盖在大的表现皿上形成气室。将此气室放在水浴上微热2min,酚酞试纸变红,表示有NH_4^+	这是NH_4^+的特征反应
Ca^{2+}	取2滴Ca^{2+}试液,滴加饱和$(NH_4)_2C_2O_4$溶液,有白色的CaC_2O_4沉淀形成,表示有Ca^{2+}	1. 反应宜在HAc酸性、中性、碱性溶液中进行 2. Mg^{2+}、Sr^{2+}、Ba^{2+}有干扰,但MgC_2O_4溶于醋酸,Sr^{2+}、Ba^{2+}应在鉴定前除去
Mg^{2+}	取2滴Mg^{2+}试液,加入2滴$2mol\cdot L^{-1}$ NaOH溶液,1滴镁试剂Ⅰ,沉淀呈天蓝色,表示有Mg^{2+}	1. 反应宜在碱性溶液中进行,NH_4^+浓度过大,会影响鉴定,故需在鉴定前加碱煮沸,除去NH_4^+ 2. Ag^+,Hg^{2+},Hg_2^{2+},Cu^{2+},Co^{2+},Ni^{2+},Mn^{2+},Cr^{3+},Fe^{3+}及大量Ca^{2+}干扰反应,应预先分离
Ba^{2+}	取2滴Ba^{2+}试液,加1滴$0.1mol\cdot L^{-1}$ K_2CrO_4溶液,有黄色沉淀生成,表示有Ba^{2+}	鉴定宜在$HAc\text{-}NH_4Ac$的缓冲溶液中进行
Al^{3+}	取1滴Al^{3+}试液,加2～3滴水,2滴$3mol\cdot L^{-1}$ NH_4Ac及2滴铝试剂,搅拌,微热,加$6mol\cdot L^{-1}$ $NH_3\cdot H_2O$至碱性,红色沉淀不消失,表示有Al^{3+}	1. 鉴定宜在$HAc\text{-}NH_4Ac$的缓冲溶液中进行 2. Cr^{3+},Fe^{3+},Bi^{3+},Cu^{2+},Ca^{2+}对鉴定有干扰,但加入氨水后,Cr^{3+}、Cu^{2+}生成的红色化合物即分解,$(NH_4)_2CO_3$加入可使Ca^{2+}生成$CaCO_3$,Fe^{3+}、Bi^{3+}、Cu^{2+}可预先加NaOH形成沉淀而分离
Sn^{4+} Sn^{2+}	1. Sn^{4+}还原:取2～3滴Sn^{4+}溶液,加镁片2～3片,不断搅拌,待反应完全后,加2滴$6mol\cdot L^{-1}$ HCl,微热,Sn^{4+}即被还原为Sn^{2+} 2. Sn^{2+}的鉴定:取2滴Sn^{2+}试液,加1滴$0.1mol\cdot L^{-1}$ $HgCl_2$溶液,生成白色沉淀,表示有Sn^{2+}	反应的特效性较好。注意:若白色沉淀生成后,颜色迅速变灰、变黑,这是由于Hg_2Cl_2进一步被还原为Hg
Pb^{2+}	取2滴Pb^{2+}试液,加2滴$0.1mol\cdot L^{-1}$ K_2CrO_4溶液,生成黄色沉淀,表示有Pb^{2+}	1. 鉴定在HAc溶液中进行,因为沉淀在强酸强碱中均可溶解 2. Ba^{2+}、Bi^{3+}、Hg^{2+}、Ag^+等干扰
Cr^{3+}	取3滴Cr^{3+}试液,加$6mol\cdot L^{-1}$ NaOH溶液直至生成的沉淀溶解,搅动后加4滴3%的H_2O_2,水浴加热,待溶液变为黄色后,继续加热将剩余的H_2O_2完全分解,冷却,加$6mol\cdot L^{-1}$ HAc酸化,加2滴$0.1mol\cdot L^{-1}$ $Pb(NO_3)_2$溶液,生成黄色沉淀,表示有Cr^{3+}	鉴定反应中,Cr^{3+}的氧化需在强碱性条件下进行;而形成$PbCrO_4$的反应,须在弱酸性(HAc)溶液中进行
Mn^{2+}	取1滴Mn^{2+}试液,加10滴水,5滴$2mol\cdot L^{-1}$ HNO_3溶液,然后加少许$NaBiO_3(s)$,搅拌,水浴加热,形成紫色溶液,表示有Mn^{2+}	1. 鉴定反应可在HNO_3或者H_2SO_4酸性溶液中进行 2. 还原剂(Cl^-、Br^-、I^-、H_2O_2等)有干扰

(2) 常见阴离子鉴定方法

阴离子	鉴定方法	条件及干扰
Cl^-	取2滴Cl^-试液，加$6mol \cdot L^{-1}$ HNO_3酸化，加$0.1mol \cdot L^{-1}$ $AgNO_3$至沉淀完全，离心分离，在沉淀上加5～8滴银氨溶液，搅匀，加热，沉淀溶解，再加$6mol \cdot L^{-1}$ HNO_3酸化，白色沉淀又出现，表示有Cl^-	
Br^-	取2滴Br^-试液，加入数滴CCl_4，滴加氯水，振荡，有机层呈橙色或橙黄色，表示有Br^-	氯水宜边滴加边振荡，若氯水过量了，生成BrCl，有机层反而呈淡黄色
I^-	取2滴I^-试液，加入数滴CCl_4，滴加氯水，振荡，有机层显紫色，表示有I^-	1. 反应宜在酸性、中性或弱碱性条件下进行 2. 过量氯水将I_2氧化成IO_3^-，有机层紫色将褪去
SO_4^{2-}	取2滴SO_4^{2-}试液，用$6mol \cdot L^{-1}$ HCl酸化，加2滴$0.1mol \cdot L^{-1}$ $BaCl_2$溶液，白色沉淀析出，表示有SO_4^{2-}	
SO_3^{2-}	取1滴饱和$ZnSO_4$溶液，加1滴$0.1mol \cdot L^{-1}$ $K_4[Fe(CN)_6]$溶液，即有白色沉淀产生，继续加1滴$Na_2[Fe(CN)_5NO]$，1滴SO_3^{2-}试液(中性)，白色沉淀转化为红色$Zn_2[Fe(CN)_5NOSO_3]$沉淀，表示有SO_3^{2-}	1. 酸能使沉淀消失，酸性溶液需用氨水中和 2. S^{2-}有干扰，须预先除去
$S_2O_3^{2-}$	1. 取2滴$S_2O_3^{2-}$试液，加2滴$2mol \cdot L^{-1}$ HCl溶液，微热，白色浑浊出现，表示有$S_2O_3^{2-}$ 2. 取2滴$S_2O_3^{2-}$试液，加5滴$0.1mol \cdot L^{-1}$ $AgNO_3$溶液，振荡之，若生成的白色沉淀迅速变黄→棕→黑色，表示有$S_2O_3^{2-}$	1. S^{2-}存在时，$AgNO_3$溶液加入后，由于有黑色Ag_2S沉淀生成，对观察$Ag_2S_2O_3$沉淀颜色的变化产生干扰 2. $Ag_2S_2O_3(s)$可溶于过量可溶性硫代硫酸盐溶液中
S^{2-}	1. 取3滴S^{2-}试液，加稀H_2SO_4酸化，用$Pb(Ac)_2$试纸检验析出的气体，试纸变黑，表示有S^{2-} 2. 取1滴S^{2-}试液，放在白滴板上，加一滴$Na_2[Fe(CN)_5NO]$试剂，溶液变紫色，表示有S^{2-}。配合物$Na_4[Fe(CN)_5NOS]$为紫色	反应须在碱性条件下进行
CO_3^{2-}	附图 气瓶法装置 1. 浓度较大的CO_3^{2-}溶液，用$6mol \cdot L^{-1}$ HCl溶液酸化后，产生的CO_2气体使澄清的石灰水或$Ba(OH)_2$溶液变浑浊，表示有CO_3^{2-} 2. 当CO_3^{2-}量较少，或同时存在其他能与酸产生气体的物质时，可用$Ba(OH)_2$气瓶法检出。取出滴管，在玻璃瓶中加少量CO_3^{2-}试样，从滴管上口加入1滴饱和$Ba(OH)_2$溶液，然后往玻璃瓶中加5滴$6mol \cdot L^{-1}$ HCl，立即将滴管插入瓶中，塞紧，轻敲瓶底，放置数分钟，如果$Ba(OH)_2$溶液浑浊，表示有CO_3^{2-}	1. 如果$Ba(OH)_2$溶液浑浊程度不大，可能由于吸收空气中CO_2所致，需作空白实验加以比较 2. 如果试液中含有SO_3^{2-}或$S_2O_3^{2-}$，会干扰CO_3^{2-}的检出，需预先加入数滴H_2O_2将它们氧化为SO_4^{2-}，再检验CO_3^{2-}
NO_3^-	1. 当NO_2^-同时存在时，取试液3滴，加$12mol \cdot L^{-1}$ H_2SO_4 6滴及3滴α-萘胺，生成淡紫红色化合物，表示有NO_3^- 2. 当NO_2^-不存在时，取3滴NO_3^-试液用$6mol \cdot L^{-1}$ HAc酸化，并过量数滴，加少许镁片搅动，NO_3^-被还原为NO_2^-；取3滴上层清液，按照NO_2^-的鉴定方法进行鉴定	

续表

阴离子	鉴定方法	条件及干扰
NO_2^-	取试液3滴，用HAc酸化，加1mol·L^{-1} KI和CCl_4，振荡，有机层呈紫红色，表示有NO_2^-	
PO_4^{3-}	取2滴PO_4^{3-} 试液，加入8～10滴钼酸铵试剂，用玻璃棒摩擦内壁，黄色磷钼酸铵沉淀生成，表示有PO_4^3 $PO_4^{3-}+3NH_4^++12MoO_4^{2-}+24H^+ = (NH_4)_3P(Mo_3O_{10})_4+12H_2O$	1. 沉淀溶于碱及氨水中，反应须在酸性中进行 2. 还原剂的存在使Mo^{6+}还原为“钼蓝”而使溶液呈深蓝色，须预先除去 3. 与PO_3^{-}、$P_2O_7^{4-}$的冷溶液无反应，煮沸时由于PO_4^{3-}的生成而生成黄色沉淀

6.7 标准电极电势表

(1) 在酸性溶液中

电偶氧化数	电极反应	$\varphi^{\ominus}$/V
Ag(Ⅰ)～(0)	$Ag^++e^- = Ag$	+0.7996
(Ⅰ)～(0)	$AgBr+e^- = Ag+Br^-$	+0.0713
(Ⅰ)～(0)	$AgCl+e^- = Ag+Cl^-$	+0.2223
(Ⅰ)～(0)	$AgI+e^- = Ag+I^-$	−0.1519
(Ⅰ)～(0)	$[Ag(S_2O_3)_2]^{3-}+e^- = Ag+2S_2O_3^{2-}$	+0.01
(Ⅰ)～(0)	$Ag_2CrO_4+2e^- = 2Ag+CrO_4^{2-}$	+0.4463
(Ⅱ-Ⅰ)	$Ag^{2+}+e^- = Ag^+$	+2.00
(Ⅲ-Ⅰ)	$Ag_2O_3(s)+6H^++4e^- = 2Ag^++3H_2O$	+1.76
(Ⅲ-Ⅱ)	$Ag_2O_3(s)+2H^++2e^- = 2AgO\downarrow+H_2O$	+1.71
Al(Ⅲ)～(0)	$Al^{3+}+3e^- = Al$	−1.66
(Ⅲ)～(0)	$[AlF_6]^{3-}+e^- = Al+6F^-$	−2.07
As(0)～(−Ⅲ)	$As+3H^++3e^- = AsH_3$	−0.54
(Ⅲ)～(0)	$HAsO_2(aq)+3H^++3e^- = As+2H_2O$	+0.2475
(Ⅴ)～(Ⅲ)	$H_3AsO_4+2H^++2e^- = HAsO_2+2H_2O$(1mol/L HCl)	+0.58
Au(Ⅰ)～(0)	$Au^++e^- = Au$	+1.68
(Ⅰ)～(0)	$[AuCl_2]^-+e^- = Au(s)+2Cl^-$	+1.15
(Ⅲ)～(0)	$Au^{3+}+3e^- = Au$	+1.42
(Ⅲ)～(0)	$[AuCl_4]^-+3e^- = Au(s)+4Cl^-$	+0.994
(Ⅲ)～(Ⅰ)	$Au^{3+}+2e^- = Au^+$	+1.29
B(Ⅲ)～(0)	$H_3BO_3+3H^++3e^- = B+3H_2O$	−0.73
Ba(Ⅱ)～(0)	$Ba^{2+}+2e^- = Ba$	−2.90
Be(Ⅱ)～(0)	$Be^{2+}+2e^- = Be$	−1.70(−1.85)
Bi(Ⅲ)～(0)	$Bi^{3+}+3e^- = Bi(s)$	+0.293
(Ⅲ)～(0)	$BiO^++2H^++3e^- = Bi+H_2O$	+0.32
(Ⅲ)～(0)	$BiOCl+2H^++3e^- = Bi+Cl^-+H_2O$	+0.1583
(Ⅴ)～(Ⅲ)	$Bi_2O_6+6H^++4e^- = 2BiO^++3H_2O$	+1.6

续表

电偶氧化数	电极反应	$\varphi^{\ominus}$/V
Br(0)～(－Ⅰ)	$Br_2(aq)+2e^- = 2Br^-$	+1.087
(0)～(－Ⅰ)	$Br_2(l)+2e^- = 2Br^-$	+1.065
(Ⅰ)～(－Ⅰ)	$HBrO+H^++2e^- = Br^-+H_2O$	+1.33
(Ⅰ)～(0)	$HBrO+H^++e^- = \frac{1}{2}Br_2+H_2O$	+1.6
(Ⅴ)～(－Ⅰ)	$BrO_3^-+6H^++6e^- = Br^-+3H_2O$	+1.44
(Ⅴ)～(0)	$BrO_3^-+6H^++5e^- = \frac{1}{2}Br_2(l)+3H_2O$	+1.52
C(Ⅳ)～(Ⅱ)	$CO_2(g)+2H^++2e^- = HCOOH(aq)$	−0.2
(Ⅳ)～(Ⅱ)	$CO_2(g)+2H^++2e^- = CO(g)+H_2O$	−0.12
(Ⅳ)～(Ⅲ)	$2CO_2+2H^++2e^- = H_2C_2O_4(aq)$	−0.49
(Ⅳ)～(Ⅲ)	$2HCNO+2H^++2e^- = (CN)_2+2H_2O$	+0.33
Ca(Ⅱ)～(0)	$Ca^{2+}+2e^- = Ca$	−2.76
Cd(Ⅱ)～(0)	$Cd^{2+}+2e^- = Cd$	−0.4026
(Ⅱ)～(0)	$Cd^{2+}+(Hg)+2e^- = Cd(Hg)$	−0.3521
Ce(Ⅲ)～(0)	$Ce^{3+}+3e^- = Ce$	−2.335
(Ⅳ)～(Ⅲ)	$Ce^{4+}+e^- = Ce^{3+}$(1mol/L H_2SO_4)	+1.443
(Ⅳ)～(Ⅲ)	$Ce^{4+}+e^- = Ce^{3+}$(0.5～2mol/L HNO_3)	+1.61
(Ⅳ)～(Ⅲ)	$Ce^{4+}+e^- = Ce^{3+}$(1mol/L $HClO_4$)	+1.70
Cl(0)～(－Ⅰ)	$Cl_2(g)+2e^- = 2Cl^-$	+1.3583
(Ⅰ)～(－Ⅰ)	$HOCl+H^++2e^- = Cl^-+H_2O$	+1.49
(Ⅰ)～(0)	$HOCl+H^++e^- = \frac{1}{2}Cl_2+H_2O$	+1.63
(Ⅲ)～(Ⅰ)	$HClO_2+2H^++2e^- = HClO+H_2O$	+1.64
(Ⅳ)～(Ⅲ)	$ClO_2+H^++e^- = HClO_2$	+1.275
(Ⅴ)～(－Ⅰ)	$ClO_3^-+6H^++6e^- = Cl^-+3H_2O$	+1.45
(Ⅴ)～(0)	$ClO_3^-+6H^++5e^- = \frac{1}{2}Cl_2+3H_2O$	+1.47
(Ⅴ)～(Ⅲ)	$ClO_3^-+3H^++2e^- = HClO_2+H_2O$	+1.21
Cl(Ⅴ)～(Ⅳ)	$ClO_3^-+2H^++e^- = ClO_2(g)+H_2O$	+1.15
(Ⅶ)～(－Ⅰ)	$ClO_4^-+8H^++8e^- = Cl^-+4H_2O$	+1.37
(Ⅶ)～(0)	$ClO_4^-+8H^++7e^- = \frac{1}{2}Cl_2+4H_2O$	+1.34
(Ⅶ)～(Ⅴ)	$ClO_4^-+2H^++2e^- = ClO_3^-+H_2O$	+1.19
Co(Ⅱ)～(0)	$Co^{2+}+2e^- = Co$	−0.28
(Ⅲ)～(Ⅱ)	$Co^{3+}+e^- = Co^{2+}$(3mol/L HNO_3)	+1.842
Cr(Ⅲ)～(0)	$Cr^{3+}+3e^- = Cr$	−0.74
(Ⅱ)～(0)	$Cr^{2+}+2e^- = Cr$	−0.86
(Ⅲ)～(Ⅱ)	$Cr^{3+}+e^- = Cr^{2+}$	−0.41
(Ⅳ)～(Ⅲ)	$Cr_2O_7^{2-}+14H^++6e^- = 2Cr^{3+}+7H_2O$	+1.33
(Ⅳ)～(Ⅲ)	$HCrO_4^-+7H^++3e^- = Cr^{3+}+4H_2O$	+1.195
Cs(Ⅰ)～(0)	$Cs^++e^- = Cs$	−2.923
Cu(Ⅰ)～(0)	$Cu^++e^- = Cu$	+0.522
(Ⅰ)～(0)	$Cu_2O(s)+2H^++2e^- = 2Cu+H_2O$	−0.36
(Ⅰ)～(0)	$CuI+e^- = Cu+I^-$	−0.185
(Ⅰ)～(0)	$CuBr+e^- = Cu+Br^-$	+0.033
(Ⅰ)～(0)	$CuCl+e^- = Cu+Cl^-$	+0.137

续表

电偶氧化数	电极反应	$\varphi^{\ominus}$/V
(Ⅱ)～(0)	$Cu^{2+}+2e^{-}$ ═══ Cu	+0.3402
(Ⅱ)～(Ⅰ)	$Cu^{2+}+e^{-}$ ═══ Cu^{+}	+0.153
(Ⅱ)～(Ⅰ)	$Cu^{2+}+Br^{-}+e^{-}$ ═══ $CuBr$	+0.640
(Ⅱ)～(Ⅰ)	$Cu^{2+}+Cl^{-}+e^{-}$ ═══ $CuCl$	+0.538
(Ⅱ)～(Ⅰ)	$Cu^{2+}+I^{-}+e^{-}$ ═══ CuI	+0.86
F(0)～(－Ⅰ)	F_2+2e^{-} ═══ $2F^{-}$	+2.87
(0)～(－Ⅰ)	$F_2(g)+2H^{+}+2e^{-}$ ═══ $2HF(aq)$	+3.06
Fe(Ⅱ)～(0)	$Fe^{2+}+2e^{-}$ ═══ Fe	−0.409
(Ⅲ)～(0)	$Fe^{3+}+3e^{-}$ ═══ Fe	−0.036
(Ⅲ)～(Ⅱ)	$Fe^{3+}+e^{-}$ ═══ Fe^{2+}(1mol/L HCl)	+0.770
(Ⅲ)～(Ⅱ)	$[Fe(CN)_6]^{3-}+e^{-}$ ═══ $[Fe(CN)_6]^{4-}$	+0.36
(Ⅵ)～(Ⅲ)	$FeO_4^{2-}+8H^{+}+3e^{-}$ ═══ $Fe^{3+}+4H_2O$	+1.9
(8/3)～(Ⅱ)	$Fe_3O_4(s)+8H^{+}+2e^{-}$ ═══ $3Fe^{2+}+4H_2O$	+1.23
Ga(Ⅲ)～(0)	$Ga^{3+}+3e^{-}$ ═══ Ga	−0.560
Ge(Ⅳ)～(0)	$H_2GeO_3+4H^{+}+4e^{-}$ ═══ $Ge+3H_2O$	−0.13
H(0)～(－Ⅰ)	$H_2(g)+2e^{-}$ ═══ $2H^{-}$	−2.25
(Ⅰ)～(0)	$2H^{+}+2e^{-}$ ═══ $H_2(g)$	0.0000
(Ⅰ)～(0)	$2H^{+}([H^{+}]=10^{-7}mol/L)+2e^{-}$ ═══ H_2	−0.414
Hg(Ⅰ)～(0)	$Hg_2^{2+}+2e^{-}$ ═══ $2Hg$	+0.7961
(Ⅰ)～(0)	$Hg_2Cl_2+2e^{-}$ ═══ $2Hg+2Cl^{-}$	+0.2415
(Ⅰ)～(0)	$Hg_2I_2+2e^{-}$ ═══ $2Hg+2I^{-}$	−0.0405
(Ⅱ)～(0)	$Hg^{2+}+2e^{-}$ ═══ Hg	+0.851
(Ⅱ)～(0)	$[HgI_4]^{2-}+2e^{-}$ ═══ $Hg+4I^{-}$	−0.04
(Ⅱ)～(Ⅰ)	$2Hg^{2+}+2e^{-}$ ═══ Hg_2^{2+}	+0.905
I(0)～(－Ⅰ)	I_2+2e^{-} ═══ $2I^{-}$	+0.5355
(0)～(－Ⅰ)	$I_{3-}+2e^{-}$ ═══ $3I^{-}$	+0.5338
(Ⅰ)～(－Ⅰ)	$HIO+H^{+}+2e^{-}$ ═══ $I^{-}+H_2O$	+0.99
(Ⅰ)～(0)	$HIO+H^{+}+e^{-}$ ═══ $\frac{1}{2}I_2+H_2O$	+1.45
(Ⅴ)～(－Ⅰ)	$IO_3^{-}+6H^{+}+6e^{-}$ ═══ $I^{-}+3H_2O$	+1.085
(Ⅴ)～(0)	$IO_3^{-}+6H^{+}+5e^{-}$ ═══ $\frac{1}{2}I_2+3H_2O$	+1.195
(Ⅶ)～(Ⅴ)	$H_5IO_6+H^{+}+2e^{-}$ ═══ $IO_3^{-}+3H_2O$	约+1.7
In(Ⅰ)～(0)	$In^{+}+e^{-}$ ═══ In	−0.18
(Ⅲ)～(0)	$In^{3+}+3e^{-}$ ═══ In	−0.343
K(Ⅰ)～(0)	$K^{+}+e^{-}$ ═══ K	−2.924(−2.923)
La(Ⅲ)～(0)	$La^{3+}+3e^{-}$ ═══ La	−2.37
Li(Ⅰ)～(0)	$Li^{+}+e^{-}$ ═══ Li	−3.045(−3.02)
Mg(Ⅱ)～(0)	$Mg^{2+}+2e^{-}$ ═══ Mg	−2.375
Mn(Ⅱ)～(0)	$Mn^{2+}+2e^{-}$ ═══ Mn	−1.029
(Ⅲ)～(Ⅱ)	$Mn^{3+}+e^{-}$ ═══ Mn^{2+}	+1.51
(Ⅳ)～(Ⅱ)	$MnO_2+4H^{+}+2e^{-}$ ═══ $Mn^{2+}+2H_2O$	+1.208
(Ⅳ)～(Ⅲ)	$2MnO_2(s)+2H^{+}+2e^{-}$ ═══ $Mn_2O_3(s)+H_2O$	+1.04
(Ⅶ)～(Ⅱ)	$MnO_4^{-}+8H^{+}+5e^{-}$ ═══ $Mn^{2+}+4H_2O$	+1.491

续表

电偶氧化数	电 极 反 应	$\varphi^{\ominus}$/V
(Ⅶ)～(Ⅳ)	$MnO_4^- + 4H^+ + 3e^- = MnO_2 + 2H_2O$	+1.679
(Ⅶ)～(Ⅵ)	$MnO_4^- + e^- = MnO_4^{2-}$	+0.564
Mo(Ⅲ)～(0)	$Mo^{3+} + 3e^- = Mo$	约−0.2
(Ⅵ)～(0)	$H_2MoO_4 + 6H^+ + 6e^- = Mo + 4H_2O$	0.0
N(Ⅰ)～(0)	$N_2O + 2H^+ + 2e^- = N_2 + H_2O$	+1.77
(Ⅱ)～(Ⅰ)	$2NO + 2H^+ + 2e^- = N_2O + H_2O$	+1.59
(Ⅲ)～(Ⅰ)	$2HNO_2 + 4H^+ + 4e^- = N_2O + 3H_2O$	+1.27
(Ⅲ)～(Ⅱ)	$HNO_2 + H^+ + e^- = NO + H_2O$	+1.00
(Ⅳ)～(Ⅱ)	$N_2O_4 + 4H^+ + 4e^- = 2NO + 2H_2O$	+1.03
(Ⅳ)～(Ⅲ)	$N_2O_4 + 2H^+ + 2e^- = 2HNO_2$	+1.07
(Ⅴ)～(Ⅲ)	$NO_3^- + 3H^+ + 2e^- = HNO_2 + H_2O$	+0.94
(Ⅴ)～(Ⅱ)	$NO_3^- + 4H^+ + 3e^- = NO + 2H_2O$	+0.96
(Ⅴ)～(Ⅳ)	$2NO_3^- + 4H^+ + 2e^- = N_2O_4 + 2H_2O$	+0.81
Na(Ⅰ)～(0)	$Na^+ + e^- = Na$	−2.7109
(Ⅰ)～(0)	$Na^+ + (Hg) + e^- = Na(Hg)$	−1.84
Ni(Ⅱ)～(0)	$Ni^{2+} + 2e^- = Ni$	−0.23
(Ⅲ)～(Ⅱ)	$Ni(OH)_3 + 3H^+ + e^- = Ni^{2+} + 3H_2O$	+2.08
(Ⅳ)～(Ⅱ)	$NiO_2 + 4H^+ + 2e^- = Ni^{2+} + 2H_2O$	+1.93
O(0)～(−Ⅱ)	$O_3 + 2H^+ + 2e^- = O_2 + H_2O$	+2.07
(0)～(−Ⅱ)	$O_2 + 4H^+ + 4e^- = 2H_2O$	+1.229
(0)～(−Ⅱ)	$O(g) + 2H^+ + 2e^- = H_2O$	+2.42
(0)～(−Ⅱ)	$\frac{1}{2}O_2 + 2H^+(10^{-7}mol/L) + 2e^- = H_2O$	+0.815
(0)～(−Ⅰ)	$O_2 + 2H^+ + 2e^- = H_2O_2$	+0.682
(−Ⅰ)～(−Ⅱ)	$H_2O_2 + 2H^+ + 2e^- = 2H_2O$	+1.776
(Ⅱ)～(−Ⅱ)	$F_2O + 2H^+ + 4e^- = H_2O + 2F^-$	+2.87
P(0)～(−Ⅲ)	$P + 3H^+ + 3e^- = PH_3(g)$	−0.04
(Ⅰ)～(0)	$H_3PO_2 + H^+ + e^- = P + 2H_2O$	−0.51
(Ⅲ)～(Ⅰ)	$H_3PO_3 + 2H^+ + 2e^- = H_3PO_2 + H_2O$	−0.50(−0.59)
(Ⅴ)～(Ⅲ)	$H_3PO_4 + 2H^+ + 2e^- = H_3PO_3 + H_2O$	−0.276
Pb(Ⅱ)～(0)	$Pb^{2+} + 2e^- = Pb$	−0.1263(−0.126)
(Ⅱ)～(0)	$PbCl_2 + 2e^- = Pb + 2Cl^-$	−0.268
(Ⅱ)～(0)	$PbI_2 + 2e^- = Pb + 2I^-$	−0.365
(Ⅱ)～(0)	$PbSO_4 + 2e^- = Pb + SO_4^{2-}$	−0.356
(Ⅱ)～(0)	$PbSO_4 + (Hg) + 2e^- = Pb(Hg) + SO_4^{2-}$	−0.3505
(Ⅳ)～(Ⅱ)	$PbO_2 + 4H^+ + 2e^- = Pb^{2+} + 2H_2O$	+1.46
Pb(Ⅳ)～(Ⅱ)	$PbO_2 + SO_4^{2-} + 4H^+ + 2e^- = PbSO_4 + 2H_2O$	+1.685
(Ⅳ)～(Ⅱ)	$PbO_2 + 2H^+ + 2e^- = PbO(s) + H_2O$	+0.28
Pd(Ⅱ)～(0)	$Pd^{2+} + 2e^- = Pd$	+0.83
(Ⅳ)～(Ⅱ)	$[PdCl_6]^{2-} + 2e^- = [PdCl_4]^{2-} + 2Cl^-$	+1.29
Pt(Ⅱ)～(0)	$Pt^{2+} + 2e^- = Pt$	约+1.2
(Ⅱ)～(0)	$[PtCl_4]^{2-} + 2e^- = Pt + 4Cl^-$	+0.73
(Ⅱ)～(0)	$Pt(OH)_2 + 2H^+ + 2e^- = Pt + 2H_2O$	+0.98
(Ⅳ)～(Ⅱ)	$[PtCl_6]^{2-} + 2e^- = [PtCl_4]^{2-} + 2Cl^-$	+0.74

续表

电偶氧化数	电极反应	$\varphi^{\ominus}$/V
Rb(Ⅰ)～(0)	$Rb^{+}+e^{-}$ ══ Rb	−2.925(−2.99)
S(−Ⅰ)～(Ⅱ)	$(CNS)_2+2e^{-}$ ══ $2CNS^{-}$	+0.77
(0)～(−Ⅱ)	$S+2H^{+}+2e^{-}$ ══ $H_2S(aq)$	+0.141
(Ⅳ)～(0)	$H_2SO_3+4H^{+}+4e^{-}$ ══ $S+3H_2O$	+0.45
(Ⅳ)～(0)	$S_2O_4^{2-}+6H^{+}+4e^{-}$ ══ $2S+3H_2O$	+0.50
(Ⅳ)～(Ⅱ)	$2H_2SO_3+2H^{+}+4e^{-}$ ══ $S_2O_3^{2-}+3H_2O$	+0.40
(Ⅳ)～$\left(\frac{5}{2}\right)$	$4H_2SO_3+4H^{+}+6e^{-}$ ══ $S_4O_6^{2-}+6H_2O$	+0.51
(Ⅵ)～(Ⅳ)	$SO_4^{2-}+4H^{+}+2e^{-}$ ══ $H_2SO_3+H_2O$	+0.172
(Ⅶ)～(Ⅵ)	$S_2O_8^{2-}+2e^{-}$ ══ $2SO_4^{2-}$	+2.01
Sb(Ⅲ)～(0)	$Sb_2O_3+6H^{+}+6e^{-}$ ══ $2Sb+3H_2O$	+0.1445(+0.152)
(Ⅲ)～(0)	$SbO^{+}+2H^{+}+3e^{-}$ ══ $Sb+H_2O$	+0.21
(Ⅴ)～(Ⅲ)	$Sb_2O_5+6H^{+}+4e^{-}$ ══ $2SbO^{+}+3H_2O$	+0.581
Se(0)～(−Ⅱ)	$Se+2e^{-}$ ══ Se^{2-}	−0.78
(0)～(−Ⅱ)	$Se+2H^{+}+2e^{-}$ ══ $H_2Se(aq)$	−0.36
(Ⅳ)～(0)	$H_2SeO_3+4H^{+}+4e^{-}$ ══ $Se+3H_2O$	+0.74
(Ⅵ)～(Ⅳ)	$SeO_4^{2-}+4H^{+}+2e^{-}$ ══ $H_2SeO_3+H_2O$	+1.15
Si(0)～(−Ⅳ)	$Si+4H^{+}+4e^{-}$ ══ $SiH_4(g)$	+0.102
(Ⅳ)～(0)	$SiO_2+4H^{+}+4e^{-}$ ══ $Si+2H_2O$	−0.84
(Ⅳ)～(0)	$[SiF_6]^{2-}+4e^{-}$ ══ $Si+6F^{-}$	−1.2
Sn(Ⅱ)～(0)	$Sn^{2+}+2e^{-}$ ══ Sn	−0.1364
(Ⅳ)～(Ⅱ)	$Sn^{4+}+2e^{-}$ ══ Sn^{2+}	+0.15
Sr(Ⅱ)～(0)	$Sr^{2+}+2e^{-}$ ══ Sr	−2.89
Ti(Ⅱ)～(0)	$Ti^{2+}+2e^{-}$ ══ Ti	−1.63
(Ⅳ)～(0)	$TiO^{2+}+2H^{+}+4e^{-}$ ══ $Ti+H_2O$	−0.89
(Ⅳ)～(0)	$TiO_2+4H^{+}+4e^{-}$ ══ $Ti+2H_2O$	−0.86
(Ⅳ)～(Ⅲ)	$TiO^{2+}+2H^{+}+e^{-}$ ══ $Ti^{3+}+H_2O$	+0.1
(Ⅲ)～(Ⅱ)	$Ti^{3+}+e^{-}$ ══ Ti^{2+}	−0.369
V(Ⅱ)～(0)	$V^{2+}+2e^{-}$ ══ V	约−1.2
(Ⅲ)～(Ⅱ)	$V^{3+}+e^{-}$ ══ V^{2+}	−0.255
(Ⅳ)～(Ⅱ)	$V^{4+}+2e^{-}$ ══ V^{2+}	−1.186
(Ⅳ)～(Ⅲ)	$VO^{2+}+2H^{+}+e^{-}$ ══ $V^{3+}+H_2O$	+0.359
(Ⅴ)～(0)	$V(OH)_4^{+}+4H^{+}+5e^{-}$ ══ $V+4H_2O$	−0.253
(Ⅴ)～(Ⅳ)	$V(OH)_4^{+}+2H^{+}+e^{-}$ ══ $VO^{2+}+3H_2O$	+1.00
V(Ⅵ)～(Ⅳ)	$VO_2^{2+}+4H^{+}+2e^{-}$ ══ $V^{4+}+2H_2O$	+0.62
Zn(Ⅱ)～(0)	$Zn^{2+}+2e^{-}$ ══ Zn	−0.7628

(2) 在碱性溶液中

电偶氧化数	电极反应	$\varphi^{\ominus}$/V
Ag(Ⅰ)～(0)	$AgCN+e^{-}$ ══ $Ag+CN^{-}$	−0.02
(Ⅰ)～(0)	$[Ag(CN)_2]^{-}+e^{-}$ ══ $Ag+2CN^{-}$	−0.31
(Ⅰ)～(0)	$[Ag(NH_3)_2]^{+}+e^{-}$ ══ $Ag+2NH_3$	+0.373
(Ⅰ)～(0)	$Ag_2O+H_2O+2e^{-}$ ══ $2Ag+2OH^{-}$	+0.342
(Ⅰ)～(0)	Ag_2S+2e^{-} ══ $2Ag+S^{2-}$	−0.7051
(Ⅱ)～(Ⅰ)	$2AgO+H_2O+2e^{-}$ ══ Ag_2O+2OH^{-}	+0.599

续表

电偶氧化数	电 极 反 应	$\varphi^{\ominus}$/V
Al(Ⅲ)～(0)	$H_2AlO_3^- + H_2O + 3e^- = Al + 4OH^-$	−2.35
As(Ⅲ)～(0)	$AsO_2^- + 2H_2O + 3e^- = As + 4OH^-$	−0.68
(Ⅴ)～(Ⅲ)	$AsO_4^{3-} + 2H_2O + 2e^- = AsO_2^- + 4OH^-$	−0.71
Au(Ⅰ)～(0)	$[Au(CN)_2]^- + e^- = Au + 2CN^-$	−0.60
B(Ⅲ)～(0)	$H_2BO_3^- + H_2O + 3e^- = B + 4OH^-$	−2.5
Ba(Ⅱ)～(0)	$Ba(OH)_2 \cdot 8H_2O + 2e^- = Ba + 2OH^- + 8H_2O$	−2.97
Be(Ⅱ)～(0)	$Be_2O_3^{2-} + 3H_2O + 4e^- = 2Be + 6OH^-$	−2.28
Bi(Ⅲ)～(0)	$Bi_2O_3 + 3H_2O + 6e^- = 2Bi + 6OH^-$	−0.46
Br(Ⅰ)～(−Ⅰ)	$BrO^- + H_2O + 2e^- = Br^- + 2OH^-$ (1mol/L NaOH)	+0.76
(Ⅰ)～(0)	$2BrO^- + 2H_2O + 2e^- = Br_2 + 4OH^-$	+0.45
(Ⅴ)～(−Ⅰ)	$BrO_3^- + 3H_2O + 6e^- = Br^- + 6OH^-$	+0.61
Ca(Ⅱ)～(0)	$Ca(OH)_2 + 2e^- = Ca + 2OH^-$	−3.02
Cd(Ⅱ)～(0)	$Cd(OH)_2 + 2e^- = Cd + 2OH^-$	−0.761
Cl(Ⅰ)～(−Ⅰ)	$ClO^- + H_2O + 2e^- = Cl^- + 2OH^-$	+0.90
(Ⅲ)～(−Ⅰ)	$ClO_2^- + 2H_2O + 4e^- = Cl^- + 4OH^-$	+0.76
(Ⅲ)～(Ⅰ)	$ClO_2^- + H_2O + 2e^- = ClO^- + 2OH^-$	+0.59
(Ⅴ)～(−Ⅰ)	$ClO_3^- + 3H_2O + 6e^- = ClO^- + 6OH^-$	+0.62
(Ⅴ)～(Ⅲ)	$ClO_3^- + H_2O + 2e^- = ClO_2^- + 2OH^-$	+0.35
(Ⅶ)～(Ⅴ)	$ClO_4^- + H_2O + 2e^- = ClO_3^- + 2OH^-$	+0.36
Co(Ⅱ)～(0)	$Co(OH)_2 + 2e^- = Co + 2OH^-$	−0.73
(Ⅲ)～(Ⅱ)	$Co(OH)_3 + e^- = Co(OH)_2 + OH^-$	+0.2
(Ⅲ)～(Ⅱ)	$[Co(NH_3)_6]^{3+} + e^- = [Co(NH_3)_6]^{2+}$	+0.1
Cr(Ⅲ)～(0)	$Cr(OH)_3 + 3e^- = Cr + 3OH^-$	−1.3
(Ⅲ)～(0)	$CrO_2^- + 3H_2O + 3e^- = Cr + 4OH^-$	−1.2
(Ⅵ)～(Ⅲ)	$CrO_4^{2-} + 4H_2O + 3e^- = Cr(OH)_3 + 5OH^-$	−0.13
Cu(Ⅰ)～(0)	$[Cu(CN)_2]^- + e^- = Cu + 2CN^-$	−0.429
(Ⅰ)～(0)	$[Cu(NH_3)_2]^+ + e^- = Cu + 2NH_3$	−0.12
(Ⅰ)～(0)	$Cu_2O + H_2O + 2e^- = 2Cu + 2OH^-$	−0.361
Fe(Ⅱ)～(0)	$Fe(OH)_2 + 2e^- = Fe + 2OH^-$	−0.877
Fe(Ⅲ)～(Ⅱ)	$Fe(OH)_3 + e^- = Fe(OH)_2 + OH^-$	−0.56
(Ⅲ)～(Ⅱ)	$[Fe(CN)_6]^{3-} + e^- = [Fe(CN)_6]^{4-}$ (0.01mol/L NaOH)	+0.46
H(Ⅰ)～(0)	$2H_2O + 2e^- = H_2 + 2OH^-$	−0.8277
Hg(Ⅱ)～(0)	$HgO + H_2O + 2e^- = Hg + 2OH^-$	+0.0984
I(Ⅰ)～(−Ⅱ)	$IO^- + H_2O + 2e^- = I^- + 2OH^-$	+0.26
(Ⅴ)～(−Ⅰ)	$IO_3^- + 3H_2O + 6e^- = I + 6OH^-$	约+0.70
(Ⅶ)～(Ⅴ)	$H_3IO_6^{2-} + 2e^- = IO_3^- + 3OH^-$	−2.76
La(Ⅲ)～(0)	$La(OH)_3 + 3e^- = La + 3OH^-$	−2.76
Mg(Ⅱ)～(0)	$Mg(OH)_2 + 2e^- = Mg + 2OH^-$	−1.47
Mn(Ⅱ)～(0)	$Mn(OH)_2 + 2e^- = Mn + 2OH^-$	−0.05
(Ⅳ)～(Ⅱ)	$MnO_2 + 2H_2O + 2e^- = Mn(OH)_2 + 2OH$	+0.60
(Ⅵ)～(Ⅳ)	$MnO_4^{2-} + 2H_2O + 2e^- = MnO_2 + 4OH^-$	+0.588
(Ⅶ)～(Ⅳ)	$MnO_4^- + 2H_2O + 3e^- = MnO_2 + 4OH$	−0.92
N(Ⅴ)～(Ⅲ)	$NO_3^- + H_2O + 2e^- = NO_2^- + 2OH^-$	−0.85
(Ⅴ)～(Ⅳ)	$2NO_3^- + 2H_2O + 2e^- = N_2O_4 + 4OH^-$	−0.66
Ni(Ⅱ)～(0)	$Ni(OH)_2 + 2e^- = Ni + 2OH^-$	+0.48
(Ⅲ)～(Ⅱ)	$Ni(OH)_3 + e^- = Ni(OH)_2 + OH^-$	+0.49

续表

电偶氧化数	电极反应	$\varphi^{\ominus}$/V
O(0)～(－Ⅱ)	$O_2+2H_2O+4e^-$ ══ $4OH^-$	+0.401
(0)～(－Ⅱ)	$O_3+H_2O+2e^-$ ══ O_2+2OH^-	+1.24
P(0)～(－Ⅲ)	$P+3H_2O+3e^-$ ══ $PH_3(g)+3OH^-$	－0.87
(Ⅴ)～(Ⅲ)	$PO_4^{3-}+2H_2O+2e^-$ ══ $HPO_3^{2-}+3OH^-$	－1.05
Pb(Ⅳ)～(Ⅱ)	$PbO_2+H_2O+2e^-$ ══ $PbO+2OH^-$	+0.28
Pt(Ⅱ)～(0)	$Pt(OH)_2+2e^-$ ══ $Pt+2OH^-$	+0.16
S(0)～(－Ⅱ)	$S+2e^-$ ══ S^{2-}	－0.508
(5/2)～(Ⅱ)	$S_4O_6^{2-}+2e^-$ ══ $2S_2O_3^{2-}$	+0.09(0.10)
(Ⅳ)～(－Ⅱ)	$SO_3^{2-}+3H_2O+6e^-$ ══ $S^{2-}+6OH^-$	－0.66
(Ⅳ)～(Ⅱ)	$2SO_3^{2-}+3H_2O+4e^-$ ══ $S_2O_3^{2-}+6OH^-$	－0.58
(Ⅵ)～(Ⅳ)	$SO_4^{2-}+H_2O+2e^-$ ══ $SO_3^{2-}+2OH^-$	－0.92
Sb(Ⅲ)～(0)	$SbO_2^-+2H_2O+3e^-$ ══ $Sb+4OH^-$	－0.66
(Ⅴ)～(Ⅲ)	$H_3SbO_6^{4-}+H_2O+2e^-$ ══ $SbO_2^-+5OH^-$	－0.40
Se(Ⅵ)～(Ⅳ)	$SeO_4^{2-}+H_2O+2e^-$ ══ $SeO_3^{2-}+2OH^-$	+0.05
Si(Ⅳ)～(0)	$SiO_3^{2-}+3H_2O+4e^-$ ══ $Si+6OH^-$	－1.73
Sn(Ⅱ)～(0)	$SnS+2e^-$ ══ $Sn+S^{2-}$	－0.94
(Ⅱ)～(0)	$HSnO_2^-+H_2O+2e^-$ ══ $Sn+3OH^-$	－0.79
(Ⅳ)～(Ⅱ)	$[Sn(OH)_6]^{2-}+2e^-$ ══ $HSnO_2^-+3OH^-+H_2O$	－0.96
Zn(Ⅱ)～(0)	$[Zn(CN)_4]^{2-}+2e^-$ ══ $Zn+4CN^-$	－1.26
(Ⅱ)～(0)	$[Zn(NH_3)_4]^{2+}+2e^-$ ══ $Zn+4NH_3(aq)$	－1.04
(Ⅱ)～(0)	$Zn(OH)_2+2e^-$ ══ $Zn+2OH^-$	－1.245
(Ⅱ)～(0)	$ZnO_2^{2-}+2H_2O+2e^-$ ══ $Zn+4OH^-$	－1.216
(Ⅱ)～(0)	$ZnS+2e^-$ ══ $Zn+S^{2-}$	－1.44

6.8 弱电解质的解离常数（t＝25℃）

化合物名称	电离方程式	K
亚硝酸	$HNO_2 \rightleftharpoons H^++NO_2^-$	6.31×10^{-4}
硼酸	$H_3BO_3 \rightleftharpoons H^++H_2BO_3^-$	5.8×10^{-10}
草酸	$H_2C_2O_4 \rightleftharpoons H^++HC_2O_4^-$	5.4×10^{-2}
	$HC_2O_4^- \rightleftharpoons H^++C_2O_4^{2-}$	5.4×10^{-5}
次氯酸	$HOCl \rightleftharpoons H^++OCl^-$	2.88×10^{-8}
硅酸	$H_2SiO_3 \rightleftharpoons H^++HSiO_3^-$	1.70×10^{-10}
砷酸	$H_3AsO_4 \rightleftharpoons H^++H_2AsO_4^-$	6.03×10^{-8}
	$H_2AsO_4^- \rightleftharpoons H^++HAsO_4^{2-}$	1.05×10^{-7}
	$HAsO_4^{2-} \rightleftharpoons H^++AsO_4^{3-}$	3.15×10^{-12}
亚砷酸	$H_3AsO_3 \rightleftharpoons H^++H_2AsO_3^-$	6×10^{-10}
氢氟酸	$HF \rightleftharpoons H^++F^-$	6.6×10^{-4}
亚硫酸	$H_2SO_3 \rightleftharpoons H^++HSO_3^-$	1.26×10^{-2}
	$HSO_3^- \rightleftharpoons H^++SO_3^{2-}$	6.17×10^{-8}
氢硫酸	$H_2S \rightleftharpoons H^++HS^-$	1.07×10^{-7}
	$HS^- \rightleftharpoons H^++S^{2-}$	1.26×10^{-13}

续表

化合物名称	电离方程式	K
碳酸	$H_2CO_3 \rightleftharpoons H^+ + HCO_3^-$	4.47×10^{-7}
	$HCO_3^- \rightleftharpoons H^+ + CO_3^{2-}$	4.68×10^{-11}
醋酸	$CH_3COOH \rightleftharpoons H^+ + CH_3COO^-$	1.74×10^{-5}
磷酸	$H_3PO_4 \rightleftharpoons H^+ + H_2PO_4^-$	7.08×10^{-3}
	$H_2PO_4^- \rightleftharpoons H^+ + HPO_4^{2-}$	6.30×10^{-3}
	$HPO_4^{2-} \rightleftharpoons H^+ + PO_4^{3-}$	4.17×10^{-13}
氢氰酸	$HCN \rightleftharpoons H^+ + CN^-$	6.17×10^{-10}
氨水	$NH_3 + H_2O \rightleftharpoons NH_4^+ + OH^-$	1.74×10^{-5}

6.9 溶度积常数（298.15K）

化合物	K_{sp}	pK_{sp}	化合物	K_{sp}	pK_{sp}
AgAc	1.94×10^{-3}	2.71	$BaSO_4$	1.07×10^{-10}	9.97
AgBr	5.35×10^{-13}	12.27	$BiAsO_4$	4.43×10^{-10}	9.35
$AgBrO_3$	5.34×10^{-5}	4.27	Bi_2S_3	1.82×10^{-99}	98.74
AgCN	5.97×10^{-17}	16.22	$CaCO_3$	9.9×10^{-7}	6.00
AgCl	1.77×10^{-10}	9.75	$CaC_2O_4\cdot H_2O$	2.34×10^{-9}	8.63
AgI	8.51×10^{-17}	16.07	CaF_2	1.46×10^{-10}	9.84
$AgIO_3$	3.17×10^{-8}	7.50	$Ca(IO_3)_2$	6.47×10^{-6}	5.19
AgSCN	1.03×10^{-12}	11.99	$Ca(IO_3)_2\cdot 6H_2O$	7.54×10^{-7}	6.12
Ag_2CO_3	8.45×10^{-12}	11.07	$Ca(OH)_2$	4.68×10^{-6}	5.33
$Ag_2C_2O_4$	5.40×10^{-12}	11.27	$CaSO_4$	7.10×10^{-5}	4.15
Ag_2CrO_4	1.12×10^{-12}	11.95	$Co(IO_3)_2\cdot 2H_2O$	1.21×10^{-2}	1.92
α-Ag_2S	6.69×10^{-50}	49.17	$Co(OH)_2$(粉红)	1.09×10^{-15}	14.96
β-Ag_2S	1.09×10^{-49}	18.96	$Co(OH)_2$(蓝)	5.92×10^{-15}	14.23
Ag_2SO_3	1.49×10^{-14}	13.83	$Co_3(AsO_4)_2$	6.79×10^{-29}	28.17
$AgSO_4$	1.20×10^{-5}	4.92	$Co_3(PO_4)_2$	2.05×10^{-35}	34.69
Ag_3AsO_4	1.03×10^{-22}	21.99	CuBr	6.27×10^{-9}	8.20
Ag_3PO_4	8.88×10^{-17}	16.05	CuC_2O_4	4.43×10^{-10}	9.35
$Al(OH)_3$	1.1×10^{-33}	32.97	CuCl	1.72×10^{-12}	6.76
$AlPO_4$	9.83×10^{-21}	20.01	CuI	1.27×10^{-12}	11.90
$BaCO_3$	2.58×10^{-9}	8.59	$Cu(IO_3)_2\cdot H_2O$	6.94×10^{-4}	7.16
$BaCrO_4$	1.17×10^{-10}	9.93	CuS	1.27×10^{-36}	35.90
BaF_2	1.84×10^{-7}	6.41	CuSCN	1.77×10^{-13}	12.75
$Ba(IO_3)_2$	4.01×10^{-9}	8.40	Cu_2S	2.26×10^{-48}	47.64
$Ba(IO_3)_2\cdot H_2O$	1.67×10^{-9}	8.78	$Cu_3(AsO_4)_2$	7.93×10^{-36}	35.10
$Ba(OH)_2\cdot H_2O$	2.55×10^{-4}	3.59	$Cu_3(PO_4)_2$	1.39×10^{-37}	36.86

续表

化合物	K_{sp}	pK_{sp}	化合物	K_{sp}	pK_{sp}
$FeCO_3$	3.07×10^{-11}	10.51	PdS	2.03×10^{-58}	57.69
FeF_2	2.36×10^{-6}	5.63	$Pd(SCN)_2$	4.38×10^{-23}	22.36
$Fe(OH)_2$	4.87×10^{-17}	16.31	PtS	9.91×10^{-74}	73.00
$Fe(OH)_3$	2.64×10^{-39}	38.58	$Sn(OH)_2$	5.45×10^{-27}	26.26
$FePO_4\cdot2H_2O$	9.92×10^{-29}	28.00	SnS	3.25×10^{-28}	27.49
FeS	1.59×10^{-19}	18.80	$SrCO_3$	5.60×10^{-10}	9.25
HgI_2	2.82×10^{-29}	28.55	SrF_2	4.33×10^{-19}	8.39
$Hg(OH)_2$	3.13×10^{-26}	25.50	$Sr(IO_3)_2$	1.14×10^{-7}	6.94
HgS(黑)	6.44×10^{-53}	52.19	$Sr(IO_3)_2\cdot H_2O$	3.58×10^{-7}	6.45
HgS(红)	2.00×10^{-53}	52.70	$Sr(IO_3)_2\cdot6H_2O$	4.65×10^{-7}	6.33
Hg_2Br_2	6.41×10^{-23}	22.19	$SrSO_4$	3.44×10^{-7}	6.46
Hg_2CO_3	3.67×10^{-17}	16.44	$Sr_3(AsO_4)_2$	4.29×10^{-19}	18.34
$Hg_2C_2O_4$	1.75×10^{-13}	12.76	$ZnCO_3$	1.19×10^{-10}	9.92
Hg_2Cl_2	1.45×10^{-18}	17.84	$Ca_3(PO_4)_2$	2.07×10^{-33}	32.68
Hg_2F_2	3.10×10^{-6}	5.51	$CdCO_3$	6.18×10^{-12}	11.21
Hg_2I_2	5.33×10^{-29}	28.27	$CdC_2O_4\cdot3H_2O$	1.42×10^{-8}	7.85
Hg_2SO_4	7.99×10^{-7}	6.10	CdF_2	6.44×10^{-3}	2.19
$Hg_2(SCN)_2$	3.12×10^{-20}	19.51	$Cd(IO_3)_2$	2.49×10^{-8}	7.60
$KClO_4$	1.05×10^{-2}	1.98	$Cd(OH)_2$	5.27×10^{-15}	14.28
$MnCO_3$	2.24×10^{-11}	10.65	CdS	1.40×10^{-29}	28.85
$MnC_2O_4\cdot2H_2O$	1.70×10^{-7}	6.77	$Cd_3(AsO_4)_2$	2.17×10^{-33}	32.66
$Mn(IO_3)_2$	4.37×10^{-7}	6.36	$Cd_3(PO_4)_2$	2.53×10^{-33}	32.60
$Mn(OH)_2$	2.06×10^{-13}	12.69	$K_2[PtCl_6]$	7.48×10^{-6}	5.13
MnS	4.65×10^{-1}	13.33	Li_2CO_3	8.15×10^{-4}	3.09
$NiCO_3$	1.42×10^{-7}	6.85	$MgCO_3$	6.82×10^{-6}	5.17
$Ni(IO_3)_2$	4.71×10^{-5}	4.33	$MgCO_3\cdot3H_2O$	2.38×10^{-6}	5.62
$Ni(OH)_2$	5.47×10^{-16}	15.26	$MgCO_3\cdot5H_2O$	3.79×10^{-6}	5.42
NiS	1.07×10^{-21}	20.97	$MgC_2O_4\cdot2H_2O$	4.83×10^{-6}	5.32
$Ni_2(PO_4)_2$	4.73×10^{-32}	31.33	MgF_2	7.42×10^{-11}	10.13
$PbBr_2$	6.60×10^{-6}	5.18	$Mg(OH)_2$	5.61×10^{-12}	11.25
$PbCO_3$	1.46×10^{-13}	12.84	$Mg_3(PO_4)_2$	9.86×10^{-25}	24.01
PbC_2O_4	8.51×10^{-10}	9.07	$ZnCO_3\cdot H_2O$	5.41×10^{-11}	10.27
$PbCrO_4$	1.77×10^{-14}	13.75	$ZnC_2O_4\cdot2H_2O$	1.37×10^{-9}	8.86
$PbCl_2$	1.17×10^{-5}	4.93	ZnF_2	3.04×10^{-2}	1.52
PbF_2	7.12×10^{-7}	6.15	$Zn(IO_3)_2$	4.29×10^{-6}	5.37
PbI_2	8.49×10^{-9}	8.07	γ-$Zn(OH)_2$	6.86×10^{-17}	16.16
$Pb(IO_3)_2$	3.68×10^{-13}	12.43	β-$Zn(OH)_2$	7.71×10^{-17}	16.11
$Pb(OH)_2$	1.42×10^{-20}	19.85	ε-$Zn(OH)_2$	4.12×10^{-17}	16.38
PbS	9.04×10^{-29}	28.04	ZnS	2.93×10^{-25}	24.53
$PbSO_4$	1.82×10^{-8}	7.74	$Zn_3(AsO_4)_2$	3.12×10^{-28}	27.51
$Pb(SCN)_2$	2.11×10^{-5}	74.68			

6.10 某些离子及化合物的颜色

离子或化合物	颜色	离子或化合物	颜色
Ag^+	无	$Bi(OH)CO_3$	白
AgBr	淡黄	$BiONO_3$	白
AgCl	白	Bi_2S_3	黑
AgCN	白	Ca^{2+}	白
Ag_2CO_3	白	$CaCO_3$	白
$Ag_2C_2O_4$	白	CaC_2O_4	白
Ag_2CrO_4	砖红	CaF_2	白
$Ag_3[Fe(CN)_6]$	橙	CaO	白
$Ag_4[Fe(CN)_6]$	白	$Ca(OH)_2$	白
AgI	黄	$CaHPO_4$	白
$AgNO_3$	白	$Ca_3(PO_4)_2$	白
Ag_2O	褐	$CaSO_3$	白
Ag_3PO_4	黄	$CaSO_4$	白
$Ag_4P_2O_7$	白	$CaSiO_3$	白
Ag_2S	黑	Cd^{2+}	无
AgSCN	白	$CdCO_3$	白
Ag_2SO_3	白	CdC_2O_4	白
Ag_2SO_4	白	$Cd_3(PO_4)_2$	白
$Ag_2S_2O_3$	白	CdS	黄
As_2S_3	黄	Co^{2+}	粉红
As_2S_5	黄	$CoCl_2$	蓝
Ba^{2+}	无	$CoCl_2 \cdot 2H_2O$	紫红
$BaCO_3$	白	$CoCl_2 \cdot 6H_2O$	粉红
BaC_2O_4	白	$Co(CN)_6^{3-}$	紫
$BaCrO_4$	黄	$Co(NH_3)_6^{2+}$	黄
$BaHPO_4$	白	$Co(NH_3)_6^{3+}$	橙黄
$Ba_3(PO_4)$	白	CoO	灰绿
$BaSO_3$	白	Co_2O_3	黑
$BaSO_4$	白	$Co(OH)_2$	粉红
BaS_2O_3	白	$Co(OH)_3$	棕褐
Bi^{3+}	无	Co(OH)Cl	蓝
BiOCl	白	$Co_2(OH)_2CO_3$	红
Bi_2O_3	黄	$Co_3(PO_4)_2$	紫
$Bi(OH)_3$	白	CoS	黑
BiO(OH)	灰黄	$Co(SCN)_4^{2-}$	蓝

续表

离子或化合物	颜色	离子或化合物	颜色
$CoSiO_3$	紫	$[Fe(CN)_6]^{4-}$	黄
$CoSO_4 \cdot 7H_2O$	红	$[Fe(CN)_6]^{3-}$	红棕
Cr^{2+}	蓝	$FeCO_3$	白
Cr^{3+}	蓝紫	$FeC_2O_4 \cdot 2H_2O$	淡黄
$CrCl_3 \cdot 6H_2O$	绿	FeF_6^{3-}	无
Cr_2O_3	绿	$Fe(HPO_4)_2^-$	无
CrO_3	橙红	FeO	黑
CrO_2^-	绿	Fe_2O_3	砖红
CrO_4^{2-}	黄	Fe_3O_4	黑
$Cr_2O_7^{2-}$	橙	$Fe(OH)_2$	白
$Cr(OH)_3$	灰绿	$Fe(OH)_3$	红棕
$Cr_2(SO_4)_3$	桃红	$FePO_4$	浅黄
$Cr_2(SO_4)_3 \cdot 6H_2O$	绿	FeS	黑
$Cr_2(SO_4)_3 \cdot 18H_2O$	蓝紫	Fe_2S_3	黑
Cu^{2+}	蓝	$Fe(SCN)^{2+}$	血红
$CuBr$	白	$Fe_2(SiO_3)_3$	棕红
$CuCl$	白	Hg^{2+}	无
$CuCl_2^-$	无	Hg_2^{2+}	无
$CuCl_4^{2-}$	黄	$HgCl_4^{2-}$	无
$CuCN$	白	Hg_2Cl_2	白
$Cu_2[Fe(CN)_6]$	红棕	HgI^2	红
CuI	白	HgI_4^{2-}	无
$Cu(IO_3)_2$	淡蓝	Hg_2I_2	黄
$Cu(NH_3)_4^{2+}$	深蓝	$HgNH_2Cl$	白
$Cu(NH_3)_2^+$	无	HgO	红/黄
CuO	黑	HgS	黑/红
Cu_2O	暗红	Hg_2S	黑
$Cu(OH)_2$	浅蓝	Hg_2SO_4	白
$Cu(OH)_4^{2-}$	蓝	I_2	紫
$Cu_2(OH)_2CO_3$	淡蓝	I_3^-	棕黄
$Cu_3(PO_4)_2$	淡蓝	$K[Fe(CN)_6Fe]$	蓝
CuS	黑	$KHC_4H_4O_6$	白
Cu_2S	深棕	$K_2Na[Co(NO_2)_6]$	黄
$CuSCN$	白	$K_3[Co(NO_2)_6]$	黄
$CuSO_4 \cdot 5H_2O$	蓝	$K_2[PtCl_6]$	黄
Fe^{2+}	浅绿	$MgCO_3$	白
Fe^{3+}	淡紫	MgC_2O_4	白
$FeCl_3 \cdot 6H_2O$	黄棕	MgF_2	白

续表

离子或化合物	颜色	离子或化合物	颜色
$MgNH_4PO_4$	白	$Pb_2(OH)_2CO_3$	白
$Mg(OH)_2$	白	PbS	黑
$Mg_2(OH)_2CO_3$	白	$PbSO_4$	白
Mn^{2+}	肉色	$SbCl_6^{3-}$	无
$MnCO_3$	白	$SbCl_6^-$	无
MnC_2O_4	白	Sb_2O_3	白
MnO_4^{2-}	绿	Sb_2O_5	淡黄
MnO_4^-	紫红	$SbOCl$	白
MnO_2	棕	$Sb(OH)_3$	白
$Mn(OH)_2$	白	SbS_3^{3-}	无
MnS	肉色	SbS_4^{3-}	无
$NaBiO_3$	黄	SnO	黑/绿
$Na[Sb(OH)_6]$	白	SnO_2	白
$NaZn(UO_2)_3(Ac)_9 \cdot 9H_2O$	黄	$Sn(OH)_2$	白
$(NH_4)_2Fe(SO_4)_2 \cdot 6H_2O$	蓝绿	$Sn(OH)_4$	白
$NH_4Fe(SO_4)_2 \cdot 12H_2O$	浅紫	$Sn(OH)Cl$	白
$(NH_4)_3PO_4 \cdot 12MoO_3 \cdot 6H_2O$	黄	SnS	棕
Ni^{2+}	亮绿	SnS_2	黄
$Ni(CN)_4^{2-}$	黄	SnS_3^{2-}	无
$NiCO_3$	绿	$SrCO_3$	白
$Ni(NH_3)_6^{2+}$	蓝紫	SrC_2O_4	白
NiO	暗蓝	$SrCrO_4$	黄
Ni_2O_3	黑	$SrSO_4$	白
$Ni(OH)_2$	浅绿	Ti^{3+}	紫
$Ni(OH)_3$	黑	TiO^{2+}	无
$Ni_2(OH)_2CO_3$	淡绿	$Ti(H_2O_2)^{2+}$	橘黄
$Ni_3(PO_4)_2$	绿	V^{2+}	蓝紫
NiS	黑	V^{3+}	绿
Pb^{2+}	无	VO^{2+}	蓝
$PbBr_2$	白	VO_2^+	黄
$PbCl_2$	白	VO_3^-	无
$PbCl_4^{2-}$	无	V_2O_3	红棕
$PbCO_3$	白	ZnC_2O_4	白
PbC_2O_4	白	$Zn(NH_3)_4^{2+}$	无
$PbCrO_4$	黄	ZnO	白
PbI_2	黄	$Zn(OH)_4^{2-}$	无
PbO	黄	$Zn(OH)_2$	白
PbO_2	棕褐	$Zn_2(OH)_2CO_3$	白
Pb_3O_4	红	ZnS	白
$Pb(OH)_2$	白		

6.11 某些氢氧化物沉淀和溶解时所需的 pH 值

氢氧化物	pH 值				
	开始沉淀		沉淀完全	沉淀开始溶解	沉淀完全溶解
	原始 c_M^{n+} 浓度 (1mol·L^{-1})	原始 c_M^{n+} 浓度 (0.01mol·L^{-1})			
$Sn(OH)_2$	0	0.5	1.0	13	>14
$TiO(OH)_2$	0	0.5	2.0		
$Sn(OH)_2$	0.9	2.1	4.7	10	13.5
$ZrO(OH)_2$	1.3	2.3	3.8		
$Fe(OH)_3$	1.5	2.3	4.1	14	
HgO	1.3	2.4	5.0	11.5	
$Al(OH)_3$	3.3	4.0	5.2	7.8	10.8
$Cr(OH)_3$	4.0	4.9	6.8	12	
$Be(OH)_2$	5.2	6.2	8.8		
$Zn(OH)_2$	5.4	6.4	8.0	10.5	>14
$Fe(OH)_2$	6.5	7.5	9.7	13.5	
$Co(OH)_2$	6.6	7.6	9.2	14	12～13
$Ni(OH)_2$	6.7	7.7	9.5		
$Cd(OH)_2$	7.2	8.2	9.7		
Ag_2O	6.2	8.2	11.2	12.7	
$Mn(OH)_2$	7.8	8.8	10.4	14	
$Mg(OH)_2$	9.4	10.4	12.4		

6.12 常用缓冲溶液的配制

pH 值	配制方法
0	1mol·L^{-1} HCl 溶液[①]
1	0.1mol·L^{-1} HCl 溶液
2	0.01mol·L^{-1} HCl 溶液
3.6	NaAc·$3H_2O$ 8g 溶于适量水中，加 6mol·L^{-1} HAc 溶液 134mL，稀释至 500mL
4.0	将 60mL 冰醋酸和 16g 无水醋酸钠溶于 100mL 水中，稀释至 500mL
4.5	将 30mL 冰醋酸和 30g 无水醋酸钠溶于 100mL 水中，稀释至 500mL
5.0	将 30mL 冰醋酸和 60g 无水醋酸钠溶于 100mL 水中，稀释至 500mL
5.4	将 40g 六亚甲基四胺溶于 90mL 水中，加入 20mL 6mol·L^{-1}HCl 溶液
5.7	100g NaAc·$3H_2O$ 溶于适量水中，加 6mol·L^{-1} HAc 溶液 13mL，稀释至 500mL
7	NH_4Ac 77g 溶于适量水中，稀释至 500mL
7.5	NH_4Cl 60g 溶于适量水中，加浓氨水 1.4mL，稀释至 500mL
8.0	NH_4Cl 50g 溶于适量水中，加浓氨水 3.5mL，稀释至 500mL
8.5	NH_4Cl 40g 溶于适量水中，加浓氨水 8.8mL，稀释至 500mL
9.0	NH_4Cl 35g 溶于适量水中，加浓氨水 24mL，稀释至 500mL
9.5	NH_4Cl 30g 溶于适量水中，加浓氨水 65mL，稀释至 500mL
10	NH_4Cl 27g 溶于适量水中，加浓氨水 195mL，稀释至 500mL
11	NH_4Cl 3g 溶于适量水中，加浓氨水 207mL，稀释至 500mL
12	0.01mol·L^{-1} NaOH 溶液[②]
13	0.1mol·L^{-1} NaOH 溶液

① 不能有 Cl^- 存在时，可用硝酸。

② 不能有 Na^+ 存在时，可用 KOH 溶液。

6.13 标准缓冲溶液在不同温度下的 pH 值

温度/℃	0.05mol·L^{-1} 草酸三氢钾	25℃饱和酒石酸氢钾	0.05mol·L^{-1} 邻苯二甲酸氢钾	0.025mol·L^{-1} KH_2PO_4＋0.025mol·L^{-1} Na_2HPO_4	0.01mol·L^{-1} 硼砂	25℃饱和氢氧化钙
0	1.666	—	4.003	6.984	9.464	13.423
5	1.668	—	3.999	6.951	9.395	13.207
10	1.670	—	3.998	6.923	9.332	13.003
15	1.672	—	3.999	6.900	9.276	12.810
20	1.675	—	4.002	6.881	9.225	12.627
25	1.679	3.557	4.008	6.865	9.180	12.454
30	1.683	3.552	4.015	6.853	9.139	12.289
35	1.688	3.549	4.024	6.844	9.102	12.133
38	1.691	3.548	4.030	6.840	9.081	12.043
40	1.694	3.547	4.035	6.838	9.068	11.984
45	1.700	3.547	4.047	6.834	9.038	11.841
50	1.707	3.549	4.060	6.833	9.011	11.705
55	1.715	3.554	4.075	6.834	8.985	11.574
60	1.723	3.560	4.091	6.836	8.962	11.449
70	1.743	3.580	4.126	6.845	8.921	—
80	1.766	3.609	4.164	6.859	8.885	—
90	1.792	3.650	4.205	6.877	8.850	—
95	1.806	3.674	4.227	6.886	8.833	—

6.14 定性分析试液的配制方法

（1）阳离子试液（10g·L^{-1}）

阳离子	试 剂	配 制 方 法
Na^+	$NaNO_3$	37g 溶于水，稀至 1L
K^+	KNO_3	26g 溶于水，稀至 1L
NH_4^+	NH_4NO_3	44g 溶于水，稀至 1L
Mg^{2+}	$Mg(NO_3)_2\cdot 6H_2O$	106g 溶于水，稀至 1L
Ca^{2+}	$Ca(NO_3)_2\cdot 4H_2O$	60g 溶于水，稀至 1L
Sr^{2+}	$Sr(NO_3)_2\cdot 4H_2O$	32g 溶于水，稀至 1L
Ba^{2+}	$Ba(NO_3)_2$	19g 溶于水，稀至 1L
Al^{3+}	$Al(NO_3)_3\cdot 9H_2O$	139g 加 1∶1 HNO_3 10mL，用水稀至 1L
Pb^{2+}	$Pb(NO_3)_2$	16g 加 1∶1 HNO_3 10mL，用水稀至 1L
Cr^{3+}	$Cr(NO_3)_3\cdot 9H_2O$	77g 溶于水，稀至 1L
Mn^{2+}	$Mn(NO_3)_2\cdot 6H_2O$	53g 加 1∶1 HNO_3 5mL，用水稀至 1L
Fe^{2+}	$(NH_4)_2SO_4\cdot FeSO_4\cdot 6H_2O$	70g 加 1∶1 H_2SO_4 20mL，用水稀至 1L
Fe^{3+}	$Fe(NO_3)_3\cdot 9H_2O$	72g 加 1∶1 HNO_3 20mL，用水稀至 1L
Co^{2+}	$Co(NO_3)_2\cdot 6H_2O$	50g 溶于水，稀至 1L
Ni^{2+}	$Ni(NO_3)_2\cdot 6H_2O$	50g 溶于水，稀至 1L
Cu^{2+}	$Cu(NO_3)_2\cdot 3H_2O$	38g 加 1∶1 HNO_3 5mL，用水稀至 1L
Ag^+	$AgNO_3$	16g 溶于水，稀至 1L
Zn^{2+}	$Zn(NO_3)_2\cdot 6H_2O$	46g 加 1∶1 HNO_3 5mL，用水稀至 1L
Hg^{2+}	$Hg(NO_3)_2\cdot H_2O$	17g 加 1∶1 HNO_3 20mL，用水稀至 1L
Sn^{4+}	$SnCl_4$	22g 加 1∶1 HCl 溶解，并用该酸稀至 1L

（2）阴离子试液（$10g \cdot L^{-1}$）

阴离子	试剂	配制方法
CO_3^{2-}	$Na_2CO_3 \cdot 10H_2O$	48g 溶于水，稀至 1L
NO_3^-	$NaNO_3$	14g 溶于水，稀至 1L
PO_4^{3-}	$Na_2HPO_4 \cdot 12H_2O$	38g 溶于水，稀至 1L
SO_4^{2-}	$Na_2SO_4 \cdot 10H_2O$	34g 溶于水，稀至 1L
SO_3^{2-}	Na_2SO_3	16g 溶于水，稀至 1L①
$S_2O_3^{2-}$	$Na_2S_2O_3 \cdot 5H_2O$	22g 溶于水，稀至 1L①
S^{2-}	$Na_2S \cdot 9H_2O$	75g 溶于水，稀至 1L
Cl^-	NaCl	17g 溶于水，稀至 1L
I^-	KI	13g 溶于水，稀至 1L
CrO_4^{2-}	K_2CrO_4	17g 溶于水，稀至 1L

① 该溶液不稳定，需要临时配制。

6.15 常用酸碱的配制

（1）酸溶液的配制

名称	化学式	浓度或质量浓度(约数)	配制方法
硝酸	HNO_3	$16mol \cdot L^{-1}$	(相对密度为 1.42 的 HNO_3)
		$6mol \cdot L^{-1}$	取 $16mol \cdot L^{-1}$ HNO_3 375mL，加水稀释成 1L
		$3mol \cdot L^{-1}$	取 $16mol \cdot L^{-1}$ HNO_3 188mL，加水稀释成 1L
盐酸	HCl	$12mol \cdot L^{-1}$	(相对密度为 1.19 的 HCl)
		$8mol \cdot L^{-1}$	取 $12mol \cdot L^{-1}$ HCl 666.7mL，加水稀释成 1L
		$6mol \cdot L^{-1}$	将 $12mol \cdot L^{-1}$ HCl 与等体积的蒸馏水混合
		$3mol \cdot L^{-1}$	将 $12mol \cdot L^{-1}$ HCl 250mL，加水稀释成 1L
硫酸	H_2SO_4	$18mol \cdot L^{-1}$	(相对密度为 1.84 的 H_2SO_4)
		$3mol \cdot L^{-1}$	将 167mL 的 $18mol \cdot L^{-1}$ H_2SO_4 慢慢加到 835mL 的水中
		$1mol \cdot L^{-1}$	将 56mL 的 $18mol \cdot L^{-1}$ H_2SO_4 慢慢加到 944mL 的水中
醋酸	HAc	$17mol \cdot L^{-1}$	(相对密度为 1.05 的 HAc)
		$6mol \cdot L^{-1}$	取 $17mol \cdot L^{-1}$ HAc 353mL，加水稀释成 1L
		$3mol \cdot L^{-1}$	取 $17mol \cdot L^{-1}$ HAc 177mL，加水稀释成 1L
酒石酸	$H_2C_4H_4O_6$	饱和	将酒石酸溶于水中，使之饱和
草酸	$H_2C_2O_4$	$10g \cdot L^{-1}$	称取 $H_2C_2O_2 \cdot 2H_2O$ 1g 溶于少量水中，加水稀释成 100mL

（2）碱溶液的配制

名称	化学式	浓度或质量浓度(约数)	配制方法
氢氧化钠	NaOH	$6mol \cdot L^{-1}$	将 240g NaOH 溶于水中，加水稀释成 1L
氨水	NH_3	$15mol \cdot L^{-1}$	(相对密度为 0.9 的氨水)
		$6mol \cdot L^{-1}$	取 $15mol \cdot L^{-1}$氨水 400mL，加水稀释成 1L
氢氧化钡	$Ba(OH)_2$	$0.2mol \cdot L^{-1}$(饱和)	将 63g $Ba(OH)_2 \cdot 8H_2O$ 溶于 1L 水中
氢氧化钾	KOH	$6mol \cdot L^{-1}$	将 336g KOH 溶于水中，加水稀释成 1L

6.16 常用指示剂及其配制

（1）酸碱指示剂（18～25℃）

指示剂名称	变色 pH 范围	颜色变化	溶液配制方法
甲基紫（第一变色范围）	0.13～0.5	黄～绿	0.1%或 0.05%的水溶液
甲基绿	0.1～2.0	黄～绿～浅蓝	0.05%水溶液(绿蓝色)
甲酚红（第一变色范围）	0.2～1.8	红～黄	0.04g 指示剂溶于 100mL 50%乙醇
甲基紫（第二变色范围）	1.0～1.5	绿～蓝	0.1%水溶液
百里酚蓝(麝香草酚蓝)（第一变色范围）	1.2～2.8	红～黄	0.1g 指示剂溶于 100mL 20%乙醇
甲基紫（第三变色范围）	2.0～3.0	蓝～紫	0.1%水溶液
二甲基黄（别名:甲基黄）	2.9～4.0	红～黄	0.1%的 90%乙醇溶液
甲基橙	3.1～4.4	红～橙黄	0.1%水溶液
溴酚蓝	3.0～4.6	黄～蓝	0.1g 指示剂溶于 100mL 20%乙醇
刚果红	3.0～5.2	蓝紫～红	0.1%水溶液
溴甲酚绿	3.8～5.4	黄～蓝	0.1g 指示剂溶于 100mL 20%乙醇
甲基红	4.4～6.2	红～黄	0.1g 或 0.2g 指示剂溶于 100mL 60%乙醇
溴百里酚蓝	6.0～7.6	黄～蓝	0.05g 指示剂溶于 100mL 20%乙醇
中性红	6.8～8.0	红～亮黄	0.1g 指示剂溶于 100mL 60%乙醇
酚红	6.8～8.0	黄～红	0.1g 指示剂溶于 100mL 20%乙醇
甲酚红	7.2～8.8	亮黄～紫红	0.1g 指示剂溶于 100mL 50%乙醇
百里酚蓝(麝香草酚蓝)（第二变色范围）	8.0～9.0	黄～蓝	同第一变色范围
酚酞	8.2～10.0	无色～紫红	0.1g 指示剂溶于 10mL 60%乙醇
百里酚酞	9.4～10.6	无色～蓝	0.1g 指示剂溶于 100mL 90%乙醇
达旦黄	12.0～13.0	黄～红	溶于水、乙醇

（2）混合酸碱指示剂

指示剂溶液组成	变色时 pH 值	颜色		备注
		酸色	碱色	
一份 0.1%甲基黄乙醇溶液 一份 0.1%亚甲基蓝乙醇溶液	3.25	蓝紫	绿	pH=3.2,蓝紫色 pH=3.4,绿色
一份 0.1%甲基橙水溶液 一份 0.25%靛蓝二磺酸水溶液	4.1	紫	黄绿	
一份 0.1%溴甲酚绿钠盐水溶液 一份 0.2%甲基橙水溶液	4.3	橙	蓝绿	pH=3.5,黄色 pH=4.05,绿色 pH=4.3,浅绿色

续表

指示剂溶液组成	变色时pH值	颜色		备注
		酸色	碱色	
三份0.1%溴甲酚绿乙醇溶液 一份0.2%甲基红乙醇溶液	5.1	酒红	绿	
一份0.1%溴甲酚绿钠盐水溶液 一份0.1%氯酚红钠盐水溶液	6.1	黄绿	蓝绿	pH=5.4,蓝绿色 pH=5.8,蓝色 pH=6.0,蓝带紫 pH=6.2,蓝紫色
一份0.1%中性红乙醇溶液 一份0.1%亚甲基蓝乙醇溶液	7.0	紫蓝	绿	pH=7.0,紫蓝色
一份0.1%甲酚红钠盐水溶液 三份0.1%百里酚蓝钠盐水溶液	8.3	黄	紫	pH=8.2,玫瑰红 pH=8.4,清晰的紫色
一份0.1%百里酚蓝50%乙醇溶液 三份0.1%酚酞50%乙醇溶液	9.0	黄	紫	从黄到绿,再到紫
一份0.1%酚酞乙醇溶液 一份0.1%百里酚酞乙醇溶液	9.9	无	紫	pH=9.6,玫瑰红 pH=10,紫色

(3) 金属离子指示剂

指示剂名称	使用pH范围	颜色变化		直接滴定的金属离子	指示剂配制
		In	MIn		
铬黑T(EBT)	9~10.5	蓝	紫红	pH = 10;Mg^{2+}、Zn^{2+}、Cd^{2+}、Pb^{2+}、Mn^{2+}、稀土	0.5%水溶液
钙指示剂	10~13	蓝	酒红	pH=12~13;Ca^{2+}	0.5%的乙醇溶液
二甲酚橙(XO)	<6	黄	红	pH<1;ZrO^{2+} pH=1~3;Bi^{3+}、Th^{4+} pH=5~6;Zn^{2+}、Cd^{2+}、Pb^{2+}、Hg^{2+}、稀土	0.2%水溶液(可保存15d)
PAN	2~12	黄	红	pH=2~3;Bi^{3+}、Th^{4+} pH=4~5;Cu^{2+}、Ni^{2+}	0.1%的乙醇溶液

(4) 氧化还原指示剂

指示剂名称	$\varphi^{\ominus}$/V $[H^+]=1mol\cdot L^{-1}$	颜色变化		溶液配制方法
		氧化态	还原态	
二苯胺磺酸钠	0.85	紫红	无色	0.5%的水溶液
N-邻苯氨基苯甲酸	1.08	紫红	无色	0.1g指示剂加20mL 5%的Na_2CO_3溶液,用水稀释至100mL
邻二氮菲-Fe(Ⅱ)	1.06	浅蓝	红	1.485g邻二氮菲加0.965g $FeSO_4$,溶于100mL水(0.025mol·L^{-1}水溶液)

(5) 沉淀滴定指示剂

指示剂	被测离子	滴定剂	使用pH范围	溶液配制方法
荧光黄	Cl^-,Br^-,I^-	$AgNO_3$	7~10(一般7~8)	0.2%乙醇溶液
二氯荧光黄	Cl^-,Br^-,I^-	$AgNO_3$	4~10(一般5~8)	0.1%水溶液
曙红	Br^-,I^-,SCN^-	$AgNO_3$	2~10(一般3~8)	0.5%水溶液
甲基紫	Ag^+	NaCl	酸性	

6.17 实验室中一些试剂的配制

名 称	浓度 /mol·L⁻¹	配制方法
三氯化铋 $BiCl_3$	0.1	溶解 31.6g $BiCl_3$ 于 330mL 6mol·L^{-1} HCl 中，加水稀释至 1L
硝酸汞 $Hg(NO_3)_2$	0.1	33.4g $Hg(NO_3)_2 \cdot \frac{1}{2}H_2O$ 于 1L 0.6mol·L^{-1} HNO_3 中
硝酸亚汞 $Hg_2(NO_3)_2$	0.1	56.1g $Hg_2(NO_3)_2 \cdot \frac{1}{2}H_2O$ 于 1L 0.6mol·L^{-1} HNO_3 中，并加入少许金属汞
硫酸氧钛 $TiOSO_4$	0.1	溶解 19g 液态 $TiCl_4$ 于 220mL 1∶1 H_2SO_4 中，再用水稀释至 1L（注意：液态 $TiCl_4$ 在空气中强烈发烟，因此必须在通风橱中配制）
钼酸铵 $(NH_4)_6Mo_7O_{24} \cdot 4H_2O$	0.1	溶解 124g $(NH_4)_6Mo_7O_{24} \cdot 4H_2O$ 于 1L 水中，将所得溶液倒入 6mol·L^{-1} HNO_3 中，放置 24h，取其澄清液
硫化铵 $(NH_4)_2S$	3	在 200mL 浓氨水中通入 H_2S，直至不再吸收为止。然后加入 200mL 浓氨水，稀释至 1L
氯化氧钒 VO_2Cl		将 1g 偏钒酸铵固体，加入 20mL 6mol·L^{-1} 盐酸和 10mL 水
三氯化锑 $SbCl_3$	0.1	溶解 22.8g $SbCl_3$ 于 330ml 6mol·L^{-1} HCl 中，加水稀释至 1L
氯化亚锡 $SnCl_2$	0.1	溶解 22.8g $SnCl_2 \cdot H_2O$ 于 330mL 6mol·L^{-1} HCl 中，加水稀释至 1L，加入数粒纯锡，以防止氧化
氯水		在水中通入氯气直至饱和
溴水		在水中滴入液溴至饱和
碘水	0.01	溶解 2.5g I_2 和 3g KI 于尽可能少量的水中，加水稀释至 1L
镁试剂		溶解 0.01g 对硝基苯偶氮-间苯二酚于 1L 1mol·L^{-1} NaOH 溶液中
淀粉溶剂	1%	将 1g 淀粉和少量冷水调成糊状，倒入 100mL 沸水中，煮沸后，冷却
奈斯勒试剂		溶解 115g HgI_2 和 80g KI 于水中，稀释至 500mL，加入 500mL 6mol·L^{-1} NaOH 溶液，静置后，取其清液，保存在棕色瓶中
二苯硫腙		溶解 0.1g 二苯硫腙于 1000mL CCl_4 或 $CHCl_3$ 中
铬黑 T		将铬黑 T 和烘干的 NaCl 按 1∶100 的比例研细，均匀混合，贮于棕色瓶中备用
钙指示剂		将钙指示剂和烘干的 NaCl 按 1∶50 的比例研细，均匀混合，贮于棕色瓶中备用
亚硝酰铁氰化钠 $Na_2[Fe(CN)_5NO]$	1%	溶解 1g 亚硝酰铁氰化钠于 100mL 水中，如溶液变成蓝色，即需重新配制（只能保存数天）
甲基橙	0.1%	溶解 1g 甲基橙于 1L 热水中
石蕊	0.5%～1%	5～10g 石蕊溶于 1L 水中
酚酞	0.1%	溶解 1g 酚酞于 900mL 乙醇与 100mL 水的混合液中

6.18 常用洗涤剂的配制

名 称	配制方法	备 注
合成洗涤剂	将合成洗涤剂粉用热水搅拌配成浓溶液	用于一般的洗涤
皂角水①	将皂角捣碎,用水熬成溶液	用于一般的洗涤
铬酸洗液②	取 $K_2Cr_2O_7$(实验室用)20g 于 500mL 烧杯中,加水 40mL,加热溶解,冷却后,缓缓加入 320mL 粗浓 H_2SO_4 即成(注意边加边搅拌),贮于磨口细口瓶中	用于洗涤油污及有机物,使用时防止被水稀释。用后倒回原瓶,可反复使用,直至溶液变为绿色
$KMnO_4$ 碱性洗液	取 $KMnO_4$(实验室用)4g,溶于少量水中,缓缓加入 100mL 10%NaOH 溶液	用于洗涤油污及有机物。洗后玻璃壁上附着的 MnO_2 沉淀可用粗亚铁或 Na_2SO_3 溶液洗去
碱性酒精溶液	30%～40% NaOH 酒精溶液	用于洗涤油污
酒精-浓硝酸洗液	用于沾有有机物或油污的结构较复杂的仪器。洗涤时先加少量酒精于脏仪器中,再加入少量浓硝酸,即产生大量棕色 NO_2 将有机物氧化而破坏	

① 也可用肥皂水。

② 已还原为绿色的铬酸洗液，可加入固体 $KMnO_4$ 使其再生，这样，实际消耗的是 $KMnO_4$，可减少铬对环境的污染。

参 考 文 献

[1] 程建国．无机及分析化学实验．杭州：浙江科技出版社，2006.
[2] 张春晔，赵谦．工程化学实验．南京：南京大学出版社，2006.
[3] 周其镇，方国女，樊行雪．大学基础化学实验．北京：化学工业出版社，2000.
[4] 吴泳．大学化学新体系实验．北京：科学出版社，1999.
[5] 蔡炳新，陈贻文．基础化学实验．北京：科学出版社，2001.
[6] 贾素云．基础化学实验：上册．北京：兵器工业出版社，2005.
[7] 黄应平．化学创新实验教程．武汉：华中师范大学出版社，2010.
[8] 蔡明招．分析化学实验．北京：化学工业出版社，2004.
[9] 中南工业大学化学化工学院．物理化学实验．长沙：中南工业大学出版社，1999.
[10] 古凤才，肖衍繁．基础化学实验教程．北京：科学出版社，2000.
[11] 北京大学化学系物理化学教研室．基础化学实验教程．北京：北京大学出版社，1995.
[12] 北京大学分析化学组．基础分析化学实验．北京：北京大学出版社，1998.
[13] 钱可萍，韩志坚，陈佩琴等．无机及分析化学实验．第2版．北京：高等教育出版社，1987.
[14] 龚福忠．大学基础化学实验．武汉：华中科技大学出版社，2008.
[15] 韩春亮，陆艳琦，张泽志．大学基础化学实验．北京：电子科技大学出版社，2008.
[16] 成都科技大学，浙江大学分析化学系．分析化学实验．北京：高等教育出版社，1989.
[17] 华东化工学院无机化学教研室．无机化学实验．第2版．北京：高等教育出版社，1985.
[18] 张荣．无机化学实验．北京：化学工业出版社，2008.
[19] 肖繁花，虞大红，苏克曼．大学基础化学实验（Ⅱ）．上海：华东理工大学，2000.
[20] 李季，邱海鸥，赵中一．分析化学实验．武汉：华中科技大学出版社，2008.
[21] 沈君朴．化学无机实验．第2版．天津：天津大学出版社，1992.
[22] 张济新．实验化学原理与方法（讲义）．上海：华东理工大学，1998.
[23] 张剑英，戚苓，方惠群．仪器分析实验．北京：科学出版社，1999.
[24] 赵福岐．基础化学实验．成都：四川大学出版社，2006.
[25] 倪惠琼，蔡会武．工科基础化学实验．北京：化学工业出版社，2006.
[26] 金若水，邵翠琪．无机化学实验（高年级用）．上海：复旦大学出版社，1993.
[27] 郑化桂．实验无机化学．合肥：中国科学技术大学出版社，1989.
[28] 神户博太郎．热分析．刘振海等译．北京：化学工业出版社，1982.
[29] 王伯康．新编无机化学实验．南京：南京大学出版社，1998.
[30] 大连理工大学无机化学教研室．无机化学实验．北京：高等教育出版社，1990.